PETER DIAMANDIS

彼得·戴曼迪斯

全球商业太空探索的领军人

戴曼迪斯从小就喜欢太空探索。8岁时，他就坐在父母旁边给他们讲阿波罗登月的故事。结果，爸爸给了他5美元，这是戴曼迪斯在太空探索方面赚到的第一笔钱。12岁时，他设计的"三箭齐发"发射系统，在"埃斯蒂斯火箭设计大赛"（Estes Rocket Design Competition）中一举夺魁。

高中毕业后，戴曼迪斯进入麻省理工学院（MIT）学习生物学和物理学，并在MIT获得航空航天工程学士和硕士学位。戴曼迪斯的父亲是个医生，在父亲的影响

下，戴曼迪斯进入哈佛大学医学院，并获得医学博士学位。

戴曼迪斯是商业性太空探索的领导者，他共创立了十几家商业太空探索公司。2007年4月26日，作为零重力公司（Zero Gravity Corporation）的总裁，彼得·戴曼迪斯陪伴当时65岁的著名物理学家史蒂芬·霍金体验了8轮次的"零重力"抛物线飞行。

自2001年以来，戴曼迪斯创立的太空探险公司（Space Adventures, Ltd.）已将8位顾客送上了国际空间站。

PETER DIAMANDIS

X 大奖创始人

戴曼迪斯的童年，正是阿波罗登月的时代。此后的几十年，他对美国国家宇航局在太空探索上的作为彻底失望。他确信，只有鼓励私人太空探索才是正途。于是，戴曼迪斯决定创立 X 大奖基金会，邀请埃隆·马斯克、拉里·佩奇加入理事会并亲任主席兼首席执行官，用 X 大奖的形式鼓励私人太空探索。2004 年 10 月，微软公司联合创始人保罗·艾伦资助的"太空船一号"赢得了 1 000 万美元的太空飞行"安萨里 X 大奖"（Ansari X Prize）。

在此之后，为了激励人们的创新活动，X 大奖基金会在环保、汽车、健康等领域陆续设立了其他 X 大奖：

● 每加仑汽油可行驶 100 英里的汽车 X 大奖（Progressive Insurance Automotive X PRIZE），奖金高达 1 000 万美元，引发了提高燃油效率的创新热潮；

● 0.9 版 三 录 仪 X 大 奖（Qualcomm Tricorder X Prize）的 1 000 万美元奖金，将颁发给首个非侵入性的健康诊断工具；

● Tri-State 碳 捕 获 X 大 奖（Carbon Capture X Prize），只要有团队能够开发利用煤电厂的排放物，捕获最多的二氧化碳，并将它制作成最有价值的产品，就可以获奖；

● 谷歌月球 X 大奖，第一名奖金 2 000 万美元。目标：送一辆月球车到月球表面，月球车至少行驶 500 米，并实现与地球通信。2014 年 2 月 19 日，组织者宣布共有 5 个团队进入决赛。这项大奖的截止日期是 2015 年 12 月。

X 大奖真的成了一个效果奇佳的创新引擎。

奇点大学执行主席

为了训练人们思考技术变革的指数型增长步伐，从容应对科技的快速发展以及科技给人类带来的重大挑战，戴曼迪斯和库兹韦尔提出：要聚集世界上最聪明的大脑，让他们学习最前沿的未来科学，去解决世界上最宏大的问题。这两位老朋友的观点得到了美国国家宇航局和谷歌公司的支持，他们共同创立了"奇点大学"（Singularity University），并任命戴曼迪斯为奇点大学执行主席。

奇点大学的神圣使命，就是培养面向未来的、有"全球性"和"指数型"思维方式的人才。奇点大学精心挑选了 8 个指数型增长的领域，以此为标准来设置奇点大学的核心课程：生物技术和生物信息学、计算系统、网络和传感器、人工智能、机器人科学、数字化制造、医学、纳米材料和纳米技术。

奇点大学催生了很多创业公司，有些项目还拿了大奖。戴曼迪斯说："X 大奖设置了目标，给人以启发，而奇点大学则是催化剂，是创新的推动力。"

作者演讲洽谈，请联系
speech@cheerspublishing.com

更多相关资讯，请关注

湛庐文化微信订阅号

湛庐文化
cheers Publishing
a mindstyle business 与思想有关

特别
制作

ABUNDANCE

富足

改变人类未来的
4大力量 经典版

[美] 彼得·戴曼迪斯（Peter H. Diamandis）
史蒂芬·科特勒（Steven Kotler）◎著

贾拥民 ◎译

**The Future
Is Better
Than You Think**

浙江人民出版社
ZHEJIANG PEOPLE'S PUBLISHING HOUSE

赞 誉

　　对企业而言，可透过本书论述的社会性问题，发现自身的挑战与机遇。《富足》所述的技术指数型增长规律，正被现实中的电商、互联网金融以其"荷塘效应"式的发展速度作着最佳诠释。这正是我们用创客精神将企业颠覆为生态圈，为创造富足做出自己贡献的最好时机。

张瑞敏

海尔集团董事局主席、首席执行官

　　《富足》是一部了不起的作品，作者思考的都是关乎人类生存未来的大问题。它告诉我们，指数型增长的技术正成为改变世界的最重要力量。"聚集世界上最聪明的头脑，去解决宏大的问题"，作为身体力行的科技创新者，对于人类的富足，我们不但要乐观，更应该积极付诸行动。

张亚勤

百度公司总裁

我们正处在大变革时代，未来会越来越好还是反之？这是个问题。技术创新推动者彼得·戴曼迪斯对人类未来的理性乐观，在《富足》中得到了完美展现。这本书极富震撼力，让人爱不释手，我对未来更有信心啦！

张醒生

大自然保护协会北亚区总干事长

这是一本精彩的著作，非常好看。面对日益悲观的世界，《富足》给出了乐观的答案。乐观之道既源于指数型发展的技术、"DIY"创新者、科技慈善家和崛起中的10亿人等4大力量，更源于对人类惯常"认知偏差"的反思与纠正。这是一本改变思维的书。

梁春晓

阿里巴巴集团前副总裁、高级研究员

日益严重的雾霾、频发的飓风乃至莫名消失的航班……似乎没有理由对未来更乐观。即便已能绘出人类基因图谱和登上火星，但仍有很多挑战是科技不能解决的。但《富足》告诉我们，悲观源于"认知偏差"而非事实，"相邻可能"会带给人类光明的未来。这不是一部未来学力作，因为它讲述的是正在发生的历史。

张涛

和同资本合伙人

在这个时代，我们经常遭遇所谓后工业时代带来的各种残酷现实，如超载的压力、能源问题、空气和水污染。如果我们看得更远一点，正面的东西应该远远多于负面的东西，如清洁能源、更加丰富的教育资源、更好的医疗、贫富差距的缩小、去物质化和去货币化，以及更多的个人自由。《富足》为我们描述了这一切将如何实现，具有很高的可信度。

李淼

物理学家，中山大学教授

凭借指数型发展的技术创新，人类将迎来富足时代。战胜现存的贫困和孤独，获得更佳的资源和能源，获得真正的平等和自由，是本书充满革命乐观主义的宣言。在已经到来的"超链接化"时代，大规模群体创造推动了颠覆式创新的不断涌现，我们将获得新的高质量的人类文明。

陈劲

清华大学经济管理学院教授，技术创新专家

这部书真是不同凡响！不过，静下心来想一想为什么会被这部书打动，还是一件非常有意义的事。读完之后，映入脑海的第一个词汇，就是"情怀"。一个有情怀的人，会孜孜以求地关注、身体力行地向往这样的美景："地球上10亿人喝上干净的水，住上自己负担得起的住房，个性化的教育，顶级的医疗护理，用之不竭的无污染能源。"这种情怀，让戴曼迪斯和科特勒能够越过种种"思维束缚"和"认知偏差"，看到孕育在技术、信息、人的创造性和合作精神中的"富足的伟大力量"。为这种伟大情怀所感动、所感染，至少说明人类富足未来的美景，人人所愿——这种共同的期待，是迈向富足的源源动力。

段永朝

财讯传媒集团首席战略官

谷歌公司联合创始人拉里·佩奇曾提出这样一个问题：你每天的工作能够改变世界吗？99.99999%的人都会说："不能。"不要紧，看看《富足》吧，你会了解那千万分之一的人正如何改变世界，并让未来更美妙。

秦朔

秦朔朋友圈发起人

700万年前人猿揖别，从那一天开始，人类无时无刻不生存在饥饿和匮乏的威胁中，悲观与恐惧融入了我们的基因。但今天，我们正在进入一个亘古未有的富足时代。学会没有恐惧的生活，是人类理性与基因的决战。《富足》是理性手中的利器，让我们通往身与心的自由。

罗振宇

《罗辑思维》主讲人

我们人类惯性悲观，也许是因为种种艰难以及不确定吧，但《富足》作者戴曼迪斯有充足的证据来传达正能量——未来比我们想象的更美好。他坚信科技是福音，这是有史以来第一次世界上的人有能力辨别、解决难题和实现富足的方案。
当然，富足并不意味着奢侈，而是意味着为所有人提供生活的可能性。本书信息
量超大，有个思想准备吧。

王立鹏

《中国经营报》副总编辑，《家庭企业》杂志主编

我很愿意为广大读者推荐彼得 · 戴曼迪斯的《富足》一书。读了《富足》你
们一定会发现，尽管今天媒体的头条往往都是坏消息，但发展趋势却是好的。全
球的极度贫困现象正日趋减少，医疗条件正在得到巨大改善。当前的发展让我确信，
与 20 世纪 90 年代一样，我们通过技术手段一定能够让新增就业机会大于消失的
就业机会。刚刚过去的几个月，40% 的新增工作机会都出现在高薪资行业，这还
是 10 年来的第一次。我认为，大家应该读读《富足》这本书，并仔细琢磨琢磨书
中的一些好点子。

比尔·克林顿

美国前总统

《富足》是人类寻找美好明天的必读之作。

埃隆·马斯克

Tesla 汽车公司 CEO，SpaceX 公司 CEO，PayPal 创始人

这是一部非常精彩的作品，它为我们提供了摆脱贫困、进入未来富足时代的
钥匙。对于今天萎靡不振、悲观灰暗的末世心态，它也是一剂难得的解毒灵药。

雷·库兹韦尔

奇点大学校长，《人工智能的未来》作者，谷歌公司工程总监

黎明前的曙光

历史的视野

这是一个动荡的年代。快速浏览一下各大媒体的头条新闻，就足以让任何人紧张万分。近来，各种形式的媒体已经融入了人们的日常生活，让人很难忘记那些头条新闻所传达的信息。而且更糟糕的是，在漫长的演化过程中塑造成的人类大脑，早就变得对所有潜在危险都特别敏感。在本书后面的章节中，我们将会探讨这种悲剧性的组合对人类的感知能力造成的深层影响。确实，这种组合扼杀了人类接收好消息的能力。

对于我们来说，这种情况构成了一个特别的挑战，因为我们想通过《富足》这本书给读者传递一些好消息。本书的核心任务是，逐一考察各种确凿的事实、科学、技术，以及正在迅速改变整个世界的社会趋势和经济力量。当然，我们不会天真地以为一切将会一帆风顺，途中不会碰到任何障碍。我们十分清楚，肯定会经历许多激烈动荡的时刻：经济崩溃、自然灾害、恐怖袭击……在发生这些事件的时候，高谈阔论"富足"这个概念似乎显得太不着边际、太不合时宜，甚至可能会让人觉得荒谬。但是，只要稍稍回顾一下历史就会发现，尽管有顺境，也有逆境，但是人类毕竟一直走在前进的道路上。

20世纪，我们不仅见证了令人惊喜的进步，也目睹了无法言表的悲剧。1918年，流行性感冒演变成了一场瘟疫，导致5 000万人奔赴黄泉；第二次世界大战则夺走了6 000万人的生命。在两次世界大战之间，世界各地还发生了无数次海啸、飓风、地震、火灾、水灾和蝗灾。然而，尽管风雨飘摇，婴儿死亡率却在这个时期下降了90%以上，产妇死亡率更是下降了99%。同一时期，从总体上说，人类的预期寿命也足足增加了一倍。在过去的20年内，美国虽然经历了许多次巨大的经济动荡，但是今天，即使是最贫穷的美国人也拥有电话、电视和抽水马桶。在19世纪末20世纪初，就算是全世界最富有的富豪，也不敢奢望这三件奢侈品。事实上，读者很快就会发现，所有衡量指标都表明，生活品质在20世纪有了前所未有的改善。因此，尽管在未来的前进道路上肯定还会出现无数足以令人心碎的悲惨事件，尽管各种媒体上还会继续充斥着令人惊恐不安的头条新闻，但是，全世界民众的生活水平仍然还会持续改进。这就是本书将要阐明的核心观点。

为什么你应该关心

这是一本阐述如何提高全球民众生活水平的书。全球范围内，最迫切需要提高生活水平的地方，是发展中国家。因此，这就引出了第二个问题：生活在发达国家的美国人，为什么应该关心发展中国家的问题呢？说到底，美国自己也正面临着许多重大的难题。例如，无论是失业率还是房屋止赎率，都在不断飙升。暂且撇开人道主义的因素不论，我们是不是真的应该把时间、精力花在这个事业上——为迈向一个全球富足时代而努力？

答案非常简单：是的，应该。人类早就挥别了小国寡民、老死不相往来的时代。在今天的世界里，在"别处"发生的事情，也会对"这里"产生影响。流行性疾病根本不会"尊重"国与国之间的边界，恐怖组织的活动更是遍及全球，而人口"过剩"也是一个与所有人都有关系的问题。那么，什么才是解决所有这些问题的最佳方法呢？答案同样非常简单：提高全球民众的生活水平。如果一个国家越富裕，民众受教育程度越高、越健康，那么这个国家内部出现暴力冲突、社会陷入动荡不安的概率就越低，这个国家的社会动荡殃及邻近国家的可能性也就越低。在这种国家内，由于政府稳定有力，即使发生了某种传染性疾病，也能够在它扩展为全球性的传染病之前把它控制好、消灭掉。此外，还有一个额外的好处就是，生活品质和人口增长率是直接相关的——生活品质得到提升后，婴儿出生率便会下降。因此，我们要强调的要点是：在今天这个"超链接化"的世界里，解决好任何一个地方的问题，也就等于解决了所有地方的问题。

再者，人类所拥有的应对重大挑战的最重要工具，正是心灵。现在，信息通信革命正迅速蔓延到全球。在未来的 8 年内，活跃在网络上的人口将新增 30 亿，这些人都会参与全球对话，并为全球经济做出贡献。在过去，我们是无法接触到他们的想法的；在未来，他们的想法将会带来无数能够造福全人类的新发现、新产品和新发明。

两个心灵的结晶

本书的两位作者彼得·戴曼迪斯和史蒂芬·科特勒相识于 2000 年。当时，科特勒为《智族》杂志（GQ）撰写了一篇文章，主题就是 X 大奖。戴曼迪斯非常赞赏科特勒的写作风格，便向科特勒提出了一个建议——共同撰写一本有关"富足"概念的著作。戴曼迪斯在创办和管理 X 大奖基金会（X Prize Foundation）、奇点大学（Singularity University）的过程中，以及在研究创新及指数型增长技术的过程中，逐渐形成了自己关于富足的理念。而科特勒也早已有了类似的想法，在本书中，科特勒为读者提供了他在神经科学、心理学、科技、教育、能源、环境等领域的独特观点和专业知识。这本书是彼得·戴曼迪斯和史蒂芬·科特勒同心协力完成的，对于书中的所有思想和内容，两人都做出了同样重要的贡献。

彼得·戴曼迪斯

史蒂芬·科特勒

想要了解改变人类未来的 4 大力量，
拥有富足开阔的人生吗？
扫码下载"湛庐阅读"App，
搜索"富足"，查看作者精彩演讲视频。

什么是彩蛋 彩蛋是湛庐图书策划人为你准备的更多惊喜，一般包括 ①测试题及答案 ② 参考文献及注释 ③ 延伸阅读、相关视频等，记得"扫一扫"领取。

THE FUTURE IS BETTER THAN
YOU THINK
ABUNDANCE

目录

第一部分　**观点**

01　**人类所面临的最大挑战**　/003

只要拥有改变人类未来的 4 大力量，那么无数曾经被认定
为不可能的事情将来都有可能变成现实：地球上 90 亿人
喝上干净的水，住上自己负担得起的住房，个性化的教育，
顶级的医疗护理，用之不竭的无污染能源。如果真能如此
的话，那将是一幅怎样的美景啊！

铝的教训
增长的极限
实现富足的可能性

02　**建造富足金字塔**　/015

"绝对贫困"与"相对贫困"这两个指标都很难用来定义
富足，戴曼迪斯提出的关于富足的金字塔模型很好地解决
了这个问题。富足金字塔由三层构成：最底层是水、食物、

住所，中间层包括丰富的能源、充分的受教育机会、便利的信息通信技术，最高层则是健康与自由。

富足的定义
富足金字塔模型
底层：水、食物和住所
中间层：能源、教育和信息通信技术
顶层：健康和自由
更大的挑战

03　悲观源于我们的"认知偏差" /035

克服那些让大多数人不相信富足有实现可能的心理障碍是非常重要的，例如怀疑主义、悲观主义以及其他所有类似的想法。为了让人们相信富足是有可能实现的，需要理解一点，那就是：我们的信念是由大脑塑造的，而我们所认识的世界又是由信念塑造的。

卡尼曼的经历
认知偏差
负面新闻最爱上头条
海量信息让人无所适从
邓巴数

04　事情并没有你想象的那么糟糕 /051

人类对"坏消息"偏爱有加。实际上，这只是人们下意识的反应。衡量一件物品价值的最好方法，就是得到它所必须花费的时间。从这个意义上说，人类的进步是有目共睹的。专业化和相互合作，让每个人都能分享到他人的进步。尽管国家之间的贫富差距一直都很大，但是这个差距正在逐渐缩小。

无病呻吟式的悲观
节省时间与延长寿命
累积性进步
历史数据传递出的好消息

第四部分　**建造金字塔底层**

10　**合作的工具** /153

生物进化总是朝着更复杂、更具合作性的方向发展，合作是继突变和自然选择之外的第三个进化原则。运输与通信技术的发展，为人们的合作提供了极大的便利。找到价值几十亿美元的金矿，编纂"维基百科"，都是合作的功劳。智能手机的全球普及，让"沉默的大多数"终于找到了发出自己声音的平台。

11　**水** /165

地球上 97.3% 的水都太咸了，2% 的水被极地冰封住了。如果我们的最终目标是富足，那么就不能只盯住这剩下的部分，而是要走向"循环用水"的轨道。把纳米技术与海水淡化技术结合起来，通过智能供水网把水资源的浪费减少到最低程度，那么就能从根本上解决人类缺水的问题了。

19　下一条路在哪里 /315

当科技更多样化、影响范围更广泛时，我们的选择也在不断增加。"相邻可能"让我们更快地走向富足。幸福并不总是跟收入正相关。在美国，年收入 75 000 美元是幸福的门槛。就全球来说，幸福的门槛是年收入 10 000 美元。跨过这道门槛，幸福跟收入就没什么关系了。

"相邻可能"引领我们走向富足
10 000 美元是幸福的门槛

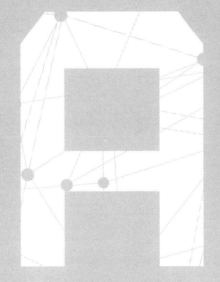

THE
FUTURE
IS BETTER THAN
YOU
THINK

BUNDANCE

| 第一部分 |
观点

01

人类所面临的最大挑战

只要拥有改变人类未来的 4 大力量，那么无数曾经被认定为不可能的事情将来都有可能变成现实：地球上90 亿人喝上干净的水，住上自己负担得起的住房，个性化的教育，顶级的医疗护理，用之不竭的无污染能源。如果真能如此的话，那将是一幅怎样的美景啊！

THE FUTURE
IS BETTER THAN
YOU THINK

ABUNDANCE

铝的教训

加伊乌斯·普林尼·西塞留斯·塞坤杜斯（Gaius Plinius Cecilius Secundus），常被人们称为老普林尼或大普林尼（Pliny the Elder），在公元 23 年出生于意大利。老普林尼是罗马帝国初期的海军和陆军司令，后来又成了一名作家、博物学家和自然哲学家。在他的著作当中，最著名的是《自然史》（*Naturalis Historia*，也译为《博物志》）。《自然史》包罗万象，是一本百科全书式的巨著，总共有 37 卷。这部巨著的内容上至天文、下至地理，其中有 1 卷是关于宇宙学的，1 卷是关于农业的，1 卷是关于魔术的，4 卷是关于世界地理的，9 卷是关于动植物的，还有 9 卷是关于医药的，最后几卷是关于矿物学的。在其中的第 35 卷《地球卷》中，老普林尼讲述了一个故事，一个金匠向古罗马皇帝提比略（Tiberius）进献了一个不同寻常的餐盘的故事。

这个盘子真是一件令人目眩神迷的绝妙的东西，它是用一种全新的金属制作而成的，质地很轻，闪闪发光，几乎与银一样亮。这个金匠声称，制作盘子的金属是他从普通的黏土中提取出来的，当然，他采用了一种神秘的技术，而这种技术只有上帝和他知道。金匠没有料到的是，这个皇帝是罗马最伟大的统帅之一，他是一个战争狂，征服了今天欧洲大陆的大部分地区，并在这个过程中积聚了大量的黄金白银；他同时也是一位财务上的行家里手，因此他很清楚，如果人们突然之间都转而青睐于这种闪闪发亮的新金属，而不再喜欢黄金，那么他的财富将会严重缩水。"因此，"老普林尼在书中写道，"提比略并没有给这个金匠预期的奖赏，而是下令将他斩首了。"

这种闪闪发亮的新金属就是铝。毫无疑问，这个金匠成了无头冤魂是全世界的损失，直到差不多 2 000 年之后，铝才被再次发现，那已经是 19 世纪早期了。在那个时候，铝仍然非常稀少，被认为是世界上最有价值的金属。在拿破仑三世为暹罗国王举办的一个宴会上，只有贵宾才有资格使用铝制餐具，而其他的宾客则只能使用黄金制作的餐具。

铝之所以如此珍贵、罕见，归根结底是因为其化学提炼过程极为复杂。从技术上讲，铝元素仅次于氧元素和硅元素，是地球上蕴藏量最丰富的第三大元素。铝元素的总重量达到了整个地球重量的 8.3%。今天，铝已经变得非常便宜了，它随处可见，在许多人看来，这是一种可以随用随弃的东西。但是，拿破仑三世的宴会却证明了事实并非总是如此。由于铝是一种高度亲氧的元素，在自然界中从来没有发现过纯金属铝。铝元素通常都与其他元素紧密地结合在一起，以铝氧化物和铝硅酸盐的形式存在于一种叫作铝土矿的黏土状的矿物当中。

虽然铝土矿的含铝量达到了 52%，但是，从中分解出纯铝却是一件十分复杂而难度又极大的工作。不过，在 1825—1845 年间，汉斯·克里斯蒂安·奥斯特（Hans Christian Oersted）和弗里德里希·维勒（Friedrich Wohler）发现，高温加热无水的氧化铝与钾汞齐，然后通过蒸馏作用除去汞，留下的"残渣"就是纯铝。在 1854 年，亨利·圣-克莱尔·德维尔（Henri Sainte-Claire Deville）首次实现了萃取铝的工业化生产，使生产成本下降了 90%。即便如此，在那时，铝仍然价格不菲，而且供货量极少。

在 1886 年，美国化学家查尔斯·马丁·霍尔（Charles Martin Hall）和法国人保罗·埃鲁（Paul Héroult）几乎同时独立地发现了一种全新的突破性的提炼铝的技术——电解法，从而改变了一切。霍尔-埃鲁电解法就是现在为我们所熟知的生产电解铝的方法，即利用电力把铝从铝土矿中分解出来。突然之间，世界上的每个人都有可能大量获得这种廉价的、轻便的、柔韧性极好的金属材料了。

在这个故事当中，除了倒霉的金匠被砍头这个情节之外，其实也没有发生什么不同寻常的事情。在人类历史上，类似的故事随处可见：原本非常稀有的某种资源，一旦找到了某种革新的方法，就变得十分丰富了。道理其实非常简单：事物的稀缺性是依赖于环境的。试想一下，假如有一棵硕大无比的橘子树，树上挂满了橘子，当我把较低处的橘子都摘光时，我就摘光了我所能够得着的地方的所有橘子，那么，受我目前能力所限，橘子对我来说就变成一种稀缺资源了。但是，如果有人使用了一种新的技术，发明了梯子，那么，突然之间我又能摘到更高处的橘子了，这样问题就解决了。由此可见，技术是一种解放资源的机制，它可以把过去相当稀缺的资源变得十分充裕。

在这里，不妨再展开说一下，让我们来看看那个经过精心规划的马斯达尔城（Masdar）吧。如今它正在建设当中，由阿布扎比未来能源公司（Abu Dhabi Future Energy Company）承建。这个新城紧邻阿拉伯联合酋长国阿布扎比市，外围有炼油厂和飞机场，将会有 5 万居民入住，另外，还将会有 4 万人在那里工作。根据规划，马斯达尔城将达到零废物、零碳排放的标准。在这个城市里，将不允许任何一辆汽车行驶，也不允许燃烧任何矿物燃料。在欧佩克组织（OPEC）内，阿布扎比是第 4 大石油生产地，它的石油储量占目前所探明的全球石油储量的 10%。《财富》杂志曾经把阿布扎比称为世界上最富有的城市。所有这一切都使这件事情变得十分有趣：石油大国阿拉伯联合酋长国愿意花上 200 亿美元来建造全世界第一个后石油时代的城市。

2009 年 2 月，我去阿布扎比进行了实地探访，发现它确实非常有意思。到达那里不久，我就离开了我所入住的酒店，跳上了一辆出租车，直奔马斯达尔城的建筑工地。我原本以为这会是一次时光之旅，我所入住的酒店是酋长国宫殿酒店，它是迄今为止全世界最昂贵的酒店之一。据我所知，极少数的人愿意花费 11 500 美元（有些人的预算跟我是很不一样的），在这个酒店里包一个镀金的套房，住上一晚。而在 1960 年发现石油之前，阿布扎比一直都只是一个由游牧者和潜水采珠人所组成的城市。当出租车经过了一个上面写着"欢迎来到未来之城马斯达尔"的标牌时，我才明白我已经来到了"未来之城"马斯达尔。我当时还在幻想，在全世界第一座后石油时代的城市里，我应该能够看到类似于在《星际迷航》中看到的场景。但是，我所看到的却是一片贫瘠的沙漠，上面停着一些建筑拖车。

在参观期间，我有幸见到了杰伊·威瑟斯彭（Jay Witherspoon），他是整个工程的技术总监。威瑟斯彭向我介绍了他们所面临的一些挑战，并解释了造成这些挑战的原因。他说，建造马斯达尔城是基于这样一个理念，即所有人都"生活在同一星球上"（One Planet Living，简称 OPL）。威瑟斯彭解释道，如果我要想理解"生活在同一星球上"的真正含义，那么我必须明白以下三个事实：第一个事实是，目前人类对地球的自然资源的使用已经过度了，超出了资源更新能力的 30%；第二个事实是，如果地球上的每个人都想过上一般的欧洲人那样的生活，那就需要 3 个地球来提供资源；第三个事实是，如果地球上的每个人都希望像一个普通的美国人那样生活，那么要满足我们的愿望，则需要 5 个地球。"生活在同一星球上"是一个全球性的倡议，旨在缓解地球资源短缺问题。

"生活在同一星球上"的倡议是由百瑞诺发展集团（BioRegional Development，又译为生命区域发展集团或生态区域发展集团）和世界野生动物基金会发起的，它由 10 个核心原则组成。这些原则涉及的范围非常广泛，从保护本土文化到研发可持续发展的原材料都有，但是从根本上说，它们的核心无非是人们必须学会如何共享资源。

马斯达尔城项目是有史以来最昂贵的建设项目之一。在建中的这座城市是为了后石油时代而设计的，在未来，石油将会短缺，水资源也将极度缺乏。但是，资源的丰缺在一定意义上是相对的，这正是铝的故事给我们留下的教益。

即使有朝一日这个世界上完全没有了石油，但是，马斯达尔城仍然将沐浴在明媚的阳光当中。阳光是非常充足的。现在已经测定，到达大气层的太阳能总计高达 174 拍瓦（1 拍瓦即 10^{15} 瓦）——误差最多上下浮动 3.5%。在这些太阳能中，大约有一半到达了地球表面。目前，人类每年消耗掉的能源大约为 16 太瓦（1 太瓦即 10^{12} 瓦，这是根据 2008 年的数据计算出来的），然而，每年照射到地球表面的太阳能为这个数字的 5 000 多倍。在这里，我们再一次认为并不存在短缺问题，而只存在一个如何利用的问题。

此外，就水资源短缺的问题而言，马斯达尔城坐落于波斯湾地区——那里有丰富的水资源。而地球本身就是一个水星球，地球表面有 70% 的地方都覆盖着海洋。只不过这些海洋里的水，跟波斯湾里的水一样，含盐量太高，不适合人类直接消费或者用来灌溉农作物。实际上，地球上的水，97.3% 都是咸水，短缺的只是淡水。那么，未来的淡水又从哪里来呢？道理是一样的，既然新的技术能够轻易地把铝从铝土矿中分离出来，那么在不久的将来，人类为什么不能发现某种能够淡化海水的新技术呢？那样的话，马斯达尔城又岂会缺水呢？

因此，要点在于：当我们从技术的视角来看待问题时，真正短缺的资源是很少的，真正的问题主要是如何利用资源。可惜的是，占据主流的观点仍然是：人类正面临着资源短缺的威胁。

增长的极限

当人类第一次出现在地球上时，资源短缺便一直是许多人关注的一个大问题，但是，这个问题的当代表述——许多时候它被称为"稀缺模型"，可以追溯到 18 世纪晚期的时候。在当时，英国学者托马斯·罗伯特·马尔萨斯（Thomas Robert Malthus）意识到，粮食产量是以线性形式增长的，而人口却是以指数形式增长的。有鉴于此，马尔萨斯确信，总有一天，人类将会无力养活自己。正如马尔萨斯所说："人口增长的速度必然远远高于地球所能为人类提供的生活资料的增长速度。"

自此以后，许许多多的思想家不断地重复这种观点。到了 20 世纪 60 年代初，社会上似乎出现了某种共识。1966 年，马丁·路德·金（Martin Luther King，Jr.）指出，"现在的人口过剩如同瘟疫一样，但是这种瘟疫与欧洲中世纪的瘟疫或者那时流行的疾病是不一样的，那时人们对这些瘟疫和疾病一无所知，而在今天，人口过剩问题是可以通过我们目前所掌握的方法和我们所拥有的资源来解决的。"两年之后，斯坦福大学的生物学家保罗·埃利希（Dr. Paul R. Ehrlich）出版了他的著作《人口爆炸》（The Population Bomb），为人类的过度繁衍拉响了更大的一个警报。不过，向全世界发出警告，并让人们相信人类的危机将会进一步加深的，则是于 1968 年召开的一个小型国际会议。

在那一年，苏格兰科学家亚历山大·金（Alexander King）和意大利实业家奥莱里欧·佩切伊（Aurelio Peccei）把许多当时世界上顶尖的、来自各个学科领域的思想家召集到了罗马的一幢小别墅里，召开了一次会议。这个小团体很快就以"罗马俱乐部"（Club of Rome）闻名于世。罗马俱乐部的成员们聚在一起，不仅讨论了人类在短期内所面临的一些难题，还探讨了人类的长远发展问题。

1972 年，他们发表了作为那次讨论的结果的研究报告——《增长的极限》（The Limits to Growth）。《增长的极限》迅速成了经典，一下子就卖出了 1 200 万册，还被翻译成了 30 多种语言，几乎所有阅读过它的人都被吓到了。系统动力学的奠基者杰伊·弗瑞斯特（Jay Forrester）还特地为罗马俱乐部开发了一个模型，可以用来对世界人口增长率与全球资源消耗率进行对照分析研究。这个模型背后的科学原理非常复杂难懂，但是，它所透露的信息却极易理解：地球上的资源快要用完了，人类已经没有多少时间了。

这个报告出版至今已经 40 多年了。虽然这个报告给出的许多可怕的预言都没有变成现实，但是就它的基本内容而言，时光流逝并没有冲淡其重要性。在今天，我们仍然可以在目力所及的地方找到各种证据，证明其评估的准确性。1/4 的哺乳类动物如今已经濒临灭绝了，而 90% 的大型鱼类几乎已经完全消失了。地球表面的含水土层正在慢慢地干涸，农作物赖以生长的土壤也变得过于盐碱化了；石油也快耗尽了，铀的储藏量也变少了；甚至作为肥料主要成分之一的磷也变得供应不足了。当你在阅读这几行文字的时候，就有一个孩子因饥饿而死去；当你读完这一段文字时，另一个人却因为过于干渴而与世长辞了（或者因为在口渴难耐的情况下喝了不干净的水而死去）。

专家们说，这一切只不过是一个开始而已。

现在，全世界的人口已经超过 70 亿了。如果这个趋势不出现根本性的逆转，那么到 2050 年，人口将会接近 100 亿。然而，地球究竟可以供多少人持续地生活下去？研究地球承载能力的科学家们各自的估计大相径庭。激进的乐观主义者认为，地球承载能力为 20 亿人；而执拗的悲观主义者却认为，地球承载能力仅为 3 亿人。即使赞同那个最令人振奋的预测（正如美国前国务卿的科学与技术顾问尼娜·费多罗夫［Nina Fedoroff］最近告诉记者的那样），我们也只能得出如下这个结论："人类需要做的是，降低全球的人口增长率，因为地球再也支撑不了更多的人了。"

然而，有些事情说说容易，做起来却会相当困难。

不少国家都尝试过自上而下控制人口数量的政策，其中最臭名昭著的一个例子当然是纳粹德国所实施的所谓优生优育计划了。事实上，时至今日，极个别国家仍然没有从类似的梦魇中醒来。在 20 世纪 70 年代中期，印度也有成千上万的民众接受了输卵管结扎手术和输精管切除手术。在这些人当中，只有很少一部分人是自愿接受这类手术的，而且极少数人还因为他们的"牺牲"精神获得了奖励，但是其他大多数人则都是被迫的。这项政策最终导致印度当时的执政党失去了政权，而且由此而引发的论战，时至今日仍然未能平息。

留给人类的似乎只剩下唯一的一个选择了。既然你不能（或者不愿意）使地球上的人口减少，那么你就必须尽你所能充分利用人们手头上的一切资源，而且必须极大地提高利用水平。但是，到底怎样才能做到这一点呢？这早就成了一个聚讼纷纭的问题。最近一段时间以来，有人似乎把"生活在同一星球"组织所奉行的那些原则当成了唯一可行的出路。但是,这个选择一直让我觉得有些困扰。这并不是因为我不赞成应该追求更高的效率这个理念,说真的,谁又会反对高效率呢?如果能够做到耗费得更少,得到的却更多,任何人都不会不喜欢。令我感到有些不安的是,这种思路强调提高效率就是唯一可能的选择。我一生中做过的所有事情都告诉我,还有许多其他的选择,它们也应该是可行的。

我自己现在正管理着一家名为 X 大奖基金会的非营利性组织。它的宗旨是:设计并组织各种各样以巨额奖金为大奖的竞赛,促使和鼓励人们为了全人类的共同福祉而投身于各种具有重大突破性意义的研发活动中去。在我去马斯达尔城实地探访前的一个月,我还主持了基金会一年一度以"透视未来"(Visioneering)为主题的理事会会议。在与会者当中,既有特立独行的发明家,如迪恩·卡门(Dean Kamen)和克雷格·文特尔(Craig Venter);又有杰出的科技型创新企业家,如拉里·佩奇(Larry Page)和埃隆·马斯克(Elon Musk);也有全球商业巨子,如拉丹·塔塔(Ratan Tata)和阿努什·安萨里(Anousheh Ansari)。在会议上,他们就如何在能源、生命科学、教育和全球发展等方面实现根本性突破展开了激烈的辩论。上面提到的这些人开创了前所未有的、足以改变世界的企业甚至行业,而且他们中的大多数人都是通过解决了长期以来被人们认为无法解决的问题而完成这种创举的。总而言之,他们这群人所走过的成功之路表明:应对资源短缺威胁更好的办法并不是每个人都打破头去抢夺现有的资源这块"馅饼",使得这块"馅饼"变得越来越薄,而是尽力使这块"馅饼"变得更大。

实现富足的可能性

当然,制造更大的"馅饼"这种思路并不是什么新鲜事物,但是,与以往相比,我们现在再一次强调的这个思路已经出现了一些关键的不同点。本书的大部分内容就是用来介绍这些不同点的。这些不同之处可以概括总结为这样一句话：现在，我们的能力已经开始赶上我们的野心了，这在人类历史上尚属首次。在这个时代，人类正在进入一个急剧的转折期，从现在开始，科学技术将会极大地提高生活在这个星球上的每个男人、女人与儿童的基本生活水平。在一代人的时间里，我们将有能力为普通民众提供各种各样的商品和服务；在过去只能提供给极少数富人享用的那些商品和服务，任何一个需要得到它们、渴望得到它们的人，都将能够享用它们。让每个人都生活在富足当中，这个目标实际上几乎已经触手可及了。

在如今这个充斥着悲观主义色彩的年代里，对于我们的这个宣言，可能大多数人都会嗤之以鼻。但是，不可否认，一些划时代的变革正在悄悄地发生。在过去的 20 多年里，无线电技术与互联网技术已经非常普及，它们不但无处不在，几乎每个人都有机会使用它们；而且还相当便宜，几乎每个人都用得起。以非洲为例，他们根本不需要再重走我们西方国家的老路，非洲的天际没有横七竖八的电话线，因为它跳过了固定电话时代，直接进入了无线电话时代。在非洲，移动电话的普及率一直在成倍地上升：2000 年的时候，移动电话的普及率还只有 2%，2009 年达到了 28%，到 2013 年，达到 70% 以上。30 年前，人们几乎没有什么受教育的机会，也经常挨饿，如今他们却能够使用移动电话与别人联系，这在以前是完全不可想象的。今天，一个马塞族勇士所佩带的手机的功能比 25 年前的美国总统所使用的手机的功能还要完备。如果他使用的是智能手机，那么他可以打开谷歌搜索引擎，他能够获得的信息将比 15 年前的美国总统还要多。到 2013 年末，我们当中的绝大多数人都会畅游于万维网中，获取海量信息，并且利用网络进行即时、廉价的交流互动。简而言之，我们现在所生活的世界，信息极其丰富，通信手段也非常方便快捷。

同样的道理，其他新的、划时代的技术的进步，如计算系统、网络与传感器、人工智能、机器人技术、生物技术、生物信息学、3D 打印技术、纳米技术、人机对接技术、生物医学工程，也使生活于今天的绝大多数人都能体验和享受过去只有富人才有机会拥有的生活。更让人欣慰的是，这些技术其实并不是推动社会变革的唯一因素。

还有另外三大力量也在发挥着重要的作用。这三大力量都因为技术的进步而在成倍地壮大，而且每种力量都拥有能够为人类创造富足生活的巨大潜力。在过去的50年里，一种名为"自己动手去做"（DIY）的革命一直在酝酿中，但是，直到最近它才真正开花结果，变成了一种盛行全世界的潮流。在当今这个世界，那些喜欢在家里摆弄技术创新的爱好者所涉及的领域已经远远超出了传统的范围，不再局限于改装汽车、自制计算机等小打小闹上了。如今这些"DIY"型创新者已经触及了过去被认为是高度机密的领域，比如说，基因工程与机器人技术。更有甚者，现在有一些以"DIY"为宗旨的小团队成功地挺进了过去只有大型企业和政府才能完成的一些项目，并且取得了巨大的成功。伯特·鲁坦（Burt Rutan）凭一己之力飞进了太空，这是连航空巨头们都觉得不可能成功的事情，然而它却真的发生了。克雷格·文特尔在有关人类基因组序列的研究中，与强大的美国政府展开了竞赛，并一直占据上风。在这些特立独行的创新者身上新发现的创造力就是我们所说的三大力量中的第一种力量。

第二大力量源于一类用途非常特别的资源——大量的资金。高科技革命催生出了新一代富有的科技慈善家，他们正在利用自己的财富去解决一些全球性的、与富足密切相关的技术挑战。比尔·盖茨正在向疟疾宣战；马克·扎克伯格（Mark Zuckerberg）正在彻底颠覆教育体制；而皮埃尔·奥米迪亚（Pierre Omidyar）和潘姆·奥米迪亚（Pam Omidyar）则正竭尽全力为发展中国家提供电力。这样的例子不胜枚举。一言以蔽之，我们的第二种力量是在人类历史上从来不曾出现过的无可匹敌的科技慈善家的善心。

最后一种力量则来自那些最穷的穷人。这些生活在社会最底层的普通民众，最终也都会被卷进全球经济发展的洪流中，随时可能变成被我称为"不断崛起的数十亿人"当中的一员。为了发挥他们的力量，要完成的第一步工作是建立起一个全球性的通信网络，而这就需要对互联网、小额贷款和无线通信技术进行整合，改善"穷人当中的穷人"的境况，使他们变成一股新兴的市场力量。

这三大力量当中的任何一种都拥有无穷的潜力。但是，如果把它们三者完美地结合起来，再利用不断进步的技术放大它们的力量，那些曾经被认定为不可能的事情如今都有可能变成现实。

那么，那些本来不可能、现在变成可能的事情都有哪些呢？

试着想象一下吧。一个拥有 90 亿人口的地球上，人们都能喝上干净的水、吃上有营养的食物，每个人都拥有自己负担得起的住房，都能接受个性化的教育，都能享受顶级的医疗护理，都能使用无污染且取之不尽的能源，那将是一幅怎样的美景！建立这样一个更美好的地球是人类面临的最大的挑战。本书下面所叙述的故事就是，我们如何才能更接近这样的生活。

02

建造富足金字塔

"绝对贫困"与"相对贫困"这两个指标都很难用来定义富足，戴曼迪斯提出的关于富足的金字塔模型很好地解决了这个问题。富足金字塔由三层构成：最底层是水、食物、住所，中间层包括丰富的能源、充分的受教育机会、便利的信息通信技术，最高层则是健康与自由。

THE FUTURE
IS BETTER THAN
YOU THINK

BUNDANCE

富足的定义

富足是一个相当激动人心的愿景，在开始阐述何为富足的生活之前，必须给它下一个准确的定义。为了界定富足的含义，许多经济学家都采取了一种自下而上的方法，即从贫困入手来给富足下定义，但是这种方法可能有些取巧。美国政府在给贫困下定义时，使用了两个不同的指标，分别是绝对贫困与相对贫困。绝对贫困指标是用来度量那些收入低于一定标准的人的收入的；相对贫困指标所衡量的则是个人在一定时期内的经济收入与同一时期所有人的平均收入相比的相对水平。但是，无论用哪一种方法来定义富足，都会面临一定的困难，因为富足是一个超越国界的全球性的愿景。

举例来说，在 2008 年，世界银行修改了国际贫困线（绝对贫困的衡量尺度）的标准，从它长期以来的"一天的生活费不足 1 美元"调整为"一天的生活费不足 1.25 美元"。根据这个标准，如果某个人每星期工作 6 天，一年工作52 个星期，能够赚得 390 美元，就不算一个绝对贫困者。但是，就在同一年，美国政府宣布，美国本土的 48 个州（阿拉斯加与夏威夷的数据略微有些不同）共有 3 910 万人仍然处于绝对贫困状态，不过，他们的年收入却可能"高达"10 400 美元。很显然，不同国家、不同组织确定的绝对贫困标准之间的差距实在太大了。如何缩小这些差距是一个难题，而如果你的兴趣在于为减少全球贫困人口的数量设定一个统一的目标，那么就必须克服这个难题。

相对贫困指标也有问题。如果不能用赚得的钱买到你所需要的东西，那么，你的收入与你的邻居们相比，到底处于何种水平也就显得无关紧要了。很重要的一个问题是，你所需要的商品和服务是不是很容易就可以获得？这种易获得性也是决定人们生活质量的一个重要因素，但是，商品和服务的可获得性却依不同的地区而定，而且不同地区之间存在着巨大的差异。今天，大多数挣扎在贫困线上的美国人都拥有电视机、电话、电灯、自来水和室内排水管道系统。而大部分非洲居民却享受不到这些基础设施。如果你能把生活于加利福尼亚的美国穷人所享受的这些商品和服务全部平移到那些日平均生活费低于 1.25 美元的索马里穷人身上，那么，这些索马里人马上就会变得"富可敌国"。这也就意味着，现有的相对贫困指标无益于全球统一标准的制定。

而且，这两个指标都很容易发生变化，随着时间的推移，它们还会失去原来的意义。今天，处于贫困线之下的美国人的生活水平不仅远远领先于大部分非洲人，也远远高于一个世纪之前的最富裕的美国人。如今，99% 处于贫困线之下的美国人都能用上电灯、自来水、抽水马桶和至少一台电冰箱；95%处于贫困线之下的美国人至少拥有一台电视机；88% 处于贫困线之下的美国人拥有一部电话；71% 处于贫困线之下的美国人拥有一辆汽车；70% 处于贫困线之下的美国人甚至还用上了空调。初看起来，这些东西似乎是没什么了不起的，但是在 100 年前，就连亨利·福特和科尼利厄斯·范德比尔特（Cornelius Vanderbilt）这些跻身于全球最富行列当中的人，也只能享受到这些奢侈品当中极少的一部分。

富足金字塔模型

或许，定义富足更好的方法是从我们在这之前没有讨论过的一些东西入手。我并没有谈到川普大厦（Trump Towers）、梅赛德斯 – 奔驰与古驰。与其说富足意味着使这个星球上的每个人都过上奢侈的生活，还不如说它意味着要保证这个世界上的所有人都有可能生活下去。而要做到这一点，则需要让这个世界上的所有人都至少拥有基本生活资料——甚至还要更多一些。这也就意味着，我们必须阻止一些不必要的浪费。在全世界，每分钟都有 7 个人因饥饿而死亡、有 3 个人因饮用了受污染的水而去世、有 3 个人死于空气污染、有两个人死于疟疾，而这些悲剧原本都是可以避免的，只要我们能够提供食物救助、提供干净的水、净化室内空气、消灭疟疾。从根本上说，一个富足的世界是这样一个一切皆有可能的世界：生活于这个世界上的每个人都有自己的梦想，每个人都有事做，而不是整日为生计奔波，勉强度日。

虽然上面这些想法仍然显得太过模糊，但是，有了这些想法就已经是一个相当不错的开始了。为了进一步明确富足的含义，不妨先让我们看一下美国心理学家亚伯拉罕·马斯洛（Abraham Maslow）提出的著名的金字塔型需求层次理论。我们的想法也分层次，与这种金字塔型理论有相似之处。在 1937--1951 年间，马斯洛在布鲁克林学院任教，他是一个很有进取心的人，在此期间，他还拜著名人类学家鲁斯·本尼迪克特（Ruth Benedict）和格式塔心理学家马克斯·韦特海默（Max Wertheimer）为师，不断刻苦钻研。当时，大多数心理学家都把精力集中于解决各种病态心理问题，几乎没有人去关注人的心理潜能。马斯洛则不同，他认为本尼迪克特和韦特海默是两个非常"杰出的非凡人物"，因此他开始研究他们两个人的行为，试图搞清楚究竟是什么东西使这两位变得如此成功、如此非凡的。

日复一日，马斯洛还研究了许多其他"达到了人类最高境界"的人的行为特点。爱因斯坦、罗斯福和弗雷德里克·道格拉斯（Frederick Douglass）等人都成了马斯洛细心研究的对象。马斯洛希望在这些人身上找到某种共同的心理特质，从他们的经历中发现有助于他们获得成功的一般性的环境特点，以此来解释为什么这些人能够获得旁人无法企及、令人难以置信的成就，而其他芸芸众生则只能一生挣扎，却始终无法突破。

为了阐明他的思想，马斯洛创立了他的"人类的需求层次"理论，这种理论的图示呈金字塔状。在这个理论的金字塔里，包含了人类五个层次的需求——在金字塔的最高层是"自我实现"的需求，即某个人想完全发挥自己潜能的需求。根据马斯洛的需求层次理论，人类各层次的需求是递进型的，只有在前一层次的需求得到满足之后，才能进入下一层次的需求。正因为这个原因，像对空气、水、食物、温情、性和睡眠等生理上的需求构成了金字塔的最底层，紧接着的一层是对保障、安全、法律、秩序和稳定等安全上的需求。在他的需求层次理论当中，中间那一层需求是对家庭、人际交往、感情和工作等的需求，这是爱与归属的需求。再往上一层是对成功、地位、责任与名声等尊重的需求。而在金字塔的最高层则是对个人发展与自我实现等"自我实现的需求"——只有在这一层次上，一个人才真正实现了自我发展的目标和服务社会的宏愿。

与马斯洛的需求层次理论的金字塔相比，富足金字塔稍显扁平，但是，在构筑富足金字塔时，我们也有与他相类似的理由。这个金字塔分为三层，最底层由水、食物、住所以及其他与基本生存问题相关的东西构成；中间那一层则为丰富的能源、充分的教育机会、便利的信息通信技术等能够进一步提高人类生活质量的各种"催化剂"；最高层则是为健康与自由保留的，健康与自由是促使任何人为社会做出贡献的最核心的两个先决条件。

下面，就让我们更近距离地看一下这个富足金字塔吧。

底层：水、食物和住所

在富足金字塔的最底层，创建全球富足意味着满足人类单纯的生理需要，即提供足够的水、食物和住所。每个人每天都能喝上 3~5 升干净的水，吃上 2 000 卡路里或更多营养均衡的食物，这也是生活于地球上的每个人要保持最佳的身体状况每天所必需的水和食物。同时，还要确保每个人都能通过个人饮食或服用其他补充剂的形式，吸收全面而均衡的维生素和矿物质，这些维生素和矿物质对人体健康也是至关重要的。举例来说，仅仅是简单地提供一定量人体所必需的维生素 A，就可以有效地预防儿童失明症。在此基础上，还要再增加 25 升水，这是每天洗澡、做饭和清洁必需的。目前还有 8.37 亿人生活在贫民窟里，根据联合国的预测，到 2050 年的时候，这个数字将会上升到 20 亿。因此，必须为他们提供坚固耐用的住所，以防范恶劣的天气，在住所里还必须配备电灯、通风设备以及卫生设施。

在发达国家，这似乎不算什么，因为任何一个普通家庭都有机会拥有这样的住所。但是，对世界上许多地区的人来说，这却是一个翻天覆地的变化。除了一些显而易见的原因，我们还可以从托马斯·弗里德曼（Thomas Friedman）所著的《世界是平的》一书入手，来讨论其中深层次的原因。在地球这个小小的星球上，人类所面临的各种各样的巨大挑战并不是一个个独立的点。恰恰相反，它们往往像一排排多米诺骨牌一样聚集在一起。推倒其中一张，所有的骨牌都会倒下来，也就是说，如果我们战胜了其中的一个挑战，那么就很可能连带着战胜其他的挑战。这将构成一个正反馈的环路，带来极大的正收益。更可喜的是，这种多米诺骨牌式的正反馈效应还将远远超越国界——这将为发展中国家民众提供满足基本生理需要的各种生活资料，同样也会提高发达国家民众的生活质量。

这一点非常重要。在更细致地讨论富足金字塔之前，为了让读者更好地理解，我们先来深入探讨一下，为生活于这个星球上的每个人提供干净的水的重要意义。

在当今这个世界上，至今仍有 10 亿人不能喝上安全的饮用水，还有 26 亿人生活在缺乏基本卫生设施的环境中。由此而导致的一个结果是，世界上有一半的人住院是因为饮用了不干净的水，这些水要么沾染了致病细菌，要么受到了有毒化学物质或放射性物质的污染。根据世界卫生组织的统计，仅仅是这些污染物当中的一种——某种能导致腹泻的细菌，就可以解释全球 4.1% 患者的致病原因；更严重的是，它每年还要夺去 180 万儿童的生命。现在，许多穷人都拥有了手机，但是他们却没有干净卫生的厕所可用。当今全世界一半以上人拥有的水资源质量，还不如古罗马人。

那么，如果顺利地解决了水的问题，又将会带来什么结果呢？根据太平洋研究院（Pacific Institute）彼得·格雷克（Peter Gleick）的计算结果，到2020年，估计将会有1.35亿人因为无法喝到安全的饮用水、没有合格的卫生设施可用而死亡。能喝上干净的饮用水意义非常重大。首先，也是最重要的一点，干净的饮用水能够拯救许多人的生命。而这也意味着撒哈拉沙漠以南的非洲地区每年不再需要浪费掉5%的国内生产总值了。因为水源过于肮脏，这些地区现在不得不花大量金钱用于卫生保健和劳动力转移，更不用提因此导致的生产力损耗了。同时，人体如果缺水，吸收其他营养成分的能力就会降低，因此提供干净的水也能帮助那些正遭受饥饿和营养失衡折磨的人。只要水源得到了净化，一连串的疾病以及疾病的传播媒介都将会从地球上消失；同样，许多与环境有关的问题也可一并得到解决（为了烧水而被砍倒的树更少了，为了净化水而被燃烧掉的矿物燃料也会更少）。更重要的是，这一切还仅仅只是一个开始。

现在，在解决各种世界性难题的时候，我们拥有一个以往无可比拟的优势，那就是信息。我们拥有丰富的信息资源，特别是关于人口增长趋势、导致人口增长的动力以及人口增长的影响等方面的信息。例如，我们都知道地球的承载能力是有限的，同时我们还知道人口在不断地增长，因此许多人都担心人类会不会走向一个大灾难。在有些人看来，人口不断增长的趋势是如此可怕，以至于他们经常拿这个"对人类生存的严重威胁"来批评我提出的通过解决水资源问题这样的途径来实现全球富足的观点，他们认为，我所倡导的东西不过是一个美好的愿望，其最终结果只能导致全球人口的大爆炸，从而使我们面临的境况进一步恶化。

从某种层面上讲，这种说法完全正确。如果目前正面临着缺水威胁的8.84亿人突然之间都不缺水了，那么他们当中的很多人一定会活得更长久，结果自然会出现一个人口峰值。但是，我们完全可以从进化论的角度来解释为什么这种情况不会永远持续下去。

作为一个物种，智人在地球上已经生存了大约15万年了，然而直到1900年之前，全世界只有一个国家的婴儿死亡率低于10%。由于父母到了晚年的时候需要儿女的照顾，所以在那些婴儿死亡率非常高的地方，父母只有通过生育多个小孩并维持一个庞大的家庭，才能保证自己在晚年能够过上舒适的生活。幸运的是，事情将会出现逆转，而且这是真的。正如微软的创始人比尔·盖茨在他最近的一次访谈中就这个话题所指出的那样："为了减少人口，你所应该做的最关键的一点实际上是改善人类的健康状况……这两者是完全相关的，当你的健康状况得到改善后，不出半代人的时间，世界的人口增长率就会下降。"

比尔·盖茨之所以这么说，是因为他从过去这40多年来人们收集到的大量人口数据中看到了一种新的趋势。举个例子，今天的摩洛哥是一个年轻的国家，它有一半多的国民年龄都在25岁以下，其中15岁以下的几乎占到1/3。摩洛哥之所以有那么多年轻小伙子，主要是最近一个历史时期的发展结果，而不是人口过剩导致的。让我们回顾一下1971年的摩洛哥吧，那时，婴儿死亡率比较高，而人的平均寿命则比较低，每个摩洛哥妇女平均生育7.8个小孩。但是，在水质、环境设施、卫生保健等方面都得到了极大改善，妇女权利也得到极大提高之后，这些年，摩洛哥的婴儿出生率却呈现出了直线下降的趋势。现在每个妇女平均只生育2.7个小孩，因此人口增长率也下降到了1.6%以下——所有这些，都是因为人们的寿命更长了，身体更健康了，生活也更自由了。

对此，"洗涮涮行动"组织（WASH Advocacy Initiative，这是一个致力于解决全球水问题的组织）总裁约翰·奥德菲尔德（John Oldfield）是这样解释的："控制人口最好的方法是提高孩子的存活率、让女孩接受教育、随时随地宣传避孕的知识和好处，而在这几点中，最重要的是提高孩子的存活率。在某些社区，婴儿死亡率一直徘徊在1/3左右，这样大多数父母就会选择多生育小孩，其家庭规模明显超过了预期。他们为了传宗接代而生小孩,为了保险起见而生小孩,为了将来能给自己带来好运而生小孩,他们这样做只能导致人口急剧增长。最好的'计划生育'方法是,消灭天花、利用疫苗预防疾病、使人们免受腹泻和疟疾的折磨。这或许是违反常识的,但确实是最有效的方法。疾病增加,就会导致婴儿死亡率和儿童死亡率上升,而这又反过来促使婴儿出生率上升。对穷人来说,尤其如此。如果儿童的死亡率下降了,那么婴儿的出生率也会降低。道理就是这么简单。"

如果水的问题得到解决了,那么全世界的饥饿问题会得到缓解,世界性的贫困会减轻,全球性的疾病负担会降低,迅猛的人口增长速度会放慢,生态环境也可以得到更好的保护。孩子们将不再会被拉出课堂去取水或者采集烧水用的木柴,由此教育水平也会得到提高。现在,许多地方的妇女每天都要花上几个小时的时间重复去做诸如烧水、捡柴火等单调的事情,所以只要为她们提供干净的水,那么她们各个方面的境况——从家庭生活质量到家庭收入,都会好转(因为妈妈们现在有时间出去找一份工作做了)。但是,最好的一个消息是,解决水的问题所引起的上述一系列正向连锁反应仅仅是这类共生现象当中的一个例子而已。我们现在所面临的所有的巨大挑战就像摆在面前的多米诺骨牌,只要找到了任何一个解决挑战的方法,都会像推翻任何一张骨牌一样,引起一连串积极的连锁反应,这就是为什么富足离我们很近,比许多人所认定的要近得多的另一个原因。

中间层:能源、教育和信息通信技术

一旦我们的基本生存需要得到了满足,就会进入富足金字塔的下一个层次。这个层次是能源、教育和信息通信技术。为什么要把这三者并列在一起呢?或者说,把这三者结合起来有什么优势呢?因为这三者的组合会给人类带来双重红利。从短期来看,它们会提高人们的生活水准;从长期来看,它们会为我们铺就一条通往富足的道路,会带来人类历史上两大最宝贵的资产:专业化和交易。能源为我们提供了手段，使我们得以完成所要做的工作；教育能促进工人更专业化地工作；充分的信息或交流不仅能促成进一步的专业化（主要是通过扩大教育机会），还能促使专家之间相互交流他们的专业知识，并使他们的技能得以推广开来。这也就是经济学家弗里德里希·哈耶克（Friedrich Hayek）所称的"交易秩序"（又称"市场秩序"或"耦合秩序"）：劳动分工的日益深化，促成了生产可能性边界的不断扩张。马特·里德利（Matt Ridley）也在他的杰作《理性乐观派：一部人类经济进步史》（*The Rational Optimist: How Prosperity Evolves*）一书中阐明了这样的道理："'如果我今天替你缝制了一件兽皮外衣，那么你明天也要替我缝制一件'这种做法，不但好处有限，而且收益还是递减的。'但是……让我来制作衣服，而你就去寻找食物吧'，那么，所带来的收益就会是递增的。事实上，它还有一个极好的特性，即交换甚至不一定非得是公平的。要让以物易物行得通，两个人不需要提供同等价值的东西。即使交易是不平等的，也往往仍然能让双方都受益。"

在这"三重奏"中，很显然，能源是这场比赛当中最大的制胜法宝，那么，到底需要多少能源才能让我们赢得这场比赛呢？就让我们从尼日利亚开始说起吧。尼日利亚是非洲人口最稠密的国家，在那里，一个中等规模的家庭其成员通常有5个，而且全家人都只能挤在一个狭小的房间里生活。在这种情况下，如果有4盏电灯就能提供足够的照明了。通常，一只60瓦的白炽灯就足以让我们在灯光下阅读了——但是在今天，同样的亮度我们只需要一只15瓦的灯泡就足够了，而在将来，当LED（一种发光二极管）技术使用更广泛的时候，我们所需要的能源将会更少。

让我们来看看一个五口之家所需要的能源的情况吧。如果想要保存适量的新鲜食品和药品，那么可能需要一个容积为453升的电冰箱，它的能耗为150瓦；一个双头炉灶需要1 200瓦；两台用来通风、降温的电扇，每台耗能100瓦；1～2台笔记本电脑，每台耗能45瓦，如果我们再让自己挥霍一下的话，还拥有一台液晶电视机、一台DVD播放器以及一台收音机，那么，每台电器耗能 100 瓦（虽然笔记本电脑完全可以取代这些东西）。另外，再加上 5 个手机充电器，它们的总能耗为 35 瓦。这样一来，一个典型家庭的总能耗大约为 1.73 千瓦。我们假设每户家庭都按平均使用时间来使用这些电器，那么，每户家庭每天的最低用电量为 8.7 千瓦时。而这只相当于一个普通美国家庭能耗的 1/4。（一个普通美国家庭平均只有 2.6 个人，而每天消耗掉的能源总计为 16.4 千瓦时，或者说，每个人每天平均为 6.32 千瓦时，这些还不包括为取暖而消耗掉的天然气与汽油。）但是，这些能源却能给尼日利亚民众的生活带来根本性的改善。

当然，生活上根本性的改善还体现在其他许多方面。例如，双头电炉灶虽然只是一种非常简单的家用电器，但是，它能为全球 35 亿人的生活带来巨大的变化，这些人原本需要通过燃烧木头、粪便与秸秆等生物燃料来煮食物与照明。根据 2002 年世界卫生组织的一个报告，36% 的上呼吸道感染、22% 的慢性阻塞性肺病，以及 1.5% 的癌症都是由于燃烧这些生物燃料而导致的室内空气污染所引起的。这个简单电炉灶可以使全球的疾病负担至少下降 4%。

和水一样，电炉灶还是另一个能解决其他一系列问题的东西。联合国 2007 年发布的一份报告表明，在非洲，被砍伐的木材当中有 90% 都被当作了能源。因此，为人们提供一个电炉灶可以帮助我们保护濒危的森林，而被保护下来的森林可以为我们创造一个更好的生态环境，提供更好的生态系统服务。这里所说的生态系统服务是指环境为我们提供的免费服务，具体包括作物授粉、碳封存、气候调节、水净化、空气净化、营养扩散、营养循环、废物处理、防洪、病虫害防治、疾病控制等。生态系统服务的意义非常重大，有如下两个原因：第一个原因是，生态系统每年为我们的环境提供的（免费）服务，其价值相当于 36 万亿美元，这个数字大概等于全球所有经济体一年的总产值；第二个原因是，至少在目前，仅仅依靠我们人类自己的能力，还无法提供上述服务中的任何一种，这一点是我们花费了两亿美元建立起来的实验生物圈 2 号已经清晰地表明了的。

但是，电炉灶的优点并不仅仅体现在它的生态意义上。它还可以让妇女们和孩子们从收集柴火这种工作当中解放出来，让他们有时间去工作、去接受教育，由此可以进一步降低儿童的死亡率、提高妇女的地位，更好地保障他们的权益；因此，采用电炉灶后，还会使人口增长率下降。单单一只简单的电炉灶就能带来如此巨大的积极变化，读者们不妨请想想，如果上述提到过的所有家用电器都用起来，一个普通的尼日利亚家庭每天耗电量真的达到了 8.7 千瓦时，可想而知，人类能够因此而得到的好处将何等巨大！

另一个会引起深刻变化的因素是教育。我们必须让生活在这个星球上的每位孩子都接受教育，掌握基本的读写能力、数学运算能力、生活技能与批判性的思维能力。当然，有人或许会认为，只教给孩子们这些东西，似乎太过于单薄了，但是大多数专家都认为，孩子们如果在小学里掌握了这 4 个方面的基本技能，就能为他们日后实现自我完善奠定良好的基础。而且很显然，这些技能也是实现富足的重要基础。再者，在这里所说的自我完善的意思也与过去所认为的并不完全相同。如今，世界上已经出现了互联网这个新生事物，它是一个蕴藏丰富资料的宝库。要想了解互联网上的相关信息，掌握上述 4 大基本技能是最大的关键。互联网已经成了我们生活中必不可少的一部分，很显然，它也是有史以来促进自我完善的最伟大的工具。

如今，我们之所以要着重强调个人的成长与个人责任，把这两者说成是最关键的东西，是因为我们现在正处于教育改革的潮流当中。正如肯·罗宾逊爵士（Sir Ken Robinson）[①]等教育专家反复强调过的，目前，我们担心的并不是教室过于陈旧，而是学位的贬值。他说："突然之间，学位变成了一文不值的东西，当我还是个学生的时候，如果你拥有一个学位，就等同于你得到了一份工作。在那个时候，如果你找不到工作，那只能是因为你不想工作。"

因此，教育问题具有双重的复杂性：一方面，在世界上许多地方几乎不存

---

① 全球最具影响力的教育家，排名第一的 TED 演讲人，其"教育创新四部曲"中文简体字版即将由湛庐文化策划，浙江人民出版社出版。——编者注

在任何基本的教育设施；另一方面，在有些地方，即使存在着基本的教育设施，它们的教育理念也是极其陈旧落后的。今天，许多国家的教育体系也是建立在同样落后的等级观念的基础上的：数学与科学学科是最重要的，人文学科次之，艺术学科则排在最末位。之所以会出现这种情况，是因为这种教育体系原本是在19世纪建立起来的，当时正值工业革命时期，这种教育制度最能让人获得个人成功。但是如今，形势已经发生了根本的变化，技术文明日新月异，信息经济飞速发展，创新理念成为具有终极决定意义的资源。而现行的教育体系却完全无益于这种资源的培育。

此外，目前的教育体系还是围绕着学习事实性知识的需要而建立起来的，但是，今天的互联网已经可以即时提供关于几乎任何一个事实的可靠而有效的资料。这也就意味着，我们的孩子目前所学习的许多技能，实际上是他们根本就用不着的。而被忽略掉的那些技能，恰好又是他们所需要的。在教会孩子们如何培养他们的创造力与好奇心的同时，再为他们的批判性思维、读写能力和数学运算能力奠定坚实的基础，是保证他们将来能够适应越来越快的技术变革的必需且最好的方法。

更让人感到高兴的是即将到来的教育领域的技术变革。与目前所采取的"一刀切"的教育体制完全不同，将来的教育体系是通过个人电脑（或者像智能手机这样的个人计算设备）而得以实现的，因而它必定是去中心化的、个性化的、完全交互式的。去中心化意味着学习不容易被政府所垄断，也不太容易受到社会经济动荡的影响；个性化意味着可以根据个体的需要与他所偏爱的学习方式进行量体裁衣式的教学。去中心化和个性化这两者都是教育领域的巨大改进，但是许多人认为，交互性这个特点所带来的益处才是最大的。正如麻省理工学院媒体实验室与一人一本协会（One Laptop Per Child，简称OLPC）的创办者尼古拉斯·尼葛洛庞帝（Nicholas Negroponte）所解释的："从约翰·杜威（John Dewey）到保罗·弗莱雷（Paulo Freire），再到西摩尔·派普特（Seymour Papert），这些哲学家都一致赞成'干中学'。这个观点告诉我们，如果你想学到更多的东西，那么你就得更多地去实践。'一人一本'计划强调的是让孩子们利用微软的工具去探索知识，并且鼓励他们把自己的想法勇敢地表达出来，而不是给孩子们下学习指令。爱比责任更能征服孩子。用笔记本电脑代替老师，指导孩子们根据个人兴趣构建自己的知识体系，同时为孩子们提供相互分享和批评的工具，这样一来，孩子们就会变成主动的学习者与老师了。"

富足金字塔中间层的最后一个组成部分是信息通信技术。在本书前面的章节中已经提到过这个主题了，信息对人类生活的影响再怎么强调也不为过。在肯尼亚，有一个名为卡致 560（KAZI 560）的就业服务机构，它就是利用移动电话让潜在的工人和潜在的雇主建立联系的。在成立后的头 7 年里，卡致 560 就通过这个移动网络帮助大约 6 万肯尼亚人找到了工作。在赞比亚，农民们没有银行账户，他们依靠移动电话去购买种子和肥料，这使他们的收益大概提高了 20%。在尼日尔，2005 年的时候，手机网络成了这个国家事实上的食品分配系统，帮助人们有效地避免了饥荒。2007 年，著名的企业管理天才伊希斯·尼扬奥（Isis Nyong'o，他当时是音乐电视网的高管，如今已经跳槽到了谷歌公司）告诉 BBC，移动电话对非洲的影响"完全不亚于一场民主革命"。

更重要的也许是，手机所引起的这种变化是一种"有机"的变化。移动电话技术的传播根本不需要借助任何传统的"推销"。事实上，手机是像病毒一样迅速地普及开来的，它的流行一发不可收拾，并且完全不可抗拒。借用马尔科姆·格拉德威尔（Malcolm Gladwell）的话来说吧，是观念发生了转变。一旦人们了解了这个科技产品，一旦这个科技产品的价格下降到连普通人也差不多负担得起（之所以说"差不多负担得起"，是因为在第三世界国家，许多人往往需要依靠小额信贷才能购买手机），它的使用率就会成倍地增长——就像我们在尼日利亚所看到的那样。

在 2001 年，1.34 亿尼日利亚人当中，只有 50 万台固定电话。同年，尼日利亚政府开始鼓励在无线通信领域进行市场竞争，并且得到了市场的积极反应。到了 2007 年，尼日利亚已经有了 3 000 万手机用户，很显然这极大地推动了当地经济的发展。但是，还有一点也很重要，我们要记住，受益的不仅仅是尼日利亚人。2009 年，诺基亚公司的盈利达到了 10 亿美元，该公司表示，这些盈利主要是在非洲市场上实现的。也正因为如此，到了 2010 年，当芬兰的这家跨国公司宣布第十亿部手机是在尼日利亚卖出的时候，甚至完全没有人觉得惊奇。

顶层：健康和自由

富足是一个包容性非常强的概念，它无所不包，并且关乎所有人。富足意味着个人是非常重要的，而且比以往任何时候都显得更加重要。有鉴于此，富足金字塔的最顶端由两个概念组成——健康与自由，它们对加强个人的能力有重要作用。现在就让我们从健康开始说起吧。

如果说个人很重要，那么个人的幸福安康尤其重要。因此，保护个人的健康、维持良好的卫生保健制度就成了一个富足的世界的核心问题。现在每年都有数百万人"无谓地死去"。因此，有一件事情是确信无疑的：要建立一个富足的世界，首先要实现的一个目标就是确保这种悲剧不再发生。（之所以说这些不幸的人是"无谓地死去"的，是因为这些人的死亡都由一些完全可以预防或已经能够轻易治愈的疾病引起的。）

急性呼吸道感染是引起其他严重疾病的诱因之一，全世界每年大概有 200 万人因此而丧生。在发展中国家，在导致伤残调整寿命年下降的所有因素当中，急性呼吸道感染位居第一。患急性呼吸道感染这种病风险最高的人群是儿童、老年人和免疫功能低下者。为什么会出现这种情况呢？主要是因为这些感染通常没有得到及时确诊。例如肺炎，早在差不多一个世纪之前，我们就完全可以治愈这种疾病了，但是，在所有 5 岁以下不幸夭折的儿童当中，病因可以归结为肺炎的仍然占到了 19% 以上的比例。更令人不解的是，治疗肺炎并不需要什么稀罕的特效药物，它们不但廉价，而且唾手可得。这就意味着，主要是诊断和（或）用药问题。

现在，要进行一次血液检测，必须有无菌器材与专业的医护人员。很显然，采集一个血液样本并不需要抽取太多血，但是采集到的血液却必须送到相应的实验室里去检测。在许多发展中国家，为了等待一次简单的血液检测结果，病人往往必须等上数天时间，有时候甚至可能需要等上好几个星期。在这些发展中国家，不仅仅因为检测费用十分昂贵，而且还因为交通也非常不便，因此使得许多病人无法在发病后第一时间去医院就诊。更不要说，会有多少人愿意在几周之后专程花时间前往医院去了解检测结果或者到医院接受治疗了。

好消息是，研究人员正在开发一种新的技术，它叫作芯片实验室（Lab-on-a-Chip，简称 LOC），利用这种技术即有可能解决上述这些问题。芯片实验室并不是一个真正的"实验室"，恰恰相反，它是一个便携式的、手机大小的装置，允许医生、护士，甚至是由病人本人采集体液样本（比如尿液、唾液或者一滴血），而且在几分钟内就能得出结果。利用芯片实验室，一次就可以为数十人进行现场检测（当然，无法同时为几百人进行现场检测）。"这是一种全新的技术，"这个领域的一位先驱、莱斯大学（Rice University）的生物工程学与化学教授约翰·麦克戴维特（John T. McDevitt）说，"它将会为还不曾拥有这种技术的发展中国家的数十亿人带来健康保证。它对像美国这样的发达国家——其医疗费用每年都在以 8% 的速度增长，全国经济总量当中的 16.5% 都用于卫生保健事业，也有非常重要的意义，因为如果不运用像芯片实验室这样的个性化的医疗技术，那么即使是发达国家，也会因为过于高昂的医疗费用而面临破产的危险。"

芯片实验室的另一个优点是它拥有强大的采集数据的能力。而且，因为这些芯片全都连上了网络，它们所收集到的信息，比如猪流感的爆发，可以立即上传到网络上，进行云计算，同时对这些数据进行更深层次的分析。"第一次，"麦克戴维特说，"我们将能获得大量全球性的医疗数据。它将在阻止新的致命病毒与流行病毒的传播方面发挥出至关重要的作用。"

更大的喜讯是，芯片实验室只是许多种类似技术当中的一种，还有许多其他技术也正在开发当中。普华永道会计师事务所 2010 年发布的一个报告声称：

个性化医疗这一领域——在 2001 年之前还未出现这一行业（人类基因组测序常常被当作这个行业诞生的标志），每年的增长速度高达 15%。这个报告预测到 2015 年，全球个性化医疗市场的规模将会达到 4 520 亿美元。所有这一切都表明，我们很快就会有办法、有途径、有动力来评估个人的健康，而这是以前从来不曾出现过的。

富足金字塔的最后一个元素是自由。实现自由似乎是最艰巨的一个任务，当然，它也是最关键的一个任务。诺贝尔经济学奖获得者阿马蒂亚·森（Amartya Sen）在他于 1999 年出版的一本著作《以自由看待发展》（*Development as Freedom*）一书中指出，政治自由的推进必须与可持续发展保持同步。因为根据定义，富足也是一个可持续发展的目标，拥有一定程度的自由是实现这个目标的先决条件。幸运的是，在出现某种突破性的新技术之后，总会浮现出在一定程度上推动自由的机会——特别是出现了重大的信息通信技术之后。

事实上，这并不是一个全新的观念。社会哲学家尤尔根·哈贝马斯（Jurgen Habermas）在他 1962 年出版的《公共领域的结构转型》一书中就曾经指出过，允许民众自由表达自己意愿的通信工具的出现，将会对非民主国家的领导人造成巨大的压力。但是，即使如哈贝马斯这样杰出的思想家也不可能预测到贾瑞德·科恩（Jared Cohen）在 2009 年 6 月所发现的东西。

科恩是一个标准的年轻"Y 世代"，他也是一个互联网专家。从哈佛大学毕业后，科恩进入了奥巴马政府，在国务院工作，而且碰巧是在前国务卿希拉里·克林顿的领导之下。2009 年 6 月中旬，当伊朗选举结束后，民众的抗议风起云涌。就是这个科恩，联系上了 Twitter 的创始人杰克·多西（Jack Dorsey），并说服多西让他的公司更改了网站维护的时间表，以保证伊朗人可以继续利用 Twitter 在网上自由表达自己的意愿。由于所有其他形式的通信都已经被封锁或者切断了，Twitter 成了伊朗人与外界联系的唯一渠道。

这个渠道究竟有多重要？这一直是一个聚讼纷纭的问题。威比奖（Webby

Awards）是互联网界的一项主要的国际奖项，在一次评选中，所谓的 Twitter 革命不仅入选威比奖 "10 年来最重要的 10 个时刻"，而且名列榜首（一起入围的还有 2008 年的总统选举、谷歌股票公开上市等）。而另外一些人则认为，Twitter 并没有那么重要，因为它不可能挡住子弹。但是，不管怎样，这场革命已经足以证明，信息技术确实是变革的非常强大的推动力量。"通过利用新的媒体来扩大横向联系可以对当前政府施加压力，"政治分析师帕特里克·奎克（Patrick Quirk）在《外交政策聚焦》杂志（Foreign Policy Focus）上写道，"这一代人加强了推动民主变革的强大的潜在力量的基础。"

伊朗发生的故事仅仅是这种变化的其中一个例子。瑞典国际发展合作署 2009 年发布的一份调查报告称，信息通信技术的发展同样极大地推动了肯尼亚、坦桑尼亚和乌干达等国家和地区的民主运动。这份报告还说："事实证明，使用并从战略高度利用信息通信技术不仅可以促进经济发展、缓解贫困，而且能够推动民主化——包括言论自由、信息的自由流通和人权状况的改善。"

更大的挑战

现在，对于富足这个概念，你应该有了一个初步了解了吧？对于我们的最终目标，你也应该有基本概念了吧？我认为，在未来 25 年内，这些目标应该都可以实现；而且我相信，在接下来的 10 年内，就可以看到某种显著的变化。不过，在确定我们的目标和实现目标的时间表后，还需要解决另外一个问题：这一切是不是有点过于不着边际了？

到了 2035 年，困扰着我们的问题真的都能得到解决吗？这种话真的可信吗？

这就是本书第一部分接下来几章将要重点讨论的问题。而本书的第二至第五部分将专门讨论涉及这些变化的技术问题及几种力量（它们结合起来会为我们带来富足）；第六部分将探讨加快和协调这个过程的方法。因此，在本书第一部分的余下几章中，我们将致力于探讨：为什么大多数人当听到有关富足的"许诺"时，都会觉得这是不可能实现的？

有人认为我是在胡说八道。在某种意义上，他们这样说是有一定理由的。有些人觉得，如今我们已经深深地陷进了疾病、饥饿与战争的泥淖当中，根本不可能爬出来。在他们眼里，只有这个深坑，别无其他。另外一些人则认为，我们所设定的时间期限太短了，在接下来的几十年里，不可能出现足以化解所有危机的技术进步。还有一些人则认为，我们所面临的问题实际上一直在恶化：富人更富有了，穷人更贫穷了，而且一些全球性的威胁——流行病、恐怖主义、不断攀升的地区冲突，也愈演愈烈。所有这些担忧都很正常，在接下来的几章里，我们将会为你一一解答这些疑问。但是现在，首先让我们来了解一下产生这些悲观情绪的根源，以及为什么会有这种反应——面对着铺天盖地而来的坏消息，人们看不到任何积极的趋势。我们这样做显然是非常有益的，因为很可能这种悲观情绪就是通往富足之路的最大的绊脚石。

03

悲观源于我们的"认知偏差"

克服那些让大多数人不相信富足有实现可能的心理障碍是非常重要的，例如怀疑主义、悲观主义以及其他所有类似的想法。为了让人们相信富足是有可能实现的，需要理解一点，那就是：我们的信念是由大脑塑造的，而我们所认识的世界又是由信念塑造的。

THE FUTURE

IS BETTER THAN

YOU THINK

BUNDANCE

卡尼曼的经历

富足是一个非常宏大的愿景，但是却被我们压缩进了一个相当短暂的时间期限之内。我们相信，在接下来的 25 年时间里，人类可以重塑这个世界，但是这个目标不可能随着时间的流逝自然而然地完成。我们需要面对很多问题，而且所有这些问题并不是出现了相应技术就会迎刃而解的。克服让大多数人不相信富足有实现可能的心理障碍是非常重要的，例如怀疑主义、悲观主义以及其他所有类似的想法。为了让人们相信富足有可能实现，需要理解一点，那就是，我们的信念是由大脑塑造的，而我们所认识的世界又是由信念塑造的。因此，必须搞清楚，它们都是通过什么方式被塑造的。能够帮助我们理解这个问题的，没有比诺贝尔经济学奖得主丹尼尔·卡尼曼（Daniel Kahneman）更适合的人选了。

卡尼曼 1934 年出生于以色列特拉维夫市的一个犹太家庭，但是他的童年却是在纳粹占领的巴黎度过的。1942 年的一个下午，他在一个信仰基督教的朋友家里玩，忘记了时间，超过了纳粹占领军强制规定的 6 点钟宵禁的时间。意识到自己的"错误"之后，卡尼曼把他身穿的毛衣里外翻了过来，把被迫缝在毛衣上标志着自己作为犹太人的身份的"大卫之星"隐藏了起来，然后准备偷偷地溜回家。他还没走出多远，就碰到了一个纳粹党卫军的士兵。那个士兵在空无一人的街道上朝他走来，他无处可躲。卡尼曼确信，这个纳粹党卫军士兵很快就会发现他衣服上的"大卫之星"，于是他加快了步伐，但是无论如何都无法甩开这个士兵。最终，他被拦了下来。然而，这个士兵并没有逮捕他。正如他在向诺贝尔经济学奖颁奖委员会提交的自传中所回忆的："他招手示意我过去，让我坐上了他的车，并且拥抱了我……他充满感情地用德语跟我说话。当他把我放下车的时候，他打开了他的钱包，给我看了一张小男孩的照片，并且给了我一些钱。回到家之后我比以往任何时候都确信，我妈妈是正确的：人性极其复杂，研究人性的趣味永无止境。"

卡尼曼永远也忘不了这次际遇。他和他的全部家人都幸运地挨过了战争。战后，卡尼曼迁居到了以色列。由于对人类行为一直充满好奇，所以到了以色列之后，卡尼曼转而主修心理学。1954年，卡尼曼刚刚从希伯来大学毕业，就立即被征召入伍。因为他的心理学背景，部队要求他帮助评价从军官训练营出来的候选人。卡尼曼接受了这项工作——因为研究人类的行为恰恰是他最感兴趣的工作。

以色列为这些准军官制定了一套非常严格的测试。在测试中，全部候选人都穿上中性的制服，他们被分成不同的小组，去完成一系列艰巨的任务。例如，其中一个任务是双手高举一根电线杆，在没有任何支撑的情况下越过一堵两米多高的墙，电线杆既不能碰到地面也不能碰到墙。"为情势所迫，"卡尼曼写道，"士兵们的本性就会自然而然地暴露出来，那么，我们就能确定谁将会成为一个好军官、谁将无法成为一个好军官了。"

但是，测试的效果并没有设想的那么好。"麻烦在于，实际上，我们什么都不能确定。每个月我们都有一个'统计日'，在这一天，我们会收到来自军官训练学校的反馈，从中可以看出我们对候选人潜力的评级是否准确。事情总是一成不变的：我们的预测能力实际上非常有限——甚至可以完全不考虑这些预测。但是，第二天还是会有另一批候选人被带到障碍物前面，我们又得让他们面对那堵墙，然后，看着他们流露本性。我强烈地感觉到，在统计信息与我们觉得自己可以洞察他人的感觉之间完全没有任何联系。因此，我专门为这种感觉创造出了一个术语：'有效性错觉'（illusion of validity）。"

卡尼曼最初把"有效性错觉"描述为一种"你觉得自己可以理解别人并且能够预测他们行为的一种感觉"，但是到了后来，它的内涵又被进一步扩展为"人们习惯于把自己的信念当作现实的一种倾向"。以色列人确信电线杆测试能够揭示出士兵们的真实性格，因此他们不断地使用它，尽管实际上士兵们后来的行为表现与测试结果毫无关系。是什么导致人们产生这种错觉的？人们为什么这么容易被它吸引？这两个问题成了卡尼曼后来的研究重点：他在长达半个世纪的研究历程中得到的成果已经永远地改变了我们对自己信念的看法——当然也包括对富足的看法。

认知偏差

富足这个概念很难被人们接受的一个原因是，我们生活在一个非常不确定的世界中，而且让我们对不确定的事情做出决策绝不是一件简单的事情。在一个完全理性的世界中，如果要做出选择，我们会评估所有可能结果的概率与效用，然后把两者结合起来，做出预测。但是，人类不太可能得知所有的事实，也不可能知道所有事实的结果，而且即使我们能够做到这一点，我们也没有时间，没有脑力去分析所有的数据。事实上，我们的决策往往是基于有限的、常常是不可靠的信息做出的，同时还受到来自内部的限制（大脑处理问题的能力）与来自外部的限制（必须做出决策时的时间限制）。因此，为了在这种条件下解决问题，我们采用了一种"潜意识"层面的策略，这就是"启发式"（heuristics）。

启发式实际上是在认知问题上走捷径：它是一种省时节能的拇指法则，允许我们简化决策过程。启发式适用于各个方面。在视觉感知的研究中，我们常常利用清晰度这种启发式原则来帮助我们判断距离：我们看得越清楚的物体，离我们越近。在社会心理学领域，我们判断某件事情的可能性时，启发式也会起作用——比如说，在评估某个好莱坞明星是不是可卡因成瘾者的概率时。为了回答这个问题，大脑要做的第一件事情是检索已知的好莱坞吸毒者的资料库。这就是我们所熟知的可得性启发式（为了作比较，相似的范例是非常有用的），它可以减少我们要访问的信息量，这是完成我们评估工作非常重要的一个组成部分。

通常情况下，这不失为一种好方法。我们的心智资源有限，这是一个永远都无法完全解决的问题，启发式就是人类在漫长的演化过程中形成的解决这个问题的一个方法，在一般情况下它可以帮助我们做出更好的决策。但是，卡尼曼发现，在某些情况下，依赖于启发式会导致"严重的、系统性的错误"。

我们还要说得更清楚一点。在很多时候，如果完全依赖于这种启发式来判断 A、B 两者之间的距离，那么当在能见度比较差，而所判断的对象的轮廓又比较模糊的时候，我们会倾向于高估两者之间的距离。反之亦然。当能见度比较好，而所判断的对象的轮廓比较清晰的时候，我们会倾向于低估两者之间的距离。"这样一来，"卡尼曼在他与希伯来大学的心理学家阿莫斯·特沃斯基（Amos Tversky）于 1974 年合写的一篇论文《不确定状况下的判断：启发式和偏差》（*Judgment Under Uncertainty:Heuristics and Biases*）中这样写道，"依赖于清晰度来判断距离的远近会导致一种惯常偏差（common bias）。"

自那之后，这种惯常偏差以及类似的惯常偏差都被统称为认知偏差。认知偏差的一般定义是："在特定环境下做出判断时出现的偏差。"研究者们现在已经收集到了许多有关这类偏差的资料。绝大多数资料都显示，这种惯常偏差会直接影响到我们的信念——使我们中的许多人不敢相信富足真的有实现的可能性。例如，证实偏差（confirmation bias）是一种寻找在某种程度上能够证明自己先前所持观点是正确的信息的倾向。在这样一种搜寻过程中，我们通常由于能力所限，找不到太多的新证据，因而我们先前所持的观点往往无法改变。这也就意味着，如果你对富足所持的反对意见建立在"我们所陷入的坑太深了，根本就爬不出来"这个假设的基础上，那么，任何能够证明你的怀疑的信息都被你记住了，而对于那些与这个假设相矛盾的资料，你可能直接就把它们否定了。

关于证实偏差，这里有一个绝佳的例子：莎拉·佩林（Sarah Palin）所声称的"死亡小组"。2009 年和 2010 年，在对奥巴马政府所提议的医保改革方案争论不休的那段时间，这个观念就像野火一样四处蔓延，尽管这个消息来源的可靠性遭到了质疑。（事实上，它就是一个谎言，理应受到谴责。）《纽约时报》对这个现象感到困惑不解："最近几周，不知从什么地方开始，出现了一个固执而虚假的谎言，它四处传播，迅速升温，说根据奥巴马总统所提议的医保改革方案，政府将会组建一个'死亡小组'，来决定哪些病人可以继续享受治疗，允许他活下去。"很显然，这里所说的"不知是什么地方"对应的就是我们所说的证实偏差。极右的共和党人早就已经不再信任奥巴马了，所以那些证明"死亡小组"是个谎言的可靠消息都被他们当作了耳旁风。

证实偏差只不过是一连串偏差中的其中一种，它们都可能影响我们对于富足的信念。例如消极偏差（negativity bias，即与积极的信息与经历相比，人们更倾向于重视负面的信息与经历），肯定对我们正确认识富足没有帮助。还有所谓的锚定效应（anchoring effect）：在做出决策时，太过于依赖某一方面的信息。"当人们相信这个世界将要分崩离析的时候，"卡尼曼说道，"往往就会出现锚定效应，19 世纪末的时候，因为马粪过多，伦敦渐渐变得不适宜人居了，于是人们变得十分恐慌，由于锚定效应，他们想象不出任何其他可能的解决方案。根本没有人想到将会出现汽车。事实上，很快他们就会担心受污染的空气，而不再担心肮脏的街道了。"

事实上，不同的认知偏差往往接踵而至，这当然会使得情况变得更加糟糕。由于许多人身上都存在着消极偏差，所以如果你没有随大流，反而声称世界将会变得越来越美好，那么你就会成为许多人眼中的怪胎。除此之外，我们同样也受到了从众效应（bandwagon effect，即别人怎么做我们也跟着怎么做的倾向）的影响，因此，即使你怀疑真的存在着乐观的理由，这两种偏差结合起来，也会让你质疑自己的观点。

近年来，科学家们已经开始注意到，在人类的演化过程中，甚至还在各种认知偏差的基础上发展出了一些用来"克服"这些偏差的模式。在这些模式当中，其中一个就是我们通常所称的"心理免疫系统"（psychological immune system）。如果你认为自己的生活已经毫无希望了，那么，你继续奋斗下去还有什么意义呢？为了防止出现这种情绪，人类逐渐发展出了一个"心理免疫系统"，这是一组让我们保持极度自信的认知偏差。在数以百计的研究当中，所有的研究者们都发现，人类总是高估自己的魅力、智慧、职业道德、成功的机会（例如买彩票中奖或晋升）、避免消极后果的可能性（例如破产或患上癌症）、对外部事件的影响力、对他人的影响，甚至还会觉得自己比同行高出不止一筹——这种倾向被称为"乌比冈湖效应"（Lake Wobegon Effect）。乌比冈湖是作家盖瑞森·凯勒（Garrison Keillor）虚构的一方乐土，生活于那里的所有小孩的智力水平"都在平均水平之上"。当然，这个"心理免疫系统"还有另外一面：当我们严重高估了自己的时候，往往也就极度低估了更广泛的世界。

在认知方面，人类天生就有既局部乐观又全局悲观的倾向，对于富足目标来说，这可能会成为一个更大的问题。卡尼曼和特沃斯基的合作者，康奈尔大学的心理学家托马斯·吉洛维奇（Thomas Gilovich）认为，对于这个问题，要从以下两个方面去认识："首先，正如锚定效应所显示的一样，想象力与感知之间存在着直接的关联性；第二，都是控制狂，都非常乐观，认为自己完全可以掌控所有的事情。如果我问你，为了在数学这门课上得到更高的分数，你将会做些什么？你就会想到，你需要更加努力地练习，少出门参加一些聚会，或许你还会想到要请一个家庭教师，这一切你都能掌控。正因为这样，你的心理免疫系统会让你觉得十分自信。但是，如果我问你，对于世界性的饥饿问题，你能做些什么的时候，你能想象到的只有成群结队的处于饥饿状态中的孩童。你根本就没有自己能够控制整个局面的感觉，这时你就完全没有了自信，你想象当中的那些饥饿的孩童就成了你的'锚'——它把所有其他的可能性全都从你的脑海当中挤了出去。"

事实上，我们可以在某种程度上实现对世界饥荒的控制，这种可能性是实实在在存在着的。正如我们将会在下面几章中看到的，由于技术的进步（而且技术进步的步伐越来越快），如今的小型组织已经有能力去做一些过去只有政府才能做的事情了，这其中就包括了对抗饥荒。不过，要想把所有阻碍这种进步的心理障碍的机制都搞清楚，我们首先必须探讨一下大脑的结构及演化历史，因为归根到底，使我们产生悲观情绪的是大脑。

负面新闻最爱上头条

每分每秒都有大量数据通过我们的感官进入大脑。为了处理这些信息洪流，大脑不断地对这些信息进行筛选、排序，试图从这些杂乱无章的信息中梳理出一些重要的信息。对大脑来说，没有什么东西比生存更重要。这些进入大脑的信息所遇到的第一个过滤器、也是最重要的一个过滤器就是"杏仁核"。

杏仁核的外形呈杏仁状，负责诸如愤怒、仇恨和恐惧等原始情绪。杏仁核是我们大脑内的预警系统，总是处于高度戒备状态，它的工作就是在生活环境中寻找任何可能威胁到我们生存的东西。一旦受到了某种刺激，杏仁核就会变得过度警惕，然后我们就会绷紧神经，做出"或者战斗或者逃跑"的反应。此时，心跳会加速、神经会以更快的速度传输信息、眼睛会睁大以便能够扩大视野，为了加快反应速度，血液会流向肌肉，因而我们的皮肤会变冷。从认知层面上讲，识别系统会去搜索我们的记忆，寻找类似的情况（以帮助识别威胁）和可能的解决方案（以帮助减轻威胁）。但是，如此强烈的反应一旦启动，就几乎不可能停下来，这是当今世界面临的一个大问题。

现今，我们被各种各样的信息包围着，在周围有数以百万计的新闻媒体在竞争着，它们竞相争夺，总想占领我们的大脑。那么它们是如何竞争的呢？它们争夺的正是杏仁核的注意。老式的报纸一直都是根据"如果新闻的内容非常血腥，那么它就会出现在头版，就能引起人们注意"这样的理念运营的，因此，在铺天盖地而来的众多信息当中，首先映入我们眼帘的总是这种充满着危险信号的信息，而我们自己也总是随时准备着寻找这类具有威胁性的信息。我们正饲养着一个恶魔。你不妨顺手拿起一份《华盛顿邮报》，比较一下其中刊载的正面故事与负面故事，你就会发现超过 90% 的报道都偏向悲观。道理再简单不过了，好消息并不能引起我们的注意，而坏消息却很"叫座"，这是因为杏仁核总是在寻找一些让人产生恐惧的东西。

这种倾向对我们的感知有直接影响。对此，休斯敦贝勒医学院（Baylor College of Medicine）的神经科专家大卫·伊格曼（David Eagleman）的解释是，即使在平常情况下，注意力也是一种有限的资源。"试想象一下，你正在观看一个短片，在镜头里，只有一个演员在煎蛋卷。接下来，镜头切换到了另外一个不同的角度，不过，仍然只有一个演员在继续煎蛋卷。此时如果演员变成了另外一个人，你肯定会注意到的，对吗？然而，实验表明，超过 2/3 的观众都没有注意到这一点。"之所以会发生这种事情，是因为我们的注意力是一种非常有限的资源，一旦我们开始集中关注某一件事，通常就注意不到其他事情了。当然，任何恐惧的反应都有扩大效应。所有这一切都意味着，一旦杏仁核开始搜索坏消息，它就几乎一定会一直持续下去，不断地去寻找坏消息。

更重要的是，我们在演化早期形成的预警系统是与必须即时做出反应的环境相适应的，在那时候，人类面临的威胁就像隐藏于丛林中随时可能跳出来的老虎一样，时时刻刻都可能变成现实，因此预警系统一直处于警觉状态。然而，事情已经发生了很大的变化。今天我们所面临的许多危险都是偶然性的，经济可能会急速下滑、恐怖袭击事件也可能会突然发生。但是，杏仁核却不能辨别偶然性与必然性之间的差异。更糟糕的是，这个预警系统天生就不会自动关闭，除非这种潜在的危险确实已经完全消失了。但是，偶然性的危险永远也不可能完全消失。再加上让我们无处躲藏的媒体为了争夺市场份额而持续不断地恐吓我们、威胁我们，这一切使得大脑确信：我们总是处于被围攻的状态。这真是一种非常糟糕的状态，正如纽约大学的马克·西格尔博士（Marc Siegel）在他的一本著作《假警报：恐惧流行的真实性》（*False Alarm:The Truth About the Epidemic of Fear*）中所解释的那样，再也没有比这更加远离真相的东西了，西格尔写道：

> 从统计的角度来看，工业化世界是永远也不可能让人感到更加安全的。虽然我们大多数人确实都活得更长久了，平常的日子也过得更安宁了。但是，我们仍然总是处于恐惧当中，时时刻刻戒备着，做着最坏的打算。在过去的100年里，实际上在生活的各个领域，我们美国人所面临的风险都已经大幅下降了，由此而导致的一个结果是，与1900年相比，2000年美国人的预期寿命延长了60%。抗生素的使用也减少了美国人死于疾病感染的可能性……对于什么样的水才是可饮用的、什么样的空气才是洁净的，公共卫生部门都已经出台了健康标准。我们的生活垃圾也迅速被搬离了。我们生活于一个能够控制气温、能够控制疾病的时代。但是，我们却比以往任何时候都感到更加焦虑。虽然来自自然界的危险已经不复存在了，但是，人的恐惧反应机制却依然故我，而且，它们绝大部分时间都在运行着。我们的生活发生了爆炸性的变化，已经使得原来的适应性恐惧机制变得不再适应了。

这一切给实现富足带来了三个方面的障碍：第一，这很难让人们保持乐观的心态，因为人类大脑的过滤机制天生就是倾向于悲观的；第二，好消息完全被淹没了，因为媒体在最佳利益的驱使下，总是过分强调坏消息；第三，科学家们最近发现了这种机制所带来的一个更高的代价——不仅仅是人类的这些生存本能使我们轻易地就相信"我们所陷入的坑太深了，根本就爬不出来"，而且它们还限制了我们爬出坑的渴望。

不难发现，对更美好的世界的渴望至少有一部分基于同情和怜悯这两种感情。现代科学带来了一个好消息，那就是，我们现在已经知道这类亲社会的行为根植于大脑中，与大脑是硬连线的。不过，在这个好消息当中又附带了一个坏消息，那就是，与这类亲社会的行为连线的是反应更慢、最近才演化出来的前额叶皮质。但是，在演化历史上，杏仁核出现得更早，反应速度也更快，而反应时间对生存至关重要。当灌木丛中出现一只老虎时，没有太多时间供你思考，让你决定自己应该怎么处理，因此需要大脑走捷径，以最快的速度做出反应。而前额叶皮质却没有什么捷径可走。

在出现危险情况时，杏仁核就会把信息引导到前额叶皮质区。这就是为什么你一看到地上有一个弯弯曲曲的东西，就会往后跑，而根本没有时间先去察看清楚，它到底是一根拐杖还是一条蛇。由于神经元的处理速度存在着差异，一旦信息被我们的原始生存本能所接管，那么，我们更新的、亲社会的本能就只有靠边站的份儿了。当恐惧感涌上心头时，同情、怜悯、利他主义，甚至愤慨，都变得不再起作用了。举例来说，一旦媒体让我们提高了警惕，相信富人与穷人之间的鸿沟已经太大了，以至于根本无法逾越时，另外那些能够驱使我们想方设法去填补这条鸿沟的情感就会被排除于我们的认知系统之外。

海量信息让人无所适从

在 15 万年前，作为一个物种的智人是在一个"局部性和线性的"生存环境里进行演化的，但是，今天的生活环境却是"全局性和指数型的"。人类的祖先所生活的局部性的环境里，大部分日常事务都发生在步行一天就可以到达的距离内。在他们的线性环境里，下一代人的生活与上一代人的生活实际上几乎是完全相同的，变化速度极其缓慢，而且所有的变化都是线性的。为了让读者对"线性的"变化与"指数型"变化两者之间的区别有一个更清晰的认识，我在这里举个简单的例子。如果我以"线性的"方式从我在圣塔莫尼卡的家前门往外走 30 步（假设 1 步为 1 米），那么我只能走出 30 米；然而，如果我以"指数型"的方式走出 30 步（第一步 1 米，第二步 2 米，第三步 4 米，第四步 8 米，第五步 16 米，第六步 32 米……依此类推），那么到最后走出 30 步之后，我将会走到 10 亿米之外的某个地方，或者更直观地说吧，如果我是绕着地球走的，那么实际上我可以绕着地球走 26 圈了。

今天的"全局性与指数型的世界"已经与人类大脑演化成形时所能理解的那个世界截然不同了。试想一下我们现在所面临的巨大的数据流吧。《纽约时报》一周所包含的信息量比一个 17 世纪的普通公民终其一生所能遇到的信息量还要大。在现代社会里，信息量一直在以指数型的速度增长着。"从人类出现伊始到 2003 年，"谷歌的董事会执行主席埃里克·施密特（Eric Schmidt）说，"人类创造了 5 艾字节的信息。1 艾字节相当于 10 亿吉字节——或者说一个 1 后面跟上 18 个 0。而现在，2010 年，人类每两天就会创造出 5 艾字节的信息；我们预计，到 2013 年，每 10 分钟就可以创造出 5 艾字节的信息……难怪我们所有人都已经筋疲力尽了。"

问题的关键在于，我们现在正在描述的这个全局性的世界却不得不由一个专为局部性世界而演化出来的系统来解释。因为这个世界是以前从来没有见到过的，所以当我们面对指数型变化时，心里实在没什么底。"现在的情况是，每过 18 个月，科技的威力都会翻一倍，而科技产品的价格则会减半。500 年前，根本不存在这种情况。"凯文·凯利（Kevin Kelly）在他的著作《科技想要什么》（*What Technology Wants*）中写道："在当时，水车并不见得下一年会比上一年更便宜；锤子的使用在下个 10 年也没有比这个 10 年变得更简单；铁的产量也没有大幅增长；玉米的产量还是依赖于气候的变化，而不是逐年提高；每过 12 个月，你并没有改良你的牛轭，所有的事情并没有变得更好，一如你过去时一样。"

大脑的局部、线性的神经元系统与全局、指数型的现实世界之间的脱节造成了一种被我称为"破坏性的聚合"（disruptive convergence）的结果。科技的力量正以前所未有的速度迸发出来，并且实现了"超级大联合"，但是，大脑却无法轻而易举地预测到如此快速的转变。而且，目前的管理方式以及与之相适应的监管结构也不适应科技发展的步伐。作为一个例子，不妨让我们来看看金融市场所发生的事情。在过去的 10 年里，像柯达、百视达（Blockbuster）、淘儿音乐城（Tower Records）这样市值曾经高达数十亿美元的公司几乎都在一夜之间轰然倒塌了，几乎也是在一夜之间，横空出世了许多价值数十亿甚至数百亿美元的公司。YouTube 从创立之初到以 16.5 亿美元的价格被谷歌收购总共才经历了 18 个月的时间；与此同时，高朋团购（Groupon）的价值在不到两年的时间里就达到了 60 亿美元。人类有史以来，价值的创造从来没有如此快速过。

而这也使我们面临着一个根本性的心理问题。富足是一个全局性的愿景，它是建立在技术以指数型速度增长变化的基础之上的。但是，局部性、线性的大脑却很可能看不到这种变化所带来的无限可能性和巨大的机会，也可能无法理解把握机会后获得成功的极高速度。事实上，我们至今仍然会不时地陷入所谓"炒作周期"。当初次引进某项新技术时，我们总是会给予过高的期望。当然，如果它在短期内没有达到所宣扬的那种效果，我们就会感到失望。但是，这类事情还有更重要的另一面。我们也往往不能正确地认识到，指数型增长的技术确实会带来根本性的变革，而且这通常发生在大力炒作之后——这也就意味着，作为我们富足愿景的根本基础的技术发展潜力，我们确实还存在着认识盲点。

邓巴数

大约 20 年前，牛津大学的演化人类学家罗宾·邓巴（Robin Dunbar）发现了另外一个与人类局部性、线性的视野相关的现象。邓巴感兴趣的是，通常来说，每个人都与另外一些人保持积极的人际交往关系，那么一个人的大脑在同一时期内能够处理的最高交往人数是多少呢？在对全球数据进行了全面考察，并查阅了大量的历史资料后，邓巴发现一个人在人际交往过程中"自组织"形成的群体的规模大概在 150 人左右。这也就解释了为什么美国军方会在长期反复试错之后得出结论，150 人是最优的功能性战斗单元。同样，在对诸如Facebook 这样的社交网站的交往模式进行了深入调查之后，邓巴还发现，虽然某个人可能会有数以千计所谓的"朋友"，但是，实际上，真正与他们积极互动的人其实只是其中大约 150 人。这个数字就是现在众所周知的邓巴数（Dunbar's number），也是大脑所能处理的交往人数的最高上限。

虽然在当代社会，由于核心家庭已经取代了大家庭等原因，实际上很少有人能够维持 150 人的人际交往网络，但是，大脑确实拥有记住这么多人的能力，这种原始认知模式已经内化于大脑中了。因此我们会拿大多数日常"接触"的人来填补这个缺口——即使这个日常"接触"的人其实不过是在电视上偶尔看到的某个人物。在人类早期的生活当中，流言蜚语里包含着许多对个人的生存至关重要的信息，这是因为，在一个由 150 人组成的部落里，发生在任何人身上的任何一件事都会对部落里的每个人产生直接的影响。但是在今天却恰恰相反。我们之所以非常关心发生在像 Lady Gaga 这样的人身上的事情，并不是因为她的为人处世会影响到我们的生活，而是因为大脑并没有意识到我们有所了解的摇滚明星与所认识的亲戚之间存在着重要区别。

大脑这个演化历史生成的"艺术品"本身的结构和特点决定了：电视对我们人类非常有吸引力，甚至会让我们"成瘾"。如果我们没有在电视机前面花费那么多时间和精力的话，我们本来或许可以让这个星球变得更美好一些。当然，"邓巴数"并不是我们沉迷于电视的唯一原因。在本章中，我们并不打算详细描述任何一种大脑内部的神经处理过程。在这里，我们只是强调指出，大脑是一个非常奇妙的集成系统，因此在处理信息时，这些神经处理过程总是协同工作的，但是，由此而产生的"和声"却并不总是优美动听的。

由于大脑的杏仁核总是对悲观的信息反应更为快速，也由于媒体之间一直在相互竞争，因此，在电视广播里总是充满着一些"末日般"的事件。因为消极偏差与权威偏差（authority bias，指我们总是倾向于相信权威人物），我们非常倾向于相信这些末日事件。又由于局部性、线性的大脑（邓巴数只是这种性质的其中一个例证），我们会像对待朋友一样地对待这些"权威"人物，从而又进一步导致了"圈内人偏差"（in-group bias）。这里所谓的"圈内人偏差"是指，在生活环境中，我们会倾向于相信那些自己所信任的人。

一旦我们开始相信所预感到的末日事件将要发生，杏仁核就会处于高度戒备状态，过滤掉大多数与此无关的其他信息。既然杏仁核未能捕捉到其他方面的信息，那么证实偏差就一定会起作用。而且，在这种情况下，证实偏差将偏向于确认那些明显具有破坏性的悲观预期。总而言之，"对所有的事情都做了评估之后"，结果人们还是会确信，世界末日即将到来，而且我们对此完全无能为力。

由此，也就带出了最后一个担忧：我们真的掌握了真相吗？如果大脑严重地破坏了我们感知现实的能力，那么，我们还能搞清楚实际情况到底是什么样的吗？这是一个非常重要的问题。如果我们真的正处于灾难之中，那么拥有上述这些偏差或许是一种可贵的资产。但是，这同样也可能会使得事态变得更加奇怪。在本书下一章中，我们将会看到一系列已经得到证实的事情。那些事情实在让人惊异。请忘记"我们所陷入的坑太深了，根本无法爬出来"的想法吧。就像很快会看到的那样，其实这个坑真的没那么深，甚至，或许根本就不存在这样的坑呢！

04

事情并没有你想象的那么糟糕

人类对"坏消息"偏爱有加。实际上，这只是人们下意识的反应。衡量一件物品价值的最好方法，就是得到它所必须花费的时间。从这个意义上说，人类的进步是有目共睹的。专业化和相互合作，让每个人都能分享到他人的进步。尽管国家之间的贫富差距一直都很大，但是这个差距正在逐渐缩小。

THE FUTURE

IS BETTER THAN

YOU THINK

BUNDANCE

无病呻吟式的悲观

第 2 章概述了有关富足的艰巨的目标，但这只是对终极目标的惊鸿一瞥，更重要的是，在到达终点之前，我们还要先完成一个漫长的旅程。另外，为了更好地理解我们想要做的事情，还要先对起点进行精确的评估。如果能够剥离身上的悲观情绪和怀疑主义倾向，世界在我们眼里将会变成怎样一个世界呢？它是不是在不经意间已经取得巨大进步呢？又有什么事情是我们没有注意到的呢？

在过去的 20 年里，马特·里德利一直在试图回答这个问题。50 岁刚刚出头的里德利精力非常充沛，他是一个高大清癯的英国人，留着一头棕色的头发，总是面带温和的笑容。他是一位动物学家，毕业于牛津大学，但是在职业生涯的大部分时间里，他都在写作——他是一个科普作家，致力于写作关于行为的起源与演化方面的著作。近年来，最令他关注的是人类所表露出来的一种行为倾向：对坏消息的"偏爱"。

"真是难以置信，"里德利写道，"这是一种无病呻吟式的悲观，是一种下意识的反应。人们的生活既奢华而又安全，周围的一切都是他们的祖先梦寐以求的，但即便如此，人们还是觉得每况愈下，他们总是把事情看得很坏，紧紧抓住坏消息不放，就好像抓着一床舒适的毛毯一样。"在设法搞清楚这种悲观主义的情绪到底是怎么产生时，像卡尼曼一样，里德利也看到了问题的核心，即这是认知偏差与演化历史上形成的心理机制共同发挥作用的结果。他还正确地指出，作为一种偏差，损失厌恶（指的这样一种倾向：人们面对同样数量的收益和损失时，往往认为损失是更加令他们难以忍受）对富足的负面影响最大。损失厌恶往往让人们陷入困顿之中无法自拔。不愿意改变现状是一个坏习惯，人们总是害怕，改变会让他们陷入比以前更糟糕的境地。但是这种偏差并不是唯一的原因。"我想应该还有一个演化心理学方面的原因，"里德利指出，"我们之所以总是感到悲观，可能是因为在更新世时代，人们一直在担心如何设法避免被狮子吃掉。"

不管怎样，里德利认定，脱离现实的悲观想象弊大于利，他决定采取行动，扭转这种情况。"现在对这种言论进行挑战已经成了我的一个习惯了。无论在什么时候，只要听到有人抱怨这个世界，我就会努力去搜寻与他们的论调相反的论据，而且一次又一次，在对事实进行了细致的梳理之后，我都发现是他们错了。"

冰冻三尺非一日之寒，要想让人们转变观念，凡事都朝好的方面去想，这绝不是一朝一夕就能做到的。多年以前，当里德利还是一名初出茅庐的科学记者时，他就已经遇到过无数预言未来不容乐观的环保主义者。但是，至少在15年前，他就开始注意到，这些专家关于"世界末日"的预言是毫无根据的。

许多人都大张旗鼓地宣扬过酸雨的危害，这是想象与事实不相符的第一个例证。酸雨曾经被人认为是地球上最可怕的环境威胁。矿物燃料在燃烧过程当中会释放出二氧化硫、氮氧化物等物质，而酸雨就是雨、雪等在形成和降落过程中，吸收并溶解了空气中的二氧化硫、氮氧化物等物质，形成了 pH 值低于 5.6 的酸性降水——酸雨也因此而得名。早在 1852 年，英国科学家罗伯特·安格斯·史密斯（Robert Angus Smith）就在人类历史上第一次"发现"了酸雨，但是当时这一发现并没有引起公众的广泛关注。此后的一个多世纪内，酸雨也一直是人类的科学好奇心的对象，直到 20 世纪 70 年代后期，人们才开始认为酸雨是一个大灾难。1982 年，加拿大环境部部长约翰·罗伯茨（John Roberts）对《时代周刊》所说的一番话，恰好表达了许多悲观主义者的心声，他说："酸雨是我们所能想象得到的最具破坏性的污染形式，它堪称潜伏在生物圈中的疟疾。"

在那个时候，里德利本人也同意这个观点。但是到了几十年之后的今天，里德利已经认识到事实并非如此。他说："酸雨并没有导致树木的枯萎，它从来都不曾导致过树木的枯萎——没有出现过任何有关树木出现了异常枯萎现象的证据，即使有些树木枯萎了也不是因为酸雨造成的。曾经被认为会完全消失的森林甚至比以往任何时候都更加繁茂了。"

可以肯定的是，是人类的创新发挥了巨大的作用，避免了这种灾难。"山重水复疑无路，柳暗花明又一村"，在美国，正是因为这种担忧，才迫使人们采取了一系列措施——从修正《清洁空气法案》（Clean Air Act）到强制汽车行业采用催化转换器等，促使二氧化硫的排放量从 1980 年的 2 600 万吨减少到了 2008 年的 1 140 万吨；而同一时期氮氧化合物的排放量也从 2 700 万吨减少到了 1 630 万吨。尽管一些专家还是认为当前二氧化硫和氮氧化合物的排放量太高了，但是事实是，人们在 1970 年所预言的生态灾难从来就没有发生过。

酸雨灾难预言落空了，这个事实激发出了里德利的好奇心。他开始着手调查其他"世界末日"式的预言，并且发现了一种相似的模式。"对饥荒与人口的预测都是极其错误的，"里德利说，"流行病从来都没有像人们所认为的那么糟糕过。再举个例子，'年龄调整癌症发病率'不是上升了，而是下降了。此外，我还注意到，指出这些事实的人总会受到严厉的批评，但是他们从来都不反驳。"

所有这一切又把里德利引向了另外一个问题：既然这么多声称灾难即将到来的消极预言都没有变成现实，那么，世界正变得越来越糟糕这种更一般的假设的准确性又会如何呢？为了弄明白这个问题，里德利开始研究各种全球性的趋势：经济发展趋势、科学技术进步趋势、人的预期寿命变长的趋势（及其与卫生保健政策的关系），以及环境变化趋势，等等。这些研究的结果构成了他在 2010 年所出版的《理性乐观派》一书的主要内容。《理性乐观派》一书致力于阐明：为什么拥有更健全的哲学立场的是乐观主义者，而不是悲观主义者，因为正是乐观主义者的哲学立场才使人类有机会走向更光明的未来。他这个令人振奋的观点是建立在以下这个显而易见、但却时常被人们忽视的事实的基础之上的：时间也是一种资源。是的，时间实际上一直是人类最珍贵的资源，它对人类如何取得进步具有非常重要的影响。

节省时间与延长寿命

时间对每个人来说都是公平的，因为无论是谁，一天都只有 24 个小时，但是如何利用这些时间却决定了一个人的生活质量。我们应该竭尽全力管理好时间，应该努力节省时间、创造时间。在过去，仅仅为了满足基本需要就占用了大部分的时间。到了如今，在世界上的许多地方，这种状况还是没有太大的改变。在现在的马拉维，一个乡下农妇必须把她 35% 的时间用于田间耕作（以获得糊口的粮食）；33% 的时间用于做饭和打扫卫生；17% 的时间用于获取干净的饮用水；5% 的时间用于收集柴火。这样在一天当中，她只剩下 10% 的时间可以做其他事情。事实上，就算她想去找一份有报酬的工作，以摆脱这种周而复始的生活，也不可能有时间。正因为如此，里德利感到，"致富"最好的定义其实非常简单，那就是"节省时间"。"让我们忘了美元，忘了珍珠玛瑙，忘了黄金吧，"他说，"真正能够衡量一个东西的价值的，是要想得到它你所必须花费的时间。"

那么，在历史上，为了节省时间，人类曾经尝试过哪些方法呢？人类曾经试着通过奴役他人与动物的方法来节省时间，这就是奴隶制。这种制度一直运作良好，直到有一天人类拥有了良心。人类也学会了利用更多的自然元素来提高自身的力量，比如，火、风与水，然后又进一步发展到利用天然气、石油与原子能。在这个过程中，每推进一步，都不仅人类的力量变得更强大，而且也节省了更多时间。

在英国，人工照明在公元 1300 年比今天贵 20 000 倍。里德利计算了各个历史时期工作一小时（按当时的平均工资）的收入能够换得的人工照明，结果发现，随着历史的进步，我们节省的时间越来越多了：

> 如果你的工资刚好处于平均水平，那么，在今天要获得这些发光量（指18 瓦节能灯照明 1 个小时的发光量），你只需工作不到半秒钟就够了！假设你回到 19 世纪 80 年代，使用煤油灯照明，那么你得工作 15 分钟才能换回相同数量的发光量；在同一时期，如果你是使用蜡烛进行照明的，那么你得工作 6 个多小时才能换得相同数量的发光量。而在公元前 1750 年的巴比伦，如果你使用芝麻油灯进行照明，那么要想获得同样数量的发光量，你得工作超过 50 个小时。

换句话说，从节省时间的角度来考虑，如果你试着对今天的照明成本与公元前 1750 年利用芝麻油进行照明的成本进行比较，你会发现，两者相差了350 000 倍。这还只考虑了与工作相关的时间的节省而已。由于现在使用的是电力，几乎不可能发生像撞翻了灯笼而导致谷仓起火或者由于吸入了燃烧蜡烛所产生的烟雾而导致呼吸道感染等灾难或疾病，所以，我们在事实上还进一步节省了大量的隐性时间成本，因为检查身体、重建生活环境都需要付出大量时间。

运输工具的发展是另一个很好的例子，而且运输工具的进步为我们节省下来的时间甚至还要更多。数百万年以来，人类都只能靠自己的双腿行走。6 000 年前，我们驯服了马。毫无疑问，这是一个巨大的进步，但是与飞机相比，马根本就不算什么。在 19 世纪，乘坐公共马车从波士顿去芝加哥需要花费整整两个星期的时间，而且所需的费用也相当于普通人一个月的工资。但是在今天，你只要花上两个小时和一天的工资就足够了。另外，当你需要漂洋过海时，马就没什么用处了，而且早期的班轮也无法保证远洋航行的效率。

1947 年，挪威的探险家托尔·海尔达尔（Thor Heyerdahl）驾驶木筏康提基号（Kon-Tiki）从秘鲁出发一路航行到了夏威夷，历时 101 天。如果你乘坐波音 747，那么只需花费 15 个小时就够了——它可以为你节省 100 天的时间。而且更重要的是，在以往，远洋航行是一件非常危险的事情，你可能要在这个历时 100 天的旅途中经历许多磨难，最糟糕的是，甚至可能还会一命呜呼。

有待我们去发现的类似改善人们生活质量的"无名英雄"还有很多，节省时间只是其中的一个例子而已。事实上，正如里德利所阐述的那样，它们可能出现在我们所能看到的几乎任何地方。里德利说：

> 现在，在生活于地球上的几十亿人当中，还有许多人仍然生活在苦难当中，他们严重缺乏生活必需品，他们的现状甚至比石器时代最坏的情况还要糟糕。还有一些人的生活比自己几个月前或数年前更差了。但是，与我们的祖先相比，绝大多数人的生活确实已经好得多了：不仅吃得更好、住得更好、玩得更好，而且面对疾病时也有了更好的保障，也更有可能安安稳稳地活到老年。在过去的 200 年里，人们维持生活所需要或他们渴望得到的几乎所有东西的可得性一直都在快速地提高（而在这之前的 10 000 年里，则只是呈现出了一种无规律可循的改进趋势）：更长的寿命、清洁的水源、干净的空气、更多的私人时间、快速的交通、便捷的沟通工具，等等。当然，数以亿计的人至今仍然一贫如洗、疾病缠身、物资匮乏，但是，即使把他们全部考虑进去，我们这一代人还是比以往任何一代人都获得了更多的卡路里、瓦特、流明小时（lumen-hours）、平方米、吉字节、兆赫、光年、纳米、单位产量、单位汽油行驶里程、食物里程、航空里程，等等，当然，还有比以上任何东西更突出的美元。

所有这一切都说明，如果你对富足持反对意见是依赖于"我们所陷入的坑太深了，根本就爬不出来"这种抗辩，那么，你可能需要寻找另外一种抗辩方法了。如果这个针对富足的最常见的指控并没有像大多数人所想象的那么有力，那么，其他比较常见的针对富足愿景的批评又将如何呢？例如，有人强调，世界上的贫富差距正在不断地扩大，这将威胁到富足。

这也不是一个问题。让我们来看看印度的情况吧。根据印度国家应用经济研究委员会在 2010 年 8 月 1 号发布的一个报告，印度历史上首次出现了高收入家庭的数目（4 670 万）超过了低收入家庭的数目（4 100 万）的情况；而且，这两个群体之间的收入差距也在迅速地缩小。1995 年，印度只有 450 万中产阶级家庭；到了 2009 年，中产阶级家庭的数目已经上升到了 2 940 万。更鼓舞人心的是，这一趋势还在加速。根据世界银行的统计，自从 20 世纪 50 年代以来，每日生活费低于 1 美元的人数已经减少了一半多，现在在全世界总人口中所占的比例已经低于 18% 了。确实，虽然目前仍然有数十亿人生活在极度贫困当中，但是，按照目前这个速度递减，里德利估计，到了 2035 年，世界上处于"绝对贫困"中的人数将会降为零。

当然，可以相当肯定地说，在现实世界中，这个数字不会真的下降到零，但是，绝对贫困人口并非是唯一值得考虑的衡量指标。我们还需要考虑商品和服务的可得性，众所周知，商品和服务的数量和质量对人们的生活水平影响极大。毫无疑问，在这方面人类也取得了长足的进步。1980—2000 年，发展中国家的消费率（用来衡量某个社会所消费掉的商品）的增长速度是世界上其他国家的两倍。由于人口规模、人类的健康水平与预期寿命都受到消费水平的影响，所以很自然，这几个方面的指标也得到了大幅改善。例如，与 50 年前相比，今天的中国已经富裕了 10 倍，婴儿的出生率则减少了 1/3，人的寿命也延长了 28 年。同样地，在这半个世纪的时间跨度里，尼日利亚人富裕了两倍，那里的婴儿出生率也下降了 25%，人的预期寿命则延长了 9 年。总之，根据联合国的说法，在过去 50 年里贫困减少的程度比之前 500 年的还要大。

而且，还有一点是基本可以肯定的，那就是贫富差距不会再次重新上升。"中下阶层的地位，一旦出现了加速提高的趋势，"著名经济学家弗里德里希·哈耶克在他 1960 年出版的巨著《自由宪章》（*The Constitution of Liberty*）一书中写道，"那么获取厚利的主要途径，就不再是通过迎合少数富人的口味，而是通过满足大众的需求实现的。这样一来，那些最初会加大不平等的力量到后来却会有助于缩小不平等。"

而这正是当今在非洲所发生的故事：原先地位较低的各阶层正在加速崛起，并且正在社会经济领域获得独立的地位。举例来说，手机的推广使用促进了小额信贷的发展，而小额信贷的发展又反过来加快了手机的推广速度，它们两者共同创造了更多内生于本阶层的机会（这也就意味着直接依赖于富裕阶层的工作更少了），从而使本阶层的每个人的前景都变得更加美好了。

在过去的几个世纪里，除了经济政策之外，政治自由与公民权力也大大地促进了人们生活质量的改善。例如，在全球范围内，奴隶制都曾经是一种普遍存在的制度，后来被宣布为非法，如今已经一去不复返了。而且，随着宪政制度和选举民主在世界范围内的传播，人权状况也出现了类似的改善。诚然，在很多地方，宪政制度和选举民主的实现形式与我们日常体验到的相去甚远，或者往往流于形式。但是，在不到一个世纪的时间里，这些文化模因不断地被传播、模仿，现在已经深入人心了。一个全球性调查的结果表明，全世界超过 80%的人都认为，民主制是他们首选的政府组织形式。

也许最好的一个消息是由哈佛大学演化心理学家史蒂芬·平克（Steven Pinker）在分析全球的暴力模式时发现的。在他的论文《暴力史：原来我们每天都在变好》（*A History of Violence: We're Getting Nicer Every Day*）中，平克这样写道：

> 把残酷当成娱乐，牺牲人的生命搞迷信，用奴隶制来节约劳动力，把征服当作政府的使命，为获得土地而实行种族灭绝，拿严刑拷打作为常规惩罚，对行为不端或观念不同者处以极刑，政治暗杀，战争掠夺，产生摩擦就进行屠杀，凡此种种都是人类历史上的常见现象。但如今，这些现象在西方几乎已经不复存在了，其他地方也不常见了，即使发生也是很隐蔽的，一旦曝光就会遭到广泛谴责。

所有这一切都说明，在过去的几百年里，人类获得了长足的进步：更长寿了，更富有了，更健康了，生活也更安全了。人类拥有了更丰富的商品，更多的服务，更便利的交通，更海量的信息，更多的受教育机会；医疗保健更有保障了；通信手段更多样化了；获得了更广泛的人权、更自由的民主制度；居住的房子也更坚固耐用了，等等。但这还不是事情的全部。与我们所讨论的已经取得的这些进步同样重要的是——人类能够取得这些进步的原因。

累积性进步

人类喜欢分享知识、交换观念、交流信息。在《理性乐观派》一书中，里德利把人类分享知识、交换观念、交流信息的过程比作"性"。这个比喻给读者留下了鲜明的印象。但它确实是一个非常确切的比喻。"性"是一种交换遗传信息的过程，是一个使生物不断演化的"异花授粉"过程。观念的传播和发展也类似。各种观念也要相遇、"交配"，并完成突变。不同的是，我们通常把这个过程叫做学习、科学、创新。但是，不管采用了哪种术语，我们需要表达的意思都是一样的，那也就是牛顿在写下这句名言时所要表达的意思："如果说我比别人看得更远些，那是因为我站在了巨人的肩膀上。"

交换只是这一过程的开始，并非结束。随着这一过程的展开，下一步便是专业化了。如果你是某一个小镇里一个新入行的铁匠，被迫与其他5个早已在那里立足的铁匠竞争，那么，要想取得成功，你只有两条路可走：第一，你只能拼命工作，不断完善你的技艺，成为同行中技术最好的那个。但这个选择风险极大。你必须有足够好的锻造技术，你的手艺必须具有压倒性的优势，足以克服"裙带关系"对你的不利影响。因为在这样一个小镇里，一个铁匠的大部分顾客都可能是他的亲朋好友。对你来说，不幸的是，演化力量非常努力地精心构筑出来的这种人与人之间的联系纽带可能对你并没有多大好处。但是，如果你开发出了一种新的工艺，例如，假设你能锻造出更好一些的马蹄铁，或者掌握了一种更快的钉马蹄铁的技艺，那么，你就可以激励人们去打破他们既定的社会网络。

里德利认为，这个过程更进一步创造了一个正收益的反馈回路："专业化能够促进创新，因为它鼓励人们去投入时间创造出能够制造工具的工具。专业化可以节省生产时间。繁荣的要旨就在于节省时间，而节省的时间是与劳动分工深化的程度成正比的。消费者越多元化，生产者越专业化，他们之间交流就越多，他们生活也就过得越好，而且这种趋势将会一直持续下去。"

让我们再回过头来看一下托尔·海尔达尔驾驶木筏从秘鲁航行到夏威夷这个具体的例子吧。在今天，假设你也想感受一下同样的旅行过程，你不必做与托尔·海尔达尔一样的事情，你不必徒步去森林，砍倒树木，再花上数天时间用小火小心翼翼地去烧空树心，然后再花上数周的时间把这颗空心树打磨成一艘适合于航行的小船；你也不必再花上相当长的一段时间把这艘小船拖到岸边；你也不需要准备许多洁净的水或鲜肉以及为保存这些肉所需要的盐。还有许许多多在航行去夏威夷之前必须要做的其他事情，也都不用你自己操心了。确实，由于专业化，所有这些中间环节都已经有人帮你做好了，你只需点击进入一个网站，然后订一张船票就全部搞定了，结果你的生活质量获得了极大的提高。

文化是一个巨大的合作体系，它能够储存、交换和改进我们的思想。这个巨大的合作体系一直都是富足最大的发动机之一。如果祖辈有了好点子，而孙辈又能对祖辈的好点子进行改进，那么这个发动机就开始启动并运转了。专业化与交换所带来的累积性创新的累累硕果就是最好的证据。"今天我们之所以能够享受如此高水准的生活，并不仅仅是因为我们能够更廉价、更富有成效地制造出 1800 年时所能制造出来的商品，"加利福尼亚大学伯克利分校的经济学家 J. 布拉德福德·德隆（J. Bradford DeLong）写道，"更因为我们能够制造出许多在 1800 年时不曾出现过的全新商品。如果回到 1800 年，这其中的有些商品能够为当时的人们创造出更多、更好的就业机会，而有些商品则是那个时代的人们完全想象不到的。"

人类现在拥有数以百万计的先人根本无法想象的可以节省时间的选择。我们的祖先不可能想象出一个"沙拉吧"，因为他们想象不出会出现全球性运输网络，在我们的同一顿饭中，就包含了从俄勒冈州运来的绿豆、从波兰运来的苹果和从越南运来的腰果。

"这就是现代生活的标志性特征，"里德利写道，"也是高水平生活的核心定义：消费多样化、生产简单化。生产一样东西，消费很多东西。反过来说，自给自足的园丁、自给自足的农民或者以狩猎采集为生的自给自足的原始人，则是生产多样化、消费简单化。他不只生产一种东西，而是很多东西——食物、住所、衣服、消遣设施，全都要他自己来动手。又因为他只能消耗自己生产出来的东西，所以他不可能消耗太多其他人生产出来的产品。他吃不到大鸭梨，看不了昆汀·塔伦蒂诺（Quentin Tarantino）的电影，穿不了莫罗·伯拉尼克（Manolo Blahnik）的名牌高跟鞋。他只有他自己的品牌。"

但是，在所有这些消息中最好的一个是，专业化水平已经足够高了，对于类型完全不同的商品，我们可以通过贸易途径获得。当人们说，现代经济是一种以信息为基础的经济时，他们真正的意思是，我们已经搞清楚了怎样去交换信息。信息是最新、最耀眼的商品。"在物质商品与物质交换的世界中，贸易在许多情况下是一种零和博弈，"创新者迪恩·卡门说，"我手上有一块黄金，而你手上有一块手表，如果我们进行交换，那么，我拥有了手表，而你获得了黄金；但是如果你有一种思想，我有一种思想，我们进行交换，那么我们都拥有了两种思想。这是一个非零和博弈。"

历史数据传递出的好消息

汉斯·罗斯林（Hans Rosling）60岁出头，戴着一副金属架眼镜，喜欢穿肘部打补丁的粗花呢上衣，总是精力过人。罗斯林是一位医生，长期在非洲农村服务。他曾经花了数年时间，致力于追踪治疗一种被他命名为绑腿病的疾病，这是一种流行于当地的瘫痪病，最终被他治愈了。后来，罗斯林又参与创办了无国界医生组织瑞典分部，并成了全世界最顶尖医学院之一的瑞典卡罗林斯卡学院（Karolinska Institute）国际卫生部的一名教授，他还参与编写了一本有史以来最雄心勃勃的全球卫生学的教科书（它的目标是为全球 65 亿人提供体检标准）。

为了编写这本教科书，需要做大量调查研究工作，这使罗斯林有机会接触联合国内部档案馆的资料，那里存储了大量的有关全球贫困率、生育率、平均寿命、财富分配、财富积累等的资料。但是，这些资料都是以晦涩难懂的电子表格的形式存储的，这在某种意义上反而使它们变成了一些"掩盖真相"的数字。罗斯林不仅"窃取"了这些数据，还发现了一种呈现它们的新方法，从而使这些世界上保存得最好的秘密令人难以置信地呈现在世人面前。

与大多数人一样，我第一次了解罗斯林的上述举动也是在一个非常特殊的场合：2006 年于加利福尼亚州的蒙特利市举行的 TED 大会。大会上，罗斯林站在演讲台上开始了他的演讲，题目就是著名的《你所见过的最好的数据》。他的身后是与剧院电影屏幕一般大小的电子屏幕，屏幕上显示的则是一张巨大的图表。图表的横坐标代表的是国家的生育率，而纵轴显示的是国家的平均寿命。在这张图表上绘制了许多不同颜色与大小的圆圈：颜色代表各大洲，圆圈代表各个国家。圆圈的大小与这个国家的人口规模相关，它在图表上的位置说明在给定的某一年平均家庭规模与平均寿命两者的结合情况。当罗斯林开始讲演的时候，屏幕上出现了一个巨大的"1962"字样，它横穿了整个电子屏幕。

"在 1962 年，"罗斯林指着屏幕的右上角说，"这里有一组国家——工业化国家，它们的家庭规模较小，国民的寿命也比较长。"然后，他又提醒听众把注意力转向左下角，他说："这儿是发展中国家，它们的家庭规模比较大，相对来说，国民的寿命也比较短。"

罗斯林用他所绘制的这张图表以可视化的形式把 1962 年贫国与富国之间的差异残酷地呈现在世人面前，相当震撼人心。但这种差异并没有持续下去。随着鼠标的点击，这张图表被激活了，数据不断地变化着。1963 年，1964 年，

1965 年，1966 年，每过一秒钟变换一个年份。图表上的圆点随着时间向前推进不断地在屏幕上跳跃着，来自联合国数据库的数据驱动着这些圆点不断地发生移动。罗斯林的声音也与它们一起跳动着。"你看看这儿，这是中国，随着健康状况的改善，它移动到左边去了。所有这些代表拉丁美洲国家的绿色的圆点都移向了家庭规模较小那边，所有用黄色表示的阿拉伯国家都变得越来越富裕了，国民的寿命也越来越长了。"时间越接近现在，进步迹象就越明显。到了 2000 年，除了那些被内战与艾滋病病毒重创的非洲国家外，大部分国家都在向右上角聚集，它们正在走向一个更长寿、家庭规模更小的世界，一个更加美好的世界。

罗斯林说："现在让我们来看看世界上的收入分配状况吧。"于是，又一张新的图表出现在了屏幕上。这张图表的横坐标是对人均 GDP 取对数值，纵坐标的左边指的是儿童的存活率。时间再次指向了 1962 年。左边最底下的是塞拉利昂，在这个国家，儿童的存活率只有 70%，平均年收入只有 500 美元；在正上方有一个最大的圆球，那代表中国，在 1962 年，这也是一个经济上十分落后、国民健康状况极端糟糕的国家。罗斯林再次点击他的鼠标，他的"图表预言家"又开始动起来了。在图表上，随着鼠标的点击，代表中国的圆球一直在向上移，然后又移到了右边。"这是毛泽东，"他说，"把健康带给了中国，后来他去世了……而邓小平则把富裕带给了中国。"

中国也只不过是冰山一角而已。世界上的大多数国家都遵循着这个相同的模式，最终都会密密麻麻地聚集到右上角，当然在它的左边还会拖着一条由一些小小的圆点组成的调皮捣蛋的尾巴。即使这个图形有这样一条尾巴，它所显示的贫富之间的差距也不是很大。在 2010 年一次更新的演示活动当中，罗斯林是这样总结他的研究成果的："尽管在今天，国与国之间仍然存在着贫富差距，而且这种差距可能有 200 年之巨，但是，存在于西方国家与其他国家之间的这个由历史原因所造成的巨大差距已经在慢慢缩小了。如今的世界已经变成了一个全新的、相互融合的世界。我清楚地看到了这个世界的发展趋势，它伴随着援助、贸易、绿色科技与和平走向未来。如果每个人都贡献出自己的力量,那么将来世界作为一个整体会完全坐落于那健康、富有的一角,这是完全有可能的。"

那么,这一切到底意味着什么呢?如果罗斯林是正确的,那么贫富之间的差距最终都会成为人们的记忆;如果里德利是对的,那么我们现在所陷入的这个坑其实并不太深。如果真是如此,那么阻碍富足实现的麻烦就只剩下一个了,那就是,今天技术进步的速度太慢了,以至于无法让我们避免现在所面临的灾难。但是,如果说到底,这个麻烦其实也只不过是另一个表达问题或可视化呈现问题,那又会怎样呢?这就是说,问题其实并不在于目前的进展速度不够快,而是这种进展既无法用里德利的理论来解释,也无法用罗斯林的动态图表来呈现。是的,正如我们在下文中将会看到的,根本问题在于,人类的线性大脑无法理解目前指数型的发展速度。怎么办呢?

THE
FUTURE
IS BETTER THAN
YOU
THINK

ABUNDANCE

| 第二部分 |

指数型发展的技术——实现富足的最重要力量

05

雷·库兹韦尔与奇点大学

库兹韦尔是谷歌公司的工程总监，也是 21 世纪最伟大的未来学家。在摩尔定律的基础上，库兹韦尔创立了库兹韦尔定律：所有信息技术都将以指数规律快速发展。戴曼迪斯和库兹韦尔创立的奇点大学是一所面向未来的大学，其核心课程都是围绕 8 个指数型增长领域设置的。

THE FUTURE
IS BETTER THAN
YOU THINK

BUNDANCE

库兹韦尔是最好的预言家

如果你想要知道科技是否会以足够快的速度给全球带来一个富足的时代，那么你需要知道如何去预测未来。当然，预测未来是一门古老的技艺。举例来说，古罗马人会雇用肠卜师来为他们占卜（肠卜师是指受过训练的能够通过查看被宰杀的绵羊的内脏来预测未来的人）。现在，在预测方面人类所做的已经比那时候好多了。实际上，就预测科技发展的趋势而言，现在几乎已经达到科学的程度了。在这方面，或许没有人比雷·库兹韦尔（Ray Kurzweil）做得更好了。

库兹韦尔出生于1948年，他一开始并没有想成为一名技术预言家，尽管他的童年跟大多数人的童年都不太一样。在他5岁的时候，他想成为一名发明家，但又不想成为一名普普通通的发明家。他的父、母亲都是世俗派犹太人，都是为逃避希特勒的迫害而从奥地利来到纽约的。在成长历程中，库兹韦尔听到了很多故事，不仅仅是有关纳粹暴行的恐怖故事，还有其他的好故事。他的外祖父喜欢谈论回到战后欧洲的第一次旅行的故事，在那里他的外祖父获得了一个绝好的机会来处理达·芬奇的原创作品——他的外祖父总是用非常虔诚的语言来描述这次经历。从这些传奇故事当中，库兹韦尔知道了人类的思想具有无穷无尽的力量。达·芬奇的思想是超越人类局限性的创造力的象征。而希特勒的思想则显示出了一种毁灭一切的力量。"因此从早年开始，"库兹韦尔说，"我就把追求'好思想'放在了一个非常重要的位置，它们体现出了我们人类价值中最好的那部分。"

8 岁的时候，库兹韦尔得到了更进一步的证据，证明他的想法是对的。那一年，他发现了一些有关小汤姆·斯威夫特（Tom Swift, Jr.）的故事书。这套系列故事书的情节大部分都是一样的：斯威夫特发现了一种可怕的情况，它将威胁到整个世界的命运，于是他回到自己的地下实验室冥思苦想。最后，他总能豁然开朗，找到一些非常出色的解决方法，并且因此成了一位英雄。这些故事的寓意非常明确：思想再加上科学技术，能够解决世界上所有的难题。

从那以后不断努力，库兹韦尔最终实现了他自己的目标。事实上，他创造了几十个奇迹：世界上第一台 CCD 平板扫描仪、世界上第一个文本 – 语音合成系统、世界上第一台供盲人使用的阅读机以及许许多多其他的东西。总之，他现在拥有 39 项专利，另外还申请了 63 项专利申请权、12 个荣誉博士学位；他还入选了美国发明家名人堂（是的，在俄亥俄州的阿克伦市确实有这样一个名人堂）。库兹韦尔还获得了美国国家技术奖与久负盛名的由麻省理工学院颁发的总资金额为 50 万美元的莱梅尔逊奖（Lemelson-MIT Prize），莱梅尔逊奖是颁发给那些"把他们的想法转变为发明与创新，从而改善人类所赖以生存的这个世界的人"的。

但是，雷·库兹韦尔之所以如此出名，并不仅仅是因为他完成了许多发明。或许，驱使他着手发明这些东西的原因才是他最大的贡献。不过，这或许要多花点时间来解释。

摩尔定律：预知未来的一条曲线

早在 20 世纪 50 年代初，科学家们就开始猜测，技术变化的速度可能隐藏着某种模式，如果能够揭开隐藏这种模式的面纱，那么人类就有可能预测未来。

试图预测未来的最早的官方行动之一，或许是 1953 年美国空军所做的研究，他们追踪了自莱特兄弟以来的飞行器的飞行速度加速提高的过程。美国空军绘制了一幅"飞行速度提高图"，并将它外推至未来，结果得出了这个在当时极其令人震惊的结论：去月球旅行应该很快就可以实现了。

对此，凯文·凯利在他的《科技想要什么》一书中进一步解释道：

> 重要的是你要记住，在 1953 年，世界上还根本不存在任何一种能够实现这种未来旅行的技术。没有人知道人类怎么才能以那么快的速度旅行并生存下来。当时，即使是最乐观、最大胆的梦想家也没有预测到，人类能够在众所周知的"2000 年"到来之前就登上月球。唯一告诉他们能够做到这一点的只有画在那张纸上的那条曲线。但是那条曲线是对的，只不过在政治上看却有点不准确。1957 年，苏联率先发射了人类第一颗人造卫星，时间恰好与曲线上所显示的时间相吻合。12 年后美国向月球发射了一枚火箭。正如达米安·布罗德里克（Damien Broderick）所解释的那样，"人类到达月球的时间大大提前了，比像阿瑟·克拉克（Arthur C. Clarke）这样疯狂的太空旅行爱好者所预测的时间还要早上 1/3 个世纪"。

美国空军给出了这个研究结论之后大约 10 年，一个名为戈登·摩尔（Gordon Moore）的人总结出了一个规律，这个规律很快就成了所有预测技术发展趋势的规律中最著名的一个。在 1965 年的时候，英特尔公司还未成立，仍然效力于仙童半导体公司（Fairchild Semiconductor）的摩尔撰写了一篇题为《让集成电路填满更多的组件》（*Cramming More Components onto Integrated Circuits*）的论文。正是在这篇论文中，摩尔指出，自从 1958 年发明了集成电路之后，在一个电脑芯片上的集成电路元件数量每年都增加了一倍。他预测，这种趋势将会"至少再持续 10 年"，他是对的。这种趋势确实又持续了 10 年，不过之后并没有停止，又再持续了 10 年，然后还有更多的 10 年……总之，在 50 年之后，摩尔给出的这个预测的准确性仍然没有问题，到如今已经变成了著名的"摩尔定律"。现在，人们都在用摩尔定律预测半导体工业的发展趋势，来为这个行业制订未来的规划。

摩尔定律指出，每隔 18 个月，在一个集成电路芯片上的晶体管数目就会增加一倍，这实际上意味着，每过 18 个月，以同样价格可以买到运行速度是原来两倍的电脑。在 1975 年间，摩尔对摩尔定律进行了修正，把时间修正为每两年增加一倍。但是，不管怎样，他所描述的这种增长模式仍然是指数型的。

正如前面已经提到过的，说到底，指数型增长只不过是简单地不断翻番而已：1 变成 2、2 变成 4、4 变成 8……但是，由于大部分指数型增长曲线都是从远小于 1 的地方开始的，所以早期的增长几乎让我们察觉不到。如果你去看一张图表，数字从 0.000 1 翻倍到 0.000 2、从 0.000 2 翻倍到 0.000 4、从 0.000 4 翻倍到 0.000 8，那么在图上的这些点看起来几乎就等于是零。实际上，按照这个速度，13 次翻倍之后，数字仍然小于 1。在大多数人看来，这条曲线看起来像是一根水平线。但是，再翻倍 7 次之后，数字就会猛然增加到 100。这就是爆炸性的增长，几乎就在一夜之间，"从一块石头变成了一座大山"，指数型增长的力量就是如此强大。但是人类的大脑是局部性、线性的，这就是为什么指数型增长速度会如此令人震惊的原因。

为了说清楚这种指数型增长在技术领域究竟是如何展开的，我们不妨来看看一台名为"奥斯本"的便携式电脑的故事吧。"奥斯本"电脑公开发布于 1982 年，是当时世界上最尖端的电脑。这个"坏小子"重大约 13 千克，价格为 2 500 多美元。与之相比，2007 年发布的第一台 iPhone，重量只有它的 1/100，成本只有它的 1/10，而运行速度是它的 150 倍，内存容量则是它的 100 000 倍。即使撇开它的软件应用程序与无线连接功能不讲，你只是简单地按"单位重量单位计算能力的美元价格"来测算两者之间的差距，iPhone 都遥遥领先于早期的任何一台个人电脑，从性价比上来看，iPhone 是"奥斯本"便携式电脑的 150 000 倍。

计算机在计算能力、运行速度、存储容量等方面的惊人提高，再加上价格的下降、尺寸的缩小，构成了一种指数型的变化。直到 20 世纪 80 年代初，科学家们还在怀疑，这种指数型发展模式是不是真能成立。当时，不论是从晶体管的大小来看，还是从其他信息技术的发展来看，这种趋势都还不明朗。

而这就是我们要回过头来讲讲库兹韦尔的故事的原因了。在 20 世纪 80 年代，库兹韦尔意识到，任何在今天的科学技术基础上实现的发明创造，等到真正把它推上市场的那一天，就肯定已经过时了。因此，要想获得真正的成功，他至少需要预测 3~5 年后的技术，并且在此基础上设计他的产品。因此库兹韦尔以一个初学者的角色开始研究技术发展趋势。他描绘了自己总结的指数型增长曲线，试图搞清楚摩尔定律是否真的具有普遍意义。

事实证明，摩尔定律真的具有普遍性。

谷歌人脑

库兹韦尔发现，遵循指数型增长模式的技术有数十种，例如，美国电话网的扩展、一年内互联网通信数据的流量、单位价格磁性存储介质的存储容量，这些都以指数型速度在增长。此外，不仅仅是这些信息类技术的增长速度是指数型的，世界上其他一些与此无关的技术也在以指数型的速度增长。就拿计算机的处理速度来说吧，在刚刚过去的那个世纪里，它的指数型增长速度一直保持不变。尽管在此期间，也出现了几次不和谐的世界性的战争、世界性的经济萧条，以及其他一系列问题。

库兹韦尔的第一本书《智能机器的时代》(*The Age of Intelligent Machines*) 于 1988 年出版，他在书中利用指数型增长曲线图对未来做了些不大不小的预测。现在，某些发明家和知识分子总是在对未知事项进行各种各样的预测，但是事实证明，只有库兹韦尔的预测才有令人难以置信的准确性。例如，他曾经预言苏联会解体，计算机能够战胜世界象棋冠军，人工智能技术的兴起和发展，在战争中使用电脑化的武器，自动驾驶的汽车，而其中最著名的或许是预测到了万维网的出现。紧接着，他在 1999 年又出版了另一本书，名为《灵魂机器的时代》。在这本书中，库兹韦尔把他的预测蓝图进一步指向未来，分别就 2009 年、2019 年、2029 年和 2099 年提出了一系列预测。由于他的大部分预测都是针对相当遥远的未来的，它们到底是否准确，在很长一段时间内，我们都将无从得知。但是，在他为 2009 年所做的 108 项预测当中，有 89 项已经成真了，还有 13 项也十分接近现实。在未来主义文学的历史上，库兹韦尔预言的准确性无与伦比。

在他出版于 2005 年的著作《奇点临近》（*The Singularity Is Near*）中，库兹韦尔与一个 10 人研究小组花了将近 10 年的时间描绘出了数十种指数型技术的未来发展趋势，同时，他们还试图搞清楚这种发展速度将会对人类产生怎样的影响。结果是令人惊愕的，也颇具争议。不过，为了解释清楚为什么会这样，还得先让我们回过头来再讨论一下未来的计算能力。

今天一台普通低端电脑的运算速度大概是每秒 10^{11} 次，或者说，每秒 1 000 亿次。而科学家们则估计，把爷爷与奶奶的声音辨别出来或者把马蹄声与雨滴声分辨出来的模式识别要求大脑大致以每秒 10^{16} 次，即每秒 1 亿亿次的速度进行计算。如果用这些数据作为基准，利用摩尔定律进行预测，那么，一台普通的价值 1 000 美元的笔记本电脑在不到 15 年的时间里就可以达到人类大脑的计算水平。如果再向前"快进"23 年，到那个时候，一台价值 1 000 美元的电脑在一秒钟内应该可以完成 100 亿亿亿（10^{26}）次计算，这相当于我们整个人类所有大脑计算能力的总和。

不过，这种技术的发展还有一个值得争议的部分：更快速的电脑出现后，将帮助我们发展出更先进的技术，于是人类将会开始把这些技术嵌入到我们自己的身体内。例如，利用神经义肢技术来增强认知，利用纳米机器人来修复病痛后的残躯，利用仿生心脏以避免衰老。在史蒂文·列维（Steven Levy）写的《走进谷歌》一书中，谷歌的联合创始人拉里·佩奇用相似的语言描述了搜索引擎的未来："它（谷歌）将会被植入人的大脑。当你想到一些你不太了解的东西时，你就能够自动地获取这方面的信息。"库兹韦尔非常欢迎这个即将到来的可能性。但是其他人则对这种改变感到很不安，他们认为，如果那个时刻真的到来，那么我们将不再是"我们"，而开始变成"他们"了。尽管我们在这里说这个东西可能有点跑题了。

在这里需要强调，重要的是，这些令人难以置信的指数型增长的技术其实是无处不在的，而且它们所拥有的惊人的潜力能够为改善全世界民众的生活水平做出巨大的贡献。当然，那种长远的可能性，比如说，在大脑当中植入一个人工智能构件，听起来还是一件很奇妙的事情（至少对我来说是这样的），但是，从近期来看，如果利用人工智能机器来诊断疾病，让它们帮助照看我们的孩子，或者监督能源智能电网，又会如何呢？这种可能性很大，但是到底有多少大呢？

在 2007 年的时候，我意识到，如果人类想从战略的高度着手利用指数型增长的技术来改善全球生活水平，那么，仅仅知道哪些领域会出现指数型的技术进步是不够的。我们还需要知道，在哪些领域它们会产生叠加效应？它们是如何发挥协同作用的？对此，需要有一个全面、宏观的把握。但是，在 2007 年的时候，人类还无法做到这一点。世界上没有任何一个大学能够提供一套关于指数型增长的技术的完整课程。或许是时候建立一种全新类型的大学了，它既能够适应未来急速变化的科技环境，又直接专注于解决世界性的巨大挑战。

奇点大学

早期大学的任务是致力于传授宗教教义。世界上最早的一所大学是公元 5 世纪时在印度创办的一所佛教大学。这种做法一直持续到了中世纪，那时，欧洲许多所顶尖的大学都由天主教教会负责管理。后来，虽然人们的信仰基础很可能已经发生了某种变化，但是大学教学的核心方法却一直没有改变。实际上，基于事实的学习才是王道。这种强调死记硬背的学习方法一直持续了 1 000 多年。直到进入 19 世纪之后，当大学的教学目标开始从强调通过重复背诵记忆知识转为鼓励创造性思维的时候，这种状况才有所改变。除了一些细节上的小小差异之外，我们今天的大学也是如此。

但是，今天的学术机构究竟在多大程度上适用于解决我们前面强调过的这些世界性的巨大挑战呢？今天的研究生教育是极端专业化的。一篇典型的博士论文所关注的主题非常晦涩难懂，以至于很少有人能够做到只看它的标题就知道它所研究的东西是什么。尽管这种极端的狭隘性对专业化是非常重要的（因为正如里德利所指出的，专业化具有极大的好处），但是它也导致了这样一个结果：即使是世界上最好的大学，也很少能够培养出综合性的、有宏大视野的思想家。

当我还在麻省理工学院学习分子遗传学的时候，我经常不由自主地想象着，如果我向我的曾曾曾祖父解释我的研究，他会给出一个怎样的反应？以下便是我的想象：

> "爷爷，"我开始说了，"你看到那儿的灰尘了吗？"
>
> "你是一位土壤专家吗？"他可能会问。
>
> "不是，但是在泥土里，存在着一种微生物，名为细菌。"
>
> "哦，你是那方面的专家啊！"
>
> "不是，"我回答道，"在细菌里有一种叫做 DNA 的东西存在。"
>
> "那你是一个 DNA 的专家了？"
>
> "不完全是，在 DNA 里面存在一些叫做基因的片段（不过，我在这两方面都不是专家），而基因序列开始的那一段是一种叫做启动子序列的东西……"
>
> "嗯，哼，啊哈……"
>
> "好了，我是那方面的专家！"

世界已经不需要更多极端专业化的研究型大学了。事实上，已经有太多的专业化研究机构了，它们分布于像麻省理工学院、斯坦福大学、加州理工学院等大学内部，它们在培养极端专业的人才方面做得非常出色，这些极端专业的人士在他们自己专注研究的小小领域内都是顶尖高手。现在，我们更需要的是一个这样的地方：在那儿人们可以听到一些最宏观的、最大胆的想法，讨论指数型增长的可能性，并回应阿基米德的那句名言："给我一根足够长的杠杆，再给我一个能够站立的地方，我将撬起整个地球。"

在 2008 年的时候，我把这个想法向前推进了一步，与雷·库兹韦尔一起创办了奇点大学。接下来加入奇点大学的是我们的一位老朋友西蒙·"彼得"·沃登，他是一个拥有天文学博士学位的退休空军将军，掌管着位于加利福尼亚州山景城的美国国家航空航天局艾姆斯研究中心。美国国家航空航天局艾姆斯研究中心是美国国家航空航天局的思想库，它的研究领域正好与奇点大学感兴趣的东西完全吻合。沃登也敏锐地洞察到了两者之间的关联性，因此很快我们就选定了我们这所新大学的位置。

经过深思熟虑之后，我们挑选出了 8 个指数型增长的领域，以此为标准来设置奇点大学的核心课程，它们分别是：生物技术和生物信息学、计算系统、网络和传感器、人工智能、机器人科学、数字化制造、医学、纳米材料和纳米技术。每一种技术都有可能会影响数十亿人，解决巨大的挑战，重塑诸多行业。当然更重要的是，这 8 大领域的技术进步将会帮助我们实现富足，因此在下一章中，我们将依次详细探讨这 8 大领域的每个组成部分。我们的目标是：让读者在更深层面上理解这些指数型增长的技术进步对于提高全球生活水平的重要作用，同时，我们还想将一些毕生致力于研究这些技术的重要人物介绍给读者。那么，我们将从哪里开始呢？可能再也没有一个人的人生能够比克雷格·文特尔更多姿多彩了，就让我们从他开始吧。

06

奇点越来越近

克雷格·文特尔正在研究低成本燃料、高性能疫苗与超高产农作物，这些技术对实现全球富足至关重要。基于下一代互联网协议 IPv6 构造的物联网，将对人们的生活产生巨大影响。人工智能、机器人技术、3D 打印、医学、纳米技术等领域，也不断有惊人的技术突破。这一切都预示着："奇点"越来越近了。

THE FUTURE
IS BETTER THAN
YOU THINK

ABUNDANCE

通往明日世界之旅

克雷格·文特尔 65 岁，他中等身材，戴着一副厚厚的眼镜，络腮胡子，总是咧着嘴大笑。

他的穿着也许很普通，可他的眼睛却很不一般。他的双眼湛蓝、眼窝深陷，再配上两条非常特殊的眉毛——他的右眉中心有一道灰线斜飞而过，左眉的中心则弯成了一个柔和的拱形，活脱脱地变成了一位现代巫师。这一点与甘道夫有异曲同工之妙。甘道夫的股票组合固然非常可靠，但若没有那一双"惊艳"的人字拖，他的形象就可能没有那么引人注目了。

今天，文特尔上身穿一件鲜艳的夏威夷衬衫，下身配一条褪了色的牛仔裤，如果不是他那双人字拖，看起来倒像是一个体育运动员。这是他的导游装，因为，他将带我参观与他同名的一个机构：J. 克雷格·文特尔研究所（简称 JCVI）。我们今天要参观的是 J. 克雷格·文特尔研究所的西海岸分部，它位于圣地亚哥的"生物小巷"里，规模并不太大，总共只有一幢两层的楼房，供 60 名科学家与一只迷你型贵宾犬居住和生活。这只贵宾犬的名字叫达尔文，它一直走在我们前面几步之遥的地方，现在已经冲到了研究所的正厅里了。它在楼梯下面停了下来，旁边是一个 4 层建筑的结构模型。模型旁边的一块小匾上写着"第一个碳中性的绿色实验室"，这就是第二代 J. 克雷格·文特尔研究所，是克雷格对他自己未来研究机构的一个设想。

"如果我能得到资助，"文特尔说，"这正是我想建立的实验室。"

要建立这个梦想中的实验室需要花费 4 000 多万美元，但是他很快就会得到所需的资金。文特尔是生物学怪杰，他在生物学界的地位与史蒂夫·乔布斯在计算机行业的地位相仿。文特尔这个天才此前已经多次取得了旁人无法想象的成功。

1990 年，美国能源部和美国国家卫生研究院共同启动了人类基因组计划，这是一个为期 15 年的计划，目的是测出人类基因组 DNA 的 30 亿个碱基对的序列，发现所有人类基因。有些人觉得这个计划是不可能实现的；而另外一些人则预测，要完成这个项目得花费半个世纪的时间。但是，所有人都有一个一致的看法，那就是这个项目肯定十分昂贵。一个总额高达 100 亿美元的预算已经准备就绪，但是许多人认为这个数字还不够。因此这个项目迟迟没有取得实质性进展，直到 2000 年，文特尔决定凭一己之力与整个人类基因组计划项目展开一场竞赛。

当然，这是一场力量对比极其悬殊的竞赛，不过胜出者却是文特尔。虽然人类基因组计划在这之前早已开始测序工作了，但是，文特尔和他的公司——塞莱拉公司，在不到一年的时间并且只花费了不到 1 亿美元的情况下，就完成了对人类基因的全部测序工作（而政府却用了 10 年时间，花了 15 亿美元才完成）。为了纪念这一时刻，比尔·克林顿总统说，"今天我们正在学习上帝创造生命的语言"。

不久之后，文特尔就带着第二个令人震惊的成果"卷土重来"。2010 年 5 月，文特尔宣布：他已经创造出了一个人造生命原型。根据他自己的描述，这个人造生命原型"是世界上第一个能够自我复制的物种，而它的父、母亲则是一台计算机"。这样一来，在不到 10 年的时间里，文特尔不仅解开了人类基因组的密码，而且还创造了世界上第一个人造生命原型。因此，天才的成功总是接踵而来的。

为了完成这第二个创举，文特尔把 100 多万个碱基对全都串联了起来，创造了迄今为止最大的一个人造基因密码。在破译了这个基因密码之后，他把它送到了蓝鹭生物技术公司（Blue Heron Biotechnology），这是一家专业合成DNA 的公司。（这是真的，你自己就可以给蓝鹭生物技术公司发一封电子邮件，附上一个很长的由字母"A"、"T"、"C"、"G"组成的字符串——"A"、"T"、"C"、"G"是 4 个遗传密码符号，分别代表腺嘌呤、胸腺嘧啶、胞嘧啶、鸟嘌呤这 4 个碱基。他们收到邮件后会寄给你一个小瓶子，里面装的就是你指定的 DNA 链。）文特尔把蓝鹭生物技术公司寄回来的 DNA 链嵌入到了一个宿主细菌细胞里，接下来，这个宿主细胞就"启动"了合成程序，按照新 DNA 的指令生成蛋白质。复制出来的每一个新细胞都只携带合成指令。这个事实是可验证的，因为文特尔在 DNA 链中嵌入了一个水印。这个水印用一段由"A"、"T"、"C"、"G"组成的序列来编码，它包含了把 DNA 代码翻译为英语（包括标点符号）的指令以及一条配套的编码信息。这条信息如果翻译出来将包括以下内容：参加这个项目的 64 位科研人员的名字；小说家詹姆斯·乔伊斯（James Joyce）、物理学家理查德·费曼（Richard Feynman）和罗伯特·奥本海默（Robert Oppenheimer）说过的一些话；一个网站的 URL，任何破译了这段代码的人都可以向它发邮件。

但是，文特尔的真正目标既不在于传递什么秘密信息，也不在于这个合成生命。这个项目只不过是他实现自己目标的第一个步骤而已。文特尔的真正目的是创造一个非常特定的新型的人造生命，那种能够生产出超低成本燃料的生命形式。如果有了这种人造生命，人类就可以告别打钻井采油的旧能源生产模式了。文特尔正在研究一种新型的藻类，它的"分子机器"能够吸收二氧化碳与水，制造出石油和任何其他燃料。如果你对纯辛烷感兴趣，那么为什么不想办法用"分子机器"制造出来呢？航空汽油呢？柴油呢？所有这些都没问题。

你只要给这个神奇的藻类生物下一个适当的 DNA 指令就够了，剩下的就让这个藻类生物去完成吧。

为了实现自己的梦想，在过去的 5 年时间里，文特尔驾驶着他那艘已经被改装成实验室的"魔法师二号"游艇进行环球航行，沿途收集藻类。然后把这些藻类放到 DNA 测序仪中进行测序。利用这种技术，文特尔已经建立了一个拥有 4 000 多万个不同基因的基因库，现在他可以借此来设计他的未来生物燃料了。

当然，制造出这种生物燃料只不过是文特尔其中的一个目标而已。他想利用同样的方法在 24 小时内就能够设计出各种人体疫苗，而不是像现在这样至少需要两到三个月的时间。他还正在考虑把基因工程用于粮食作物的生产，从而使粮食作物的产量比现在提高 50 倍以上。低成本燃料、高性能疫苗与超高产的农作物对实现全球富足至关重要，但是这些也只不过是众多指数型增长的生物工程中的 3 个而已。在接下来的几章里，我们将对这些技术进行更深入的探讨，但是现在，让我们按原定计划先回过头简略介绍下一类技术吧。

网络与传感器

2009 年秋，谷歌的首席互联网顾问文特·瑟夫（Vint Cerf）来到奇点大学，与我们讨论网络与传感器的未来。在硅谷，一般人的穿着都是 T 恤衫与牛仔裤，这已经成为那里的工作服了。不过，瑟夫的着装却非常与众不同，他总是穿着双排扣外套，系着领带。但是，令他傲立群雄的并不是他的穿着打扮，也不是因为他曾经荣获过美国国家技术奖、图灵奖、美国总统自由奖等一系列大奖。瑟夫为业界尊崇的真正原因是：他是对互联网的发展贡献最大的少数几个人之一，互联网的设计、创造、进步和壮大都与他有着密切的关系。

在就读研究生期间，瑟夫曾经在一个网络小组工作过，正是这个网络小组把美国高级研究计划局网络（Advanced Research Projects Agency Network，又称阿帕网络，Arpanet）的两个结点连接起来的。接下来，他又成了美国国防高级研究计划局（Defense Advanced Research Projects Agency，简称 DARPA）的项目经理，资助各种团体开发 TCP/IP 技术。在 20 世纪 80 年代末，当互联网行业蕴藏着的巨大商机开始展现出来的时候，瑟夫跳槽去了美国微波通信公司（MCI）。在那儿，他负责设计出了全球第一个商业性的电子邮件服务系统。随后他又加入了互联网名称与数字地址分配公司（Internet Corporation for Assigned Names and Numbers，简称 ICANN），他在这个美国重要的网络治理组织做了 10 多年的主席。综上所述，即使把瑟夫与其他少数几个人并称为"互联网之父"，他也是当之无愧的。

近来，瑟夫这位互联网之父对他的"作品"网络与传感器的未来前景感到十分兴奋。网络就是把信号和信息连接起来的东西，其中因特网就是一个最重要的网络。传感器则是一种检测信息（例如，关于温度、振动、辐射等信息）的装置，如果把传感器连接到网络上，那么就可以直接把这些信息传输出去了。总之，将网络与传感器完美地结合起来，就会出现一个"物联网"。在人们的想象中，通常把物联网看成一个利用传感器把所有东西都联系起来的自配置的无线网络。

在关于这个话题的最近一次讨论中，IBM 公司战略沟通部副总裁迈克·温（Mike Wing）是这样描述物联网的："我们已经看到了，在过去的一个世纪里，涌现出了一个全球性的新领域——数据处理行业。不过，这个领域的快速发展却只不过是过去 20 年的事情。地球这个星球——包括各种自然系统、人为系统以及一切物体，一直都在不断地生成海量的数据。只是我们未必有能力听见、看见、捕捉这些数据而已。不过现在，我们已经能够做到这一点了，因为所有这些我们都能够用某种装置把它们连接起来。由于它们是相互连接的，现在我们就能够在真正意义上利用它们生成的数据了。所以，实际上，整个地球就是一个中枢神经系统。"

这个神经系统就是物联网的主干网。现在，让我们来想象一下物联网的未来吧：数以万亿计的设备——温度计、汽车、电灯开关，以及任何诸如此类的东西——都能通过一个庞大的传感器网络把它们连接起来。每个东西都有它自己的 IP 地址，每个东西都可以通过互联网去访问。突然之间，谷歌可以帮助你找到汽车钥匙了。东西被盗这种事情也已经成为过去时了。当你家的卫生纸、清洁用品或浓缩咖啡用完时，它能够自动地帮你预订。如果富裕真的就是意味着节省时间，那么，物联网就是一大罐黄金。

鉴于它即将发挥出来的强大威力，物联网对于人类个人生活的影响较之它的商业潜力来说倒真是"相形见绌"了。有了物联网，很快，各大公司就能够使自己的原材料订单与产品需求实现完美匹配，于是它们可以通过精简供应链，把浪费减少到最低限度，而效率却突飞猛进。一些重要的家用电器只在最需要的时候才会被激活（比如说电灯，只有在有人非常接近建筑物时才会亮起来），单就节能这一项而言，物联网就能够改变整个世界。想想看，如果整个世界都来节省能源，那会造成怎样一种变化呀！物联网离我们已经不远了，就在几年前，思科公司与美国国家航空航天局联手，在全球放置了许多传感器，以提供天气变化的实时信息。

不过，为了使物联网扩展到我们预计中的规模，以全球拥有 90 亿人口，每个人平均拥有 1 000~5 000 件物品计算，我们需要 45 万亿（45×10^{12}）个不重复的 IP 地址。不幸的是，今天我们所使用的由瑟夫与他的同事在 1977 年发明的"互联网地址簿"——IP 版本 4（IPv4），却只能提供大约 40 亿个 IP 地址（它可能到 2014 年就会彻底用完）。"现在，我唯一的辩解是，"瑟夫说，"当初做出这个决策的时候，我还不确定这个互联网到底能不能运行。"后来他又补充说："在那时，甚至一个 128 位的地址空间都觉得过多了。"

幸运的是，瑟夫正在领导开发下一代的互联网协议（它被别出心裁地称为 IPv6），它有足够的空间能够放下 3.4×10^{38}（340 万亿亿亿亿）个不重复的 IP 地址——大约每个人平均可以分到 5 万亿亿亿个 IP 地址。"IPv6 有使物联网变成现实的潜力，"瑟夫说，"而物联网反过来也可能重塑几乎一切行业。我们如何生产，如何控制环境，如何分配与循环利用资源，所有这些方面都将受到物联网的影响。当周围的整个世界全部都被纳入了这个物联网之后，当每件东西都能够有效地自我运转的时候，这个世界将会变得前所未有的高效。这就向富足迈进了一大步。"

人工智能

2010 年 7 月的某个星期六，佐尼（Junior）载着我在斯坦福大学周围转悠。"他"驾车很平稳，一直靠边行驶，转弯时动作也很优雅。不仅遵守交通规则，从来不闯红灯，而且遇到行人、狗与骑自行车的人时，也总能及时避让。对你来说，这听上去可能并没有什么，可是这个佐尼并不是我们通常所说的司机。这正是我特别要说明的，"他"并不是一个人。"他"是一个人工智能机器，说得更准确一点，"他"是一辆 2006 年产的大众帕萨特人工智能汽车。但是，如果真的要完全准确地把"他"描述清楚，那可能会有点麻烦。

当然，佐尼拥有任何一辆典型的德国汽车的标准配置。不过，除此之外，我们还在"他"的车顶上安装了一个高清晰度激光雷达测距系统（Velodyne HD LIDAR）——单单这个装置就值 8 万美元，它每秒钟能生成 130 万个 3D 信息数据点；"他"还装了一个全向高清晰的摄像系统（配备了 6 个摄像头）；还装了 6 个雷达探测器（用来检测远距离的物体）；佐尼还装有一个世界上技术水平最高、最先进的全球定位系统（价值 15 万美元）。

此外，在佐尼的后座还配备了两个 22 英寸的显示器和 6 核的英特尔 Xeons 处理器，这使它拥有了一台小型超级计算机的处理能力。佐尼需要所有上述这些设备，因为它是一辆无人驾驶汽车，用行话来说，佐尼是一辆"机器人汽车"。

佐尼是 2007 年在斯坦福大学由斯坦福大学车队改装的。它是这个车队所改装的第二辆无人驾驶汽车。第一辆无人驾驶汽车也是利用大众公司的汽车改装的，它的名字是斯坦利（Stanley）。在 2005 年，斯坦利赢得了美国国防部高级研究计划局主办的无人驾驶汽车挑战赛冠军，它在全程 200 多公里的越野赛中以最快的速度完成了比赛，从而赢得了 200 万美元的奖金。这个比赛是 2001 年美军进驻阿富汗之后开始举办的，目的是帮助军方设计机器人汽车。佐尼是第二代无人驾驶汽车，是专门为参加美国国防部高级研究计划局举办的 2007 年城市挑战赛而设计的，这次比赛要求参赛汽车在城市中完成大约 97 公里的赛程。佐尼获得了第二名。

无人驾驶汽车挑战赛获得了巨大的成功，同时，美国国防部为比赛中胜出的无人驾驶智能汽车提供的资金又是如此充裕，因此现在几乎所有主要汽车公司都设置了自动汽车部门。军事应用只不过是无人驾驶智能汽车大显身手的其中一个方面而已。2011 年 6 月，内华达州州长批准了一项法案，该法案要求该州尽快制定有关法规，允许无人驾驶汽车上路行驶。如果专家们想找出一个合适的时机让无人驾驶汽车驶上公路的话，可能会在 2020 年。塞巴斯蒂安·斯伦（Sebastian Thrun）是斯坦福人工智能实验室（Stanford Artificial Intelligence Laboratory）的前主任，现为谷歌自动化汽车研发中心的负责人，他认为无人驾驶汽车潜藏着巨大的商业利益。他说："现在，全世界每年都要发生将近 5 000 万起汽车交通事故，导致 120 多万人死于非命。像自动刹车或车道指导这种人工智能应用程序可以保护司机，使他们不至于因为在行驶过程中不慎睡着而受伤。每一天，人工智能都能帮助我们拯救许多生命。"

机器人汽车的积极"布道者"布拉德·邓普顿（Brad Templeton）则强调，拯救人类的生命仅仅只是一个开始而已。他指出："机器人汽车可以帮我们节省大量的时间，每一年，汽车交通事故都要使我们浪费掉 500 亿小时的宝贵时间、2 300 亿美元的巨额金钱。或者说，汽车交通事故的成本往往要占到国内生产总值的 2%~3%。这全是因为错误驾驶。还有，这些无人驾驶汽车很容易采用替代燃料。如果你睡着了，你的汽车自己会去加油，那么谁又会关心最近的氢气汽车加油站在 40 公里之外呢？"2011 年秋，为了推进无人驾驶汽车的研发进程，X 大奖基金会宣布，它有意设计一个年度"人类与机器汽车大赛"。

这个大赛将采用移动障碍物赛制，目的是看看到什么时候无人驾驶汽车可以胜过世界上最好的赛车手。

无人驾驶汽车只不过是人工智能的冰山一角。诊断病患、教育孩子、作为新能源系统的核心组件等，都是人工智能大显身手的领域。在未来的岁月里，人工智能必将重塑我们的生活，而且这种趋势还会一直持续下去。顺便说一下，人工智能实际上已经在重塑人类的生活了，这是证明它潜力的最好证据。无论是反应快如闪电的谷歌搜索引擎，还是直接利用语音识别技术完成的目录信息服务，总之，人类早就已经与人工智能共生共存了。然而，这些或许还只能算"弱人工智能"。有些人可能对这些"弱人工智能"视而不见，他们等待的是像阿瑟·克拉克的《2001：太空漫游》（*2001: A Space Odyssey*）当中的超级计算机"哈尔9000"那样的"强人工智能"。但是，无论如何，你都不能说人类没有取得进步。"想想国际象棋大师加里·卡斯帕罗夫（Garry Kasparov）与IBM的超级电脑'深蓝'之间的那场人机大战吧，"库兹韦尔说，"1992年，当让计算机与国际象棋世界冠军对弈这个想法第一次被提出来的时候，遭到了断然反对。但是，超级计算机'深蓝'的计算能力每年都在增长，它不断地翻倍，短短5年之后它就战胜了卡斯帕罗夫。到了今天，你只要花不到10美元，就能为你的苹果手机买到冠军级水平的人工智能象棋程序了。"

那么，人类什么时候才能拥有像超级计算机"哈尔9000"那样的强人工智能呢？这很难说。但是，IBM公司最近公布了两种全新的芯片技术，朝这个方向迈出了一大步。第一种芯片技术是：在同一块芯片上集成电子与光学设备。这些芯片能接收光信号，电子信号需要电子，而电子会产生热量，这就限制了芯片的工作能力，所以需要费很大心思去降低芯片的温度。光则不会受到这方面的限制。如果IBM的估计是正确的，那么在接下来的8年中，这种新的芯片技术可以使超级计算机的性能提高1 000倍，即从目前的每秒2.6千万亿次提高到每秒100亿亿次（也就是说每秒10^{18}次），这个速度已经或者比人脑快了100倍。

第二种芯片技术是"突触"芯片技术（SyNAPSE），这是"大深蓝"采用的用来模仿人脑的硅芯片。每个芯片上并行排列着 256 条导线，它们代表树突；还有一组与它们垂直的导线，用来代表轴突。而这些导线相交的交点就代表突触，因此，一块芯片上有 262 144 个突触。在 IBM 进行的初步测试中，这些芯片会打乒乓球比赛，能够操纵一辆在跑道上奔驰的虚拟汽车，还能认出绘制在屏幕上的某些图像。当然，在相当长一段时间之前，计算机就已经有能力完成这些任务了。但是重要的是，采用这些全新的"突触"芯片后，就不需要为每个任务设计一个专门的程序了。相反地，它们不仅能对现实世界的各种不同情况做出反应，而且还会从自己的经验教训中学习。

当然，谁也无法保证，有了这些新的芯片技术，就足以创造出一个"哈尔 9000"了，因为强人工智能需要的或许不仅仅是强大的解决问题的能力。但是，毫无疑问，这些技术能够把人类进一步推向富足金字塔的顶端。试想一下，它们潜在的诊断能力能够推进医疗服务的个性化；它们潜在的教育潜力能够推动教育服务的个性化，这对人类来说将意味着什么呢？（如果你实在想象不出来也没有关系，请你再等等，再过几章，我会对此做一个详细的描述。）然而，还有更有趣的。单凭人工智能，就能给人类带来这么多好处了，但是如果把它与我们将要介绍的另一种指数型增长的技术——机器人技术，结合起来，这些好处就显得微不足道了。

机器人技术

斯科特·哈桑（Scott Hassan）30 多岁，中等身材，一袭头发如墨玉般漆黑发亮，大大的双眼犹如杏仁。哈桑是一个系统程序员，而且被公认为是程序员这一行内最杰出的高手之一。但是，他真正热衷的事情是制造机器人。当然，我得提醒你一下，他想制造的并不是用来生产汽车或其他什么产品的工业机器人，也不是会帮你打扫房间的小巧玲珑的机器人吸尘器。他想制造的是真正意义上的"机器"人，是你在电影《我，机器人》（I, Robot）中看到过的那种房里房外随时都可以帮助你的机器人。

当然，很多年以来，人类一直都在努力，想制造出这种机器人。沿着这个思路，我们已经学到了很多东西：首先，制造这种机器人比原先所想象的要困难得多；其次，制造它们的成本也要比我们原先所想象的昂贵得多。但是，在这两个方面，哈桑都有优势。

1996 年，哈桑还是斯坦福大学计算机科学专业的一名学生，也就是在那时，他结识了拉里·佩奇和谢尔盖·布林（Sergey Brin）。这两位那时正致力于开发一个小型项目：搜索引擎——谷歌的前身。哈桑帮助他们完成了编程工作，作为回报，这两位谷歌创始人则分给他数量相当可观的谷歌股票。哈桑还创办了自己的公司 eGroups（一个电子邮件列表管理网站），eGroups 后来以 4.12 亿美元的价格被雅虎收购。因此，关键是，哈桑并不像其他那些急于想制造出机器人的狂热爱好者那样，他们虽然有热情，但是资金和耐心都不足。哈桑有足够的资金，可以在这个领域耐心细致地进行研究。

此外，哈桑还利用手中的资金为他的公司柳树车库（Willow Garage）广纳贤才。柳树车库这个名字源自于一个地名——门罗公园的柳树街。哈桑的柳树车库公司已经成功地研制出了一个个人机器人，这个机器人的名字颇有一些外星人的情调——PR2（Personal Robot 2）。个人机器人 PR2 装配了头盔式立体摄像机和激光雷达，它有两条巨大的手臂，两个宽广的肩膀；它还有一副方方正正的宽大身躯，一个有 4 个轮子的基座。PR2 整个外形看起来有几分像人，又有几分像打了激素后膨胀起来的 R2D2（电影《星球大战》中的宇航技工机器人）。当然了，这听起来好像也没什么了不起的。但是你很快就会知道，哈桑发明的是一种完全新型的机器人。

几十年来，机器人技术进展缓慢，因为研究者们缺乏一个稳定的实验平台。早期的电脑黑客们一般都用 Commodore 64 个人计算机，因此所有人都能共享创新，但是在机器人技术领域却并非如此。PR2 的出现改变了这种情况，使机器人技术共享成为现实。柳树车库的机器人并不是专门为消费者设计的，它是一个研究与开发平台，是为那些机器人迷们创建的，现在他们可以上这个平台共享创新技术了。这些机器人迷们已经在这个平台上冲浪了。你可以快速地浏览一下 YouTube，那里有很多有关 PR2 的视频，正在开门的、叠衣服的、拿啤酒的、打台球的、打扫房间的，等等。

一个更大的突破则体现在使 PR2 运行起来的程序代码上。哈桑公开了PR2 的源代码，他根本不打算把自己的程序代码变成一个专有系统。"专有系统会导致机器人技术研究进展缓慢，"哈桑说，"我想让全世界最优秀的人才都来为解决这个问题出谋划策。我们的目标并不是控制或拥有这项技术，而是希望能够加快这项技术的研究进程，猛踩油门加速前进，让这项技术尽快地发挥作用。"

那么，接下来会发生什么呢？这与实现全球富足又有什么关系呢？哈桑的PR2 机器人能够应用在许多地方，包括能够照顾老人的机器人护士、能够随时为病人提供医疗保健服务的费用低廉的机器人医生，等等，这些都能造福人类。但是最吸引人的还是它能够带来的巨大的经济利益。"在 1950 年，全世界的总产值大约为 4 万亿美元左右，"哈桑说，"而在 58 年后的 2008 年，全球的总产值已经达到了 61 万亿美元左右了，足足增长了 15 倍。这高达 15 倍的增长是怎样发生的呢？这是由于工厂在配备了自动化设备之后，生产率得到了大幅提高。大约在 10 年前，我去日本访问，参观了日本丰田汽车公司的汽车制造厂，这个制造厂只有 400 名工人，却能够每天生产出 500 辆汽车，这全得归功于自动化。我当时就心想：'想想看，如果能把这个工厂的自动化高效生产方式运用于日常生活的每个方面，那么将会产生什么样的影响呢？'我相信，这将会使全球经济总量在几十年后提高几个数量级。"

2011 年 6 月，奥巴马总统宣布了一项国家机器人计划（National Robotics Initiative，简称 NRI）。这个项目耗资 7 000 万美元，由多个部门共同参与，目的是"推进美国机器人技术的开发和普及应用，让机器人与人类一起工作"。

哈桑的柳树车库公司试图为全世界热爱机器人技术的"伙伴们"创建一个稳定的研发平台，与此类似，这个国家机器人计划也是围绕着一些"能够发挥推动作用的关键因素"而展开的，它所瞄准的是那些能够给制造商提供标准化流程和产品的技术，以便缩短开发时间，提高性能。正如机器人技术联盟（Robotics Technology Consortium）主席海伦·格雷纳（Helen Greiner）在接受《个人电脑世界》杂志（*PCWorld*）采访时所指出的："把钱投资于机器人技术不仅仅是为了纯粹的研究和开发，它的最终目标是改变美国人的生活、振兴美国的经济。实际上，人类现在正处于一个关键的转折点，机器人技术已经走出了实验室，并形成了全新的产业，它创造了许多就业机会，使我们更有能力应对所面临的重大挑战。"

数字化制造与无限的计算能力

卡尔·巴斯（Carl Bass）在过去的 35 年里一直在制造各种各样的产品，这些产品包括建筑物、轮船、机器、雕塑、软件，等等。这是由他的身份所决定的，现在，巴斯是欧特克公司（Autodesk）的首席执行官。欧特克公司的软件应用很广，设计师、工程师、艺术家……各行各业的人都在使用这个公司的软件。巴斯带我参观了他们公司位于旧金山市中心的展示长廊。我们首先看到的是由欧特克公司开发的先进的建筑成像系统；接着，我们又看到了屏幕上放映着电影《阿凡达》中的场景，这些场景是用他们的软件生成的；最后，我们还看到了一辆摩托车与一架航空发动机，它们都是用3D打印机打印出来的。对了，你猜对了，3D打印机用的是欧特克公司的软件。

3D打印机是通往《星际迷航》中神话般的复制仪的第一步。今天的 3D 打印机虽然没有双锂晶体技术的支持，但是，它们可以精确地制造出极其复杂的三维物体，而且比以往任何时候都要更加快速、更加便宜。3D打印是最新式的数字化制造技术，而这个技术领域其实已经存在几十年了。传统的数字化制造商是利用受计算机控制的路由器、激光与其他切削工具来对一块金属、木头或塑料进行精确加工，它们通过刨片、切削等处理方式来进行塑形，直到这些物体变成人们理想中的形状为止。今天 3D 打印机的处理方式恰好与此相反，它们采用的是不断添加材料的制造技术，一个三维物体是通过连续铺设一层层的材料而制造出来的。

以前的打印机很简单，打印速度也很慢，但是，今天的打印机既快又灵敏，而且可打印的材料种类非常多，塑料、玻璃、钢铁都可以，甚至钛合金都没问题。工业设计师们可以使用 3D 打印机制造一切东西，从灯罩、眼镜到为人量身定制的假肢。一些 3D 打印爱好者正在利用 3D 打印机制造能够完成一定功能的机器人，他们还想让 3D 打印机打印出真的会飞的飞机来呢。生物技术公司正在试验利用 3D 打印机打印人体器官。南加州大学工程学教授、发明家比洛克·霍什内维斯（Behrokh Khoshnevis）已经研制出了一台大型 3D 打印机，这台打印机能够喷出混凝土，为发展中国家建造超低成本的多房间房子。这个技术可能会随时飞出我们的地球。奇点大学的一个附属机构太空制造公司（Made in Space）已经证实，3D 打印机能够在零重力的条件下打印东西，因此，在国际空间站工作的宇航员可以在太空中随时随地打印他们需要的零部件了。

"让我最激动的是这样一个想法，"巴斯说，"即让每个人都有机会使用 3D 打印机，就像使用今天的喷墨打印机一样。一旦这个想法成真，它将会改变一切。如果你在亚马逊网站上看到你喜欢的东西怎么办呢？你再也不必先下个订单，然后呆呆地等着 24 小时之后才会送上门来的联邦快递公司的包裹了，你只需要按下打印机，几分钟后你就能拥有它了。"

3D 打印机允许人们随时随地按照数字化图纸制造物理产品。当前，我们的重点放在了如何设计新颖的几何图形上。但是，不久之后，我们就能够改变材料本身的基本性质了。"忘记传统的生产方式所造成的那些传统的局限性吧！在传统的产品中，每一部分都只能由一种材料制成，"康奈尔大学副教授霍德·利普森（Hod Lipson）在为《新科学家》杂志（New Scientist）所写的一篇文章中这样解释道，"我们是在一些材料的内部制造另外一些材料，并使多种材料相互嵌套，将它们整合为各种各样的复杂样式。我们可以把各种硬的或软的材料根据不同样式打印出来，从而使它们拥有种种奇妙绝伦的、前所未有的特性。"

3D 打印机能够让商品的制造成本急剧下降，因为它开创了一种全新的产品成型工艺。在以前，产品工艺创新是线性的：当你的脑海中闪现了某种产品的创作灵感时，你必须在现实世界中把它制造出来，看看它有什么作用，看看它有什么失败的地方，然后在下一个周期又重新开始研究制造。这种创新方式很费时间，创新范围也受到了很大限制，而且成本高昂。3D 打印技术改变了所有这一切，它能够使产品"快速成型"，因此，发明家们可以对某个设计一次性地直接打印数十个不同的样式，这样做不需要增加太多的成本，而且只需要花很短的时间就可以制造出一个实物原型来。

当 3D 打印技术与卡尔·巴斯所称的"无限的计算能力"结合在一起之后，它的力量将会得到急剧放大。"在我生命的大部分时间里，"巴斯解释道，"计算能力都被当作是一种稀缺资源。虽然如今它早已不再是了，但是我们仍然继续这么认为。我的家用电脑，包括它所耗费的能源在内，运行一个小时的成本不到 0.2 便士。计算能力不仅便宜，而且它还在变得越来越便宜。很容易就可以推断出如下这种趋势：终有一天，计算能力将会完全免费。实际上，在今天所能知道的所有资源当中，它应该是最不昂贵的一种了。"

"另外一个巨大的进步是云计算。云计算是一种通过互联网提供动态可伸缩的虚拟化资源的计算模式。无论问题是大是小，我都可以动用数百台，甚至数千台电脑来帮助解决这个问题。目前，虽然向亚马逊租用一个 CPU 内核每小时所需的费用不如利用家里的电脑进行计算来得便宜，但是确实已经下降到不足 5 美分了。"

令人印象最深刻的或许是，有了无限的计算能力，人类就能找到解决一些极其复杂、极其深奥的问题的最佳方法，如果放在过去，这些问题要么根本无从回答，要么由于解决成本过于高昂而根本不会被考虑。例如，虽然仍然很不容易，但是我们现在已经能够回答这样一些问题了："你怎样设计一个能够抵抗里氏 10 级地震的核电站呢？"或者："你怎样才能监测全世界的流行病，总结它们的流行模式，并且在最关键的初始阶段就能预测到它们将会大规模流行呢？"不过，最激动人心的技术突破将出现在无限计算能力与 3D 打印技术完美融合到一起的时候。这种融合具有革命性的意义，它将使设计与制造变得彻底大众化。突然之间，在同一天时间里，出现在中国的某一个发明，就能在印度得到完善，并在巴西被打印出来投入使用。这样就给了发展中国家一个完全不同于以往的抗击贫困的机制。

医学

2008 年，世界卫生组织宣布：到 2015 年，由于缺乏训练有素的医师，整个非洲大陆的未来都将会受到威胁。无独有偶，在 2006 年的时候，美国医学院协会也警告说，美国婴儿潮时期出生的那些人都已经进入了老年，到 2015 年，老龄化将导致医生严重短缺（缺口将高达 62 900 人）；而到 2020 年，这个缺口还将进一步扩大到 91 500 人。护士的短缺情况可能会更加严重。事实上，这些只不过是为什么我们强调，要想在医疗保健领域实现富足梦想，就不能只依靠传统的专业人士的部分原因而已。

我们要怎样做才能填补这一缺口呢？首先，得指望芯片实验室技术。对此，这个新兴领域的领军人物、哈佛大学教授乔治·怀特塞兹（George M. Whitesides）是这样解释的："对于各种各样的疾病，从肺结核到疟疾，甚至艾滋病，现在都已经有了对症的药物。因此，最迫切需要的是，专为发展中国家60% 生活在远离城市医院、缺乏基础医疗设施的人设计的准确、低成本、易于使用的即时诊断技术。芯片实验室技术能够提供的恰恰正是这些。"

因为芯片实验室技术可以集成到具有无线网络功能的设备上，所有为诊断目的而收集起来的数据能够上传到网络进行云计算和更深层次的分析。由麻省理工学院教授安妮塔·戈埃尔博士（Dr. Anita Goel）组建的纳米生物系统公司（Nanobiosym）正努力使芯片实验室技术商业化。安妮塔·戈埃尔博士说："第一次，我们有能力提供实时的、全球性的疾病信息，能够把这些信息上传至网络进行云计算，用于检测与防治处于早期的流行病。"

现在让我们来想象一下吧！如果有了人工智能，再加上这个芯片实验室技术，又会发生什么呢？听起来会不会像是一个神话故事呢？2009 年的时候，梅奥诊所（Mayo Clinic）利用一个"人工神经网络"来帮助医生对病人进行诊断，排除了介入性治疗的需要，这些病人曾被认为患上了一种危险性很高的心脏病——心内膜炎。这种辅助诊断的准确率高达 99%。类似的技术被用于几乎所有方面，包括利用 CT 扫描（计算机断层扫描）来排查儿童心脏杂音。但是，如果把人工智能、云计算、芯片实验室技术全都结合在一起，那就能为人类带来最大的益处。现在，与你的手机一般大小的一个设备不仅能够对血液和唾液进行分析，还能与你"讨论"你的病症，它能提供比以往任何时候都要准确的诊断结果，这极大地弥补了因医生和护士短缺给我们带来的不便。由于病人可以在自己的家里使用这种技术，一般的病人就不需要再赶往早已人满为患的急诊室了。这样一来就为急诊室的医生节省了大量时间，同时也缓解了急诊室紧缺的状况。同时，流行病学家将会获得海量数据，据此医生们将能够做出十分可靠的预测。但是归根结底，最大的好处将表现在：原先回应性的、一般化的医疗体制，将摇身一变，变为预防性、个性化的。

纳米材料与纳米技术

大部分历史学家认为纳米技术（纳米技术指在原子层面上操作物质的技术）出现的日期始于物理学家理查德·费曼在 1959 年发表的著名演讲《在底部还有很大空间》（*There's Plenty of Room at the Bottom*）。但是，真正让纳米技术这个术语被公众熟知的则是 K. 埃里克·德雷克斯勒（K. Eric Drexler）

写于 1986 年的著作《创造的发动机》（*Engines of Creation*）。纳米技术的基本概念非常简单：一次只用一个原子去制造东西。那么，制造出来的是一些什么样的东西呢？首先是"装配工"：一种能够制造出其他纳米机械（或能够进行自我复制）的小型纳米机械。这些"复制者"是可编程的，当一个纳米机械自我复制出了 10 亿个纳米机械后，你就能直接利用这 10 亿个纳米机械制造出任何你能想到的东西了。更有甚者，因为纳米技术是直接用原子来制造产品的，这些纳米机器人，正如它们的名字一样，能够把你手头上的任何材料，包括土壤、水、空气等的原子分离出来，然后利用这些原子进行建构，制造出任何你想要的东西。

乍一看，这似乎有点像科幻小说里的东西，但是事实上，我们"要求"纳米机器人做的这些事情，正是最简单的那些生命形式最擅长的。真的能进行 10 亿次的自我复制吗？当然没问题，你肠道内的那些细菌，在 10 个小时内就能够完成这项任务了。我们能从空气中提取出碳与氧，然后把它变成糖吗？任何一个池塘表面的浮萍都能这样做，而且它们已经这样做了 10 多亿年了。只要库兹韦尔指数型增长曲线图是准确的，那么在不久的将来，人类的技术就能超越肠道内的细菌了。

不过，也有许多专家认为，一旦纳米技术真的发展到了这种程度，那么人类很可能会失去控制它的能力。德雷克斯勒本人就描述了由一种"灰蛊"（gray goo）带来的世界末日般的场景：在那里，能够自我复制的纳米机器人获得了自由，它们吞噬了挡在它们面前的所有东西。这并非完全是杞人忧天。纳米技术是众多指数型增长的技术领域（同类技术还包括生物技术、人工智能和机器人技术等）中的一个，这些技术可能会给人类造成严重的危害。虽然这些危害并不是本书要讨论的主题，但是，如果不提及它的危害，那将是本书的一个重大疏漏。所以在本书的参考资料部分，你会发现一个讨论所有这些问题的很长的附录。请你把它当做进一步阅读的跳板吧。

即使纳米机器人和"灰蛊"真的如同某些人所担忧的那样会危害人类，但那也肯定是几十年之后的事情了（因此，也就超出了本书涉及的时间范围）。我们相信，在那之前，纳米科技已经给人类带来了丰厚的回报。毫无疑问，纳米复合材料要比钢铁坚韧许多，但是它的制造成本却比钢铁低多了。单壁碳纳米管具有非常高的电子迁移率，它已经被用来提高太阳能电池的能量转换效率。富勒烯（碳60）或巴基球是由 60 个碳原子组成的外表像英式足球的分子，它的用途非常广泛，适用于从超导体材料到药物传输系统的各个领域。总之，正如美国国家科学基金会（National Science Foundation）在最近的一份报告中指出的："纳米技术能够极大地增进人类的福祉。它可以保证材料、水、能源和食物等方面的可持续发展；它能帮助人类防范未知的细菌和病毒；它甚至能够给人类带来和平（因为它能够创造普遍的富足，从而削弱破坏和平的各种因素）。"

你正在改变世界吗

尽管这些突破性的技术非常令人振奋，但是全世界却没有一个供人们综合地学习这些技术的地方。这就是为什么我要在 2008 年 9 月在美国国家航空航天局的艾姆斯研究中心举行一个大会，并创办奇点大学的原因。参加这次会议的有来自美国国家航空航天局的代表；有来自斯坦福大学、加利福尼亚大学伯克利分校以及其他机构的学者；有来自谷歌、欧特克、微软、思科和英特尔等公司的行业领袖。我记得最清楚的一件事情是，在第一天会议将要结束的时候，谷歌联合创始人拉里·佩奇发表了一个即兴演讲。佩奇站在 100 多位与会者面前，演讲时激情昂扬，他说新成立的这个大学必须致力于解决这个世界最大的难题。"现在我所用的是一个非常简单的衡量标准，即你正在工作的事情能够改变世界吗？ 99.99999% 的人都会说：'不能。'我想我们需要训练人们如何去改变世界。很明显，技术能够做到这一点。在过去我们已经看到了，促使一切发生改变的就是技术。"

这就是我们要创办的大学的宗旨。这次成立大会为这个独一无二的机构铺平了道路。在奇点大学里，我们开设了研究生课程和高级管理课程。到现在，奇点大学已经有 1 000 多名毕业生了。佩奇强调的敢于挑战全世界最大难题的精神已经深入奇点大学每一位毕业生的骨髓里了。每年，奇点大学的毕业生们都在挑战自我，他们开办新公司、开发新产品、创建新机构。在未来的 10 年里，他们的努力将会对数以 10 亿计的民众的生活产生积极影响。我把这些新机构称为 10^{9+} 公司。尽管在这些新创办的公司当中，目前还没有任何一家完全实现了自己的预期目标（毕竟，奇点大学诞生至今才 3 年），但是毫无疑问，我们已经取得了巨大的进展。

由于这些技术都是以指数型速度增长的，所以这种进展与人类过去所经历的任何东西都不一样。总而言之，上面叙述的这一切都意味着：如果我们陷入的这个坑甚至不能算是一个真正的坑，贫富之间的差距也并没有想象中的那么难以克服，而且当前技术进步的速度之快足以应对所面临的挑战，那么反对富足的最常见的这三大批评都将不再是困扰我们的问题了。

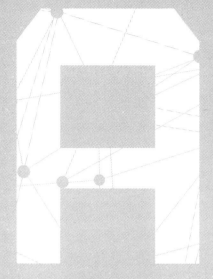

THE
FUTURE
IS BETTER THAN
YOU
THINK

ABUNDANCE

|第三部分|
实现富足的另外3种力量

07

"DIY" 创新者

没有"DIY"创新者，就没有硅谷引以为傲的车库文化和创业浪潮，也就不会有苹果个人电脑。事实告诉我们，政府和大公司都认为不可能的事情，小型组织却能给出一个精彩的演出。堪与军用飞机媲美的无人机，能够吃掉泄漏石油的虫子—— 一种"DIY"生物，这都是"DIY"创新者的"作品"。

THE FUTURE
IS BETTER THAN
YOU THINK

BUNDANCE

布兰德的"DIY"理念

在《插电酷爱迷幻实验》（*The Electric Kool-Aid Acid Test*）一书的开头几页，汤姆·沃尔夫（Tom Wolfe）是这样描述的："一个瘦瘦的金发小伙子，他的额头上贴着一个闪闪发光的圆碟，挂着一根由印第安串珠做成的项链。他的上半身没有穿衬衫，那裸露的肌肤上只挂着一串印第安串珠项链，披着一件白色罩衣，上面别着瑞典国王授予的奖章。"这个家伙就是斯图尔特·布兰德（Stewart Brand）。他是一位毕业于斯坦福大学的生物学家、退役的陆军伞兵，后来又加入了肯·凯西（Ken Kesey）的行列，成了"欢乐小丑帮"（Merry Prankster）中的一员。他是"DIY"型创新者的代言人之一。我们将会看到，"DIY"型创新是实现全球富足的前所未有的强大力量。

这个故事是这样的：在沃尔夫的书出版几个月后，也就是在 1968 年 3 月的时候，布兰德正在阅读芭芭拉·沃德（Barbara Ward）的著作《地球号太空船》（*Spaceship Earth*），并试图回答如下两个问题：一个是，我要怎样做才能帮助所有那些现在正在返回地球、回归田园生活的朋友们？另一个更重要的问题是，我怎样才能拯救地球？

布兰德的解决方法非常简单直接。他会出版一份从表面上看与里昂比恩（L.

L. Bean）邮购目录有些相像的目录列表，把以下各项都列入其中：自由开放的社会价值观、适用的技术观念、整体系统思维的生态学观念，还有最重要的"DIY"工作理念。事实上，这种工作理念具有非常悠久的历史，至少可以追溯到爱默生在 1841 年写的一篇题为《自力更生》（*Self-Reliance*）的文章。在 20 世纪早期，这种工作理念再次浮出水面，并为工艺美术的复兴铺平了道路。其后，在 20 世纪 50 年代，这种工作理念还推动了当时的旧车改装运动和家居改建计划。最后，到了 20 世纪 60 年代后期，这股风潮终于发展成了一场美国历史上规模最大、最具标志性意义的全民运动，在这场运动中，保守估计至少有 1 000 万美国人回归田园生活。这些回归田园生活的人士很快就认识到，田园生活的成功与否，完全取决于"DIY"的能力。正如布兰德所清楚地意识到的，这些能力又进一步取决于个人所使用的工具——这里所说的工具指的是任何东西，从有关风车的信息到如何开始一桩小生意的想法都属于工具的范围。"我受到了巴克敏斯特·富勒（Buckminster Fuller）的思想的影响，"布兰德回忆道，"富勒很早就已经在向世人宣扬他的如下观念了：不要想着去改变人类的天性，那注定是徒劳无功的，因为'江山易改，本性难移'；但是，我们可以去追求工具的创新。有新的工具就会带来新的做法，有更好的工具就会出现更好的做法。"

所有这一切终于使《全球概览》杂志（*Whole Earth Catalog*）得以诞生。它的第一期出版时间为 1968 年 7 月，这个创刊号只是一份只有 6 页的油印刊物，置于卷首的是布兰德为它撰写的创刊词。这个创刊词以现在已经成了经典名言的一句话开始："我们像上帝一样，也可能精于创造。"这是"DIY"的宣言。然后，布兰德列出了许多有助于促成这种个人转变的工具和想法。因为当时有非常多的人对这种想法感兴趣，所以这本目录式杂志将许多原本毫不相干的愿意"DIY"的人吸引到了一起，使他们凝聚成了一股强大的潜在力量。正如 TED 大会创始人理查德·索尔·沃尔曼（Richard Saul Wurman）所解释的那样："这原本是一份为嬉皮士创办的目录式杂志，但是它却赢得了美国国家图书奖。它使信息传递领域出现了一个范式转换。我相信，你可以直接从

《全球概览》链接到今天的许多文化热点和文化现象。它制造出了一种独特的氛围，使许许多多人趋之若鹜。而且这种氛围无处不在，以至于大部分人根本不知道这种氛围从何而来。"

当然，我们现在已经知道了，这种氛围的核心就是《全球概览》热情地拥抱了各种以个人为中心的技术，其中最重要的是个人电脑。布兰德的一个重要贡献就是发明了"个人电脑"这个术语。这个术语的诞生部分要归功于布兰德本人的科学背景，而更多的原因则与斯坦福研究院有关。在 1968 年前后，斯坦福研究院正走在计算机科学研究的最尖端，而且它的位置也正好坐落于《全球概览》杂志所在的门罗公园办公室的拐角处。布兰德是这个研究院的常客。在探访斯坦福研究院的过程中，布兰德接触到了电脑鼠标、交互式文本、视频会议、电话会议、电子邮件、超级文本、协同实时编辑器、视频游戏以及其他技术和产品。布兰德看到了这些工具的惊人潜力，并且通过《全球概览》杂志向全世界介绍了他所看到的这些东西。

"是斯图尔特独自一个人促成美国主流文化接受个人电脑的，"凯文·凯利（在创办《连线》杂志之前，他曾经担任过《全球概览》杂志的编辑）说道，"在 20 世纪 60 年代，计算机被人们认为是'老大哥'，是'大人物'。能够使用电脑的只能是'敌人'，电脑是政府和大型公司手中的工具。但是，布兰德却看到了个人计算机的巨大潜力。他明白，一旦这些电脑变成了个人工具，整个世界就会发生翻天覆地的变化，到那时，人人都可以变成上帝。"

布兰德呼吁，把"自力更生"与科技的力量结合起来，从而让"DIY"型创新者变成实现富足的一股重要力量。不过，《全球概览》杂志创刊理念中，另外两项原则也同样重要。第一项原则就是后来著名的"黑客伦理"（hacker ethic），这个理念也就是布兰德极力倡导的"资源共享"——"所有信息都应该免费共享"。至于第二项原则，在当时的环境中还是显得比较奇怪的一种理念，即商业也可以成为一种成就美好社会的力量。对此，科技作家霍华德·莱茵戈德（Howard Rheingold）解释道："布兰德还结合了这样一个理念，他认为在一个全新的乌托邦式社会里,你可以 DIY。他真的相信,只要拥有了适当的工具,那么任何变化都是有可能的。"正如弗雷德·摩尔(Fred Moore)所发现的,个人电脑正是那个适当的工具。

"家酿计算机俱乐部"的前世今生

然而,"DIY"型创新者仅凭热情是不可能在一夜之间就突然变成一股实现富足的力量的。如果真的相信这个,那就有点自欺欺人了。它需要每个人都认真地"升级设备"。而且,这个运动还需要"东风",在这方面,来自弗雷德·摩尔的帮助发挥了重要的作用。弗雷德·摩尔是一位政治活动家,后来又成了一位"DIY"型创新者。

在 20 世纪 70 年代早期,摩尔就已经意识到,网络是一种强大的力量。如果他能找到一种方法,把在美国各地操纵各种各样的左倾运动的所有关键"玩家"都联合起来,那么这些运动或许真的能发展成为一股不可忽视的力量。他开始记录这些"玩家"的资料,方法是:把这些人的信息都写在一些 3 × 5 英寸的便条上,但是需要记录的人实在太多,因此这项工作很快就使摩尔不堪重负了。他觉得,如果采用计算机来进行管理,那么他的数据库可能会更有效率,但是,真正的问题在于,他怎么买得起一台电脑呢?当时的电脑极其昂贵,摩尔自己没有足够的钱来购买一台电脑。于是在 1975 年的某一天,摩尔决定创立一个业余爱好者俱乐部,来帮助他制造一台电脑。

家酿计算机俱乐部就这样诞生了。一大群科技爱好者聚集在位于门罗公园的社区计算机中心,摆弄电路,交流故事。这个俱乐部的早期成员包括带有传奇色彩的黑客约翰·德雷珀(John Draper)——鼎鼎大名的"危机船长"(Captain Crunch)、第一代奥斯本便携式电脑的发明者亚当·奥斯本(Adam Osborne)和李·费尔森斯坦(Lee Felsenstein)、苹果公司的联合创始人史蒂夫·沃兹尼亚克(Steve Wozniak)和史蒂夫·乔布斯。摩尔从来没有失去作为一名社会活动家的本色，他总是不断地提醒大家"多奉献，少索取"。在那个时代，这确实算得上一种奇谈怪论，因为摩尔要求的其实就是"把你的商业秘密拿出来分享给大家"，但是，俱乐部的成员却把它铭记在心。家酿计算机俱乐部的宗旨是：制造惊人的机器，销售自己的产品（硬件），分享自己的智力成果（软件）。正如约翰·马尔科夫（John Markoff）在《睡鼠说了什么》（*What the Dormouse Said*）一书中所阐述的，自从家酿计算机俱乐部出现以后，一切都变得不同了：

> 家酿计算机俱乐部注定要改变世界……只要追踪一下包括苹果电脑公司在内的至少 23 家公司的创立和发展的历史，我们就会发现它们都与家酿计算机俱乐部有直接的关系。这些公司最终创造了一个充满活力的行业，这是因为，个人电脑是一种通用工具，不管是工作还是娱乐，都需要这种工具。它彻底改变了美国经济的面貌。在同一时期，泰德·尼尔森（Ted Nelson）也提出了"计算机权力属于人民"的战斗口号，这个号角很快响彻了整个计算机行业，在这之后不久，这些业余爱好者就打碎了计算世界的玻璃房。他们发起了一场运动，强调一种全新的、完全不同于美国传统商业价值观的价值观。

通过为"DIY"型创新者提供大力支持，斯图尔特·布兰德发动了一场竞赛，家酿计算机俱乐部就是这场竞赛催生的一个结果，但是，它并不是唯一的结果。正如我们将会在本章下一节中看到的，人类正处在这样的一个时代："DIY"型创新者已经改变了商业和科学。个人从政府手中接管太空竞赛这种想法并不见得是完全不可能成为现实的。正如凯文·凯利曾经说过的："《全球概览》不仅鼓励你去创造自己的生活，还给了你许多方法和工具，使你真的能够做到这一点。而且，它还让你相信，你完全可以做到，因为这本目录式杂志的每一页都在告诉你，别人也都是这样做并取得成功的。"因此，虽然脱离原来的世界去单打独斗地尝试"DIY"可能并不容易，但是，《全球概览》杂志给了我们去尝试的勇气，这种影响已经表现在很多人身上了。

小型组织改变了航空航天业

本章的核心观点是,因为有了像斯图尔特·布兰德和弗雷德·摩尔这样的人,也因为工具的质量完全赶上了他们的视野范围,致力于"DIY"的创新者们所组成的小团体现在已经能够解决过去只有政府和大型企业才能解决的问题了。我已经看到这种事情一而再、再而三地发生,不过,再也没有一个故事比伯特·鲁坦(Burt Rutan)的故事更具代表性了。

鲁坦是个高个子男人,他满头白发,前额很宽,两侧的络腮胡子可与尼尔·杨(Neil Young)相媲美。在 2010 年退休之前,他创办了一个名为"缩尺复合体"(Scaled Composites)的飞行设计和测试公司。在 2004 年的时候,为了参加安萨里 X 大奖(Ansari X Prize)的评选活动(稍后详述),鲁坦的"缩尺复合体"完成了一个政府和所有大型航空公司都认为不可能的创举:他改变了人类航空航天的范式。

在美国,我们与太空的第一次亲密接触开始于 1952 年春天,在那个时候,美国国家航空咨询委员会(National Advisory Committee for Aeronautics,简称 NACA,后来成为美国国家航空航天局)确定,我们飞离地球、遨游太空的时候已经到来了。它的目标就是,我们的飞机要比以往任何时候都飞得更快、更高。官方确定的目标速度为 10 马赫(3 千米 / 秒),垂直高度为 100 千米(进入大气的中间层)。后来,X 系列试验飞机问世,其中包括 X-1——它载着飞行员查克·耶格尔(Chuck Yeager)首次突破了音障;还有 X-15——它载着乔·沃克(Joe Walker)飞得更快、更远了。

X-15 是一架"极限机器"。它是用一种叫做"因科镍 X"(Inconel X)的镍铬合金建造而成的,能够承受住热得足以融化铝和钢铁的高温。在试飞时,X-15 是被挂在 B-52 轰炸机的机翼下面,从加利福尼亚的爱德华兹空军基地"起飞"的。当时,这架轰炸机先载着 X-15 飞到了 13.7 千米的高空,然后就像扔一块石头一样扔下了它。当它下降到一个安全距离时,这架火箭式飞机点燃了它的发动机,犹如一只离开地狱的蝙蝠划过天空——它带着飞行员乔·沃克离开了地球。

沃克这次飞行的时间为 1963 年 7 月 19 日，就是在这一天，他驾驶着 X-15 飞到了 100 千米的高度，成为了人类历史上第一个驾驶飞机进入太空的人。这是一个令人难以置信的壮举，它需要飞行员付出艰辛的努力。两大主要的航空航天承包商雇用了数以千计的工程师才制造出了这架 X-15。到 1969 年，这个计划已经耗费了大约 3 亿美元——当年 3 亿美元的价值比今天的 15 亿美元还要多。但是，这是伯特·鲁坦出现之前飞越到太空边缘的成本。

鲁坦一开始并不想建造宇宙飞船，他开始建造的是飞机。他造出了许多飞机。通常来说，对于一个飞机设计师来说，一生中能够设计出三到四种飞机已经是非常幸运的了。但是，鲁坦却是一个非常多产的飞机设计师。自 1982 年以来，由他设计、建造与驾驶的试验飞机达到了 45 架，这是史无前例的。在这些飞机中，包括旅行者号（Voyager），这架飞机首次完成了不着陆、不加油的环球飞行；海神号（Proteus），它是飞行高度、距离与满载荷时升力的世界纪录保持者。因此，鲁坦对于美国国家航空航天局一直未能在真正意义上实现在太空自由旅行感到非常失望。

在他看来，问题其实很简单。"莱特兄弟在 1903 年的时候飞起来了，"他说，"但是，到 1908 年，只有 10 名飞行员曾经试飞过。然后，他们前往欧洲去展示他们的飞机，激励每一个人，航空世界在一夜之间发生了改变。因此，发明家们开始意识到：'嘿，我可以做到的！'于是，在 1909—1912 年间，在 31 个国家里出现了数以千计的飞行员，建造了数以百计的各种类型的飞机。是企业家而不是政府推动了这个行业的发展，并且创造了一个价值 5 000 多万美元（在当时）的航空工业。"

现在人类的航天飞行事业却与此形成了鲜明的对照。自从 1961 年苏联的宇航员加加林，仅用一架飞机与少数几枚火箭就完成了载人太空飞行之后，X-15、红石运载火箭（Redstone）、阿特拉斯运载火箭（Atlas）、泰坦号运载火箭（Titan）、土星号运载火箭（Saturn）、穿梭机（Shuttle）、东方号载人飞船

（Vostok）、上升号飞船（Voskhod）、联盟号宇宙飞船（Soyuz），所有这些都是政府拥有与经营的。截止到 2010 年 4 月，也就是自从航天飞行成为可能的 49 年里，大约进行了 300 次载人航天飞行，共计有 500 人进入了太空——在鲁坦看来，这个数字之低是不可接受的。

"当巴兹（奥尔德林）第一次在月球上行走的时候，"他说，"我敢打赌，他一定在想，40 年后，我们将会行走在火星上。但是我们没有，我们还从来没有接近过火星。太空旅行仍然很遥远。我们的太空飞行率低得可怜：每隔两个月都不到一次。而且根本不是去火星，而是退回到了近地轨道。我们甚至正在不断地放弃以前的发射能力。现在，在我们所拥有的仅有的宇宙飞船里面，航天飞机（航天飞机项目于 2011 年结束）恰恰是最复杂、最昂贵、最危险的。为什么太空项目会缩减为工程福利项目呢？为什么没有勇气飞得更远呢？我们有勇气可以做得更好。"

这并不是傲慢的唠叨。鲁坦用实际行动支撑起他的言论，他在他们自己的游戏里打败了巨兽。他的载人航天飞机太空船 1 号（SpaceShipOne）在每一项测试中都胜过了政府制造的 X-15。2004 年，太空船 1 号不需要花费数十亿美元，也不需要一个数千人的工作团队，它只花费了 2 600 万美元，只需要一个由 30 名工程师所组成的团队，就完成了太空飞行的任务。而且太空船 1 号并不是只能承载一位宇航员，它可以载 3 个人。请忘记以周、月为单位来计算的发射周期吧，鲁坦的运载工具还创造了另一个飞行纪录，他在短短 5 天时间里就飞向太空两次。位于圣路易斯（Saint Louis）詹姆斯·麦克唐纳天文馆（James S. McDonald Planetarium）的主任格雷格·玛丽尼亚克（Gregg Maryniak）说："太空船 1 号的成功改变了人们的观念，它告诉人们，即使只有一小群开发人员也能完成意想不到的事情。曾几何时，每个人都认定，只有美国国家航空航天局、只有专业的宇航员才能进行太空旅行，但是伯特和他团队的成功却向世人证明，在不久的将来我们每个人都有机会去太空旅行。他改变了航空航天业的根本范式。"

创客运动

在伯特·鲁坦改变了航空航天业的范式几年之后，克里斯·安德森（Chris Anderson）也完成了一个类似的创举——他自行组织制造了无人驾驶飞机。安德森是《连线》杂志的主编，也被称为极客之父，他做出这样的事情其实完全不足为奇。大约在 4 年前，他决定，在与他的孩子们共度周末的时候，制造一个乐高头脑风暴机器人和一架遥控飞机。但是，事情并没有按计划进行。这些机器人一直困扰着孩子们："爸爸，激光在哪里呢？"而飞机一出大门就撞在一棵树上了。安德森清理飞机残骸的时候，开始思考，如果利用乐高无人驾驶仪驾驶飞机，那将会发生什么呢？他的孩子们觉得这个想法很酷——不过他们的兴趣大概只持续了 4 个小时，安德森自己却被这个想法迷住了。他说："对于这个领域的东西，我其实一无所知。但是我知道，我可以花 20 美元从乐高买回一个回转式罗盘，然后可以把它改装成飞机的自动驾驶仪，我 9 岁的孩子可以为这个装置编程。这可真是一件激动人心的事情！同样惊人的事实是，无人驾驶飞机居然列入了商务部的出口禁止清单里，我 9 岁的孩子把乐高玩具武器化了。"

为了了解更多这方面的知识，安德森创建了一个非营利性的在线社区，称为"DIY"无人机（DIY Drones）。起初的时候，这个项目非常简单，但是随着社区的不断壮大（目前社区的注册成员已经达到了 17 000 名），成员们的野心也越来越大。市场上在售的最便宜的军用级无人驾驶机为大乌鸦（Raven）。大乌鸦由航宇公司（AeroVironment）建造，一架这种无人驾驶机的零售价为 35 000 美元，而整个系统则要 25 万美元。"DIY"无人机社区的第一个大型项目就是：在从根本上降低成本的前提下，建造一个拥有大乌鸦的 90% 功能的无人驾驶飞行平台。社区成员们不断地编写、测试软件，不断地设计、测试硬件，最后制造出了一个四轴飞行器（QuadCopter）。这是一次了不起的壮举。然后，在不到一年的时间里，几乎没有花什么开发成本，他们只用了 300 美元就自行建造了一架拥有大乌鸦 90% 功能的无人驾驶飞机——它的成本几乎只有军方价格的 1%。更重要的是，这并不只是一个一次性的示范活动。"DIY"无人机社区用同样的方法开发出了 100 种不同型号的产品，每种型号的开发时间都不到一年，而且几乎都是零成本开发。

但是自制无人驾驶飞机只是一个开始。安德森决定重新改造他的孩子们的玩具，从而进一步投身到这个一直没有退潮迹象的创客运动当中。这个运动的主题是，围绕着自己的梦想去制造或修补我们日常生活环境中的东西。它最初兴起的时间大概是在 1902 年，那时正是第一期《大众机械》杂志（*Popular Mechanics*）上架之时。到了 20 世纪 50 年代，修修补补已经成为中产阶级的美德了。"修补你的房子、修补一条老旧的船、修理一辆破旧的汽车，"《制造》杂志（*Make*）的创始人兼出版商黛尔·多尔蒂（Dale Daugherty）说，"对一个人来说，修修补补可以带来一笔不菲的收入，能够改善他的生活。"

由于编写程序比改造老旧物品有趣多了，于是，随着计算机的出现，这个制造者运动一度跌入了低谷，直到后来当蒸汽朋克摇滚文化兴起之后，才重新浮出水面，并且还成了像火人节（Burning Man）这样的狂欢活动的主要内容。在过去的 10 年里，许多人的注意力都从软业业回归到了硬业业。正如多尔蒂所指出的："现在，自己动手去实践成了最大的潮流，人们真的变得对获得并控制他们日常生活中的科技充满了热情。我们重新变得热衷于改造物质性的东西了。"

而且，物质性的东西从来都不曾像现在这样容易改造。试想，在伯特·鲁坦花了 2 600 万美元打败了航空巨头们之后不到 5 年的时间里，"DIY 无人驾驶飞机"小组就利用志愿者的义务劳动，在几件玩具以及价值几百美元的零配件的基础上，自制出了无人驾驶飞机，又一次彻底击败了这些航空巨头们。安德森说："这种事情绝对是史无前例的。这是一个真正的'DIY'的故事。我们利用开源式的设计，使成本降低为原来的 1%，但是却保留了 90% 的功能。"安德森认为，给航空航天工业一个真正震撼的时机已经成熟了，他展示的这种前景应该会使那些顽固守旧的公司感到万分紧张。安德森指出："在成本上降低两个数量级应该是比较容易的，而我们现在正准备让成本降低三个数量级。"

正是由于这些原因，创客运动拥有巨大的潜力可以帮助人类实现富足。廉价的无人驾驶飞机能够把物资运送到孟加拉国（那里的道路被雨水冲毁了），或者博茨瓦纳（那里甚至根本就没有任何道路）。奇点大学创办的 10^{9+} 公司正计划建立一个配备了人工智能技术的无人驾驶飞机网络（AI-enabled network of UAVs），并且将散落于非洲各地的海运集装箱改造成飞机加油站。这个系统建成之后，人们就可以通过智能手机下单，为那些不能被全球当前的运输网络所覆盖的村庄服务了。这也就意味着，现在所有的东西，从农业机械的替换零件到医疗用品，都可以通过这个无人驾驶的四轴飞行器运送到需要的地方去——运输成本每千克一千米不到 6 美分。

还有一个可能的应用是，利用这个低成本的无人驾驶飞机网络系统去完成动物保护工作。例如，要想针对西伯利亚地区制订一项保护老虎的计划，关键在于搞清楚在那里究竟有多少只老虎，但是，那是一个占地面积为 1 900 万平方公里的地方，你又怎么去数呢？在这个时候，自制无人机队可以帮助我们去数。此外，它们还可以帮助我们巡逻雨林地区以阻止非法伐木。还有其他数以百计的以往似乎不可能负担得起的工作，突然之间都变得可以负担得起了。

而且，无人驾驶飞机只是其中的一种技术而已。制造者现在几乎影响到了每一个和富足有关的领域，从农业到机器人技术，再到可再生能源。相信你一定能从中找到鼓舞人心的东西。我们这本书提供的一个关键消息是，每个人都可以承担起一个巨大的挑战。在不到 5 年的时间里，克里斯·安德森从对无人驾驶飞机一无所知到发动了这个领域的一场革命。你也可以从创建一个社区开始，然后做出重大贡献。当然，很可能软件或硬件都不是你所喜爱的选择，那也没关系，还有"湿件"（wetware）呢。正如我们将会在下一节中看到的，一群高中生和大学生已经着手破解生命了。他们启动了"DIY"生物体的时代。

"DIY" 生物

在 21 世纪初的时候，一位名叫德鲁·恩迪（Drew Endy）的生物学家对于创新越来越匮乏的基因工程技术感到非常沮丧。恩迪是在这样的一个世界中长大的：在那里任何人都能够随时从 RadioShack 等电子产品连锁店购买到组装收音机所需的晶体管等半导体零件，然后再把它们组装成可用的自制电子产品。恩迪认为，同样的方法用在 DNA 上也可能管用。在他看来，细胞与计算机并没有什么不同。那时候，许多同时代的基因工程学家也是这么认为的。计算机科学使用的是软件代码 1 与 0，而生物学使用的代码是 A、C、T 和 G；计算机使用的是编译程序与存储注册表，而生物学所使用的是 RNA（核糖核酸）与核糖体；计算机利用外围设备，而生物学利用蛋白质。正如恩迪在接受《纽约时报》采访时所说的那样："生物学是前所未有的最有趣、最强大的技术平台。它早已与复制机器一起接管了整个世界。你可能会想到，自己能够利用 DNA 来编写这些复制机器的程序。"

2002 年，恩迪以研究员的身份来到了麻省理工学院，并且在那里遇到了几个志同道合的人。在接下来的那一年里，恩迪与杰拉德·萨斯曼（Gerald Sussman）、兰迪·雷特伯格（Randy Rettberg），以及汤姆·奈特（Tom Knight）一起，共同创办了国际基因工程机器大赛。这是一个全球性的合成生物竞赛，参赛者全都是高中生和大学生。参赛者的目标是，从可互换的、标准零件（实际上就是具有清晰结构和明确功能的基因序列）开始，构建一个简单的生物系统，然后把它们放到活细胞里面进行操作。这些标准化的"零件"，在技术上被称为"生物积木"。所有生物积木都会被收集到一个资源公开共享的数据库当中，任何一个有好奇心的人都能够访问这个数据库。

国际基因工程机器大赛听起来似乎也没有太多不同寻常之处。但是，自从詹姆斯·沃森（James Watson）与弗朗西斯·克里克（Francis Crick）在 1953 年发现了双螺旋结构之后，生物技术行业就被像基因泰克（Genentech）这样庞大的公司和像人类基因组计划（Human Genome Project）这样的政府计划为代表了。这两者都涉及数十亿美元的资金和数以千计的研究人员，而恩迪和他的朋友们所做的只不过是为少数学生讲授为期一个月的课程。

参加第一次大赛的所有学生被分成了 5 个小组，每个小组都必须设计一种会发出绿色荧光的大肠杆菌。有些小组获得了成功，他们在一个月的时间里将原先毫不起眼的一团团的自制细菌培育成了令人惊叹的荧光棒。之后，还出现了更多成功的案例。到了 2008 年，国际基因工程机器大赛的参赛团队创造出了许多能够在现实世界里应用的基因装置。那一年，来自斯洛文尼亚的一支参赛队伍以免疫积木勇夺桂冠，他们设计了一种可以专门对付幽门螺旋杆菌的疫苗，这种疫苗对大多数溃疡都有奇效。2010 年，英国石油公司在墨西哥湾发生了严重的石油泄漏事故，在那一年的国际基因工程机器大赛中，来自代尔夫特理工大学（Delft University of Technology）的一支冠军参赛队设计出了"alkanivore"，根据他们自己的描述，这是一个"能够在水世界中促进烃类化合物转化的工具包"，或者说得更直白些吧，它就是一只能够吃掉泄漏出来的石油的虫。

比"DIY"生物体这项工作的复杂性更令人难以置信的是国际基因工程机器大赛本身的发展速度。2004 年，国际基因工程机器大赛只收到了 5 支参赛队伍提交的 50 个拥有一定潜力的"生物积木"。两年后，参赛队伍增加到了 32 支，提交的作品（"生物积木"）则有 724 个。而到了 2010 年，参赛队伍已经进一步增加到了 130 支，所提交的"生物积木"也增加到了 1 863 个。这时候，储存在生物积木数据库里面的生物元件已经超过了 5 000 个。正如《纽约时报》上发表的一篇文章所指出的："国际基因工程机器大赛已经引导整整一代世界最聪明的科学头脑去拥抱合成生物学的愿景。而这一切都发生在没有任何一个人真正注意到的情况下。更不用说，针对这种新技术的风险和伦理争议的公共辩论还未展开，相应的法规也还没有出现。"

要想搞清楚这场革命可能会走向何处，不妨让我们来浏览一下《自己动手去拼接》这篇文章，它出自华盛顿大学的合成生物学先驱罗伯·卡尔森（Rob Carlson）之手，发表在著名的《连线》杂志上。在文中，卡尔森号召大家 DIY 各种生物元件：

> 车库生物学的时代已经来临。你想参与吗？那就花一点时间去 eBay 网站为自己买一个分子生物学实验室吧。只要 1 000 美元，你就可以买到一套用来处理液体的精密的微量吸液管，以及用来分析 DNA 的电泳设备。如果你顺便去逛一下像 BestUse 和 LabX 那样的网站（这两个网站都是我所喜爱的）的话，或许它们还会建议你购买刻度量筒和放大 DNA 用的 PCR（聚合酶链反应）热循环器。如果你买不起某个特定的小发明，那么只要再等上 6 个月就行了——因为随着时间的流逝，二手实验器设备和器材供应会越来越完善。你还可以在 DNAHack 网站上找到非常抢手的试剂和实验方案的链接。当然，你永远可以从谷歌那里得到帮助。

当然，媒体非常喜爱这种故事。在卡尔森发出了"战斗"号召、国际基因工程机器大赛大获成功之后，已经有数十篇文章的作者异口同声地声称，下一个安进公司（Amgen）将会出现在某个十几岁青少年的车库里。还有许多文章甚至断言，恐怖分子很快就会在地下室里造出生物臭虫——虽然卡尔森与其他人都认为，情况并没有像许多人所想象的那么糟糕。（在附录中，我们会探讨指数型技术的"危机"。）不管怎样，自制基因的时代确实已经来临了。这些就读于高中的孩子们正在创造一些全新的生命形式。伟大科学的最前沿地带将掌握在这些"DIY"的创新者手中。

社会企业家

如果说"DIY"型创新者正从政府手中接管大型科学研究项目，那么社会企业家所接手的就是政府手中的大型社会计划。社会企业家这个术语本身是由阿育王公司（Ashoka）的创办人以及传奇式的风险投资家比尔·德雷顿（Bill Drayton）创造出来的，它描述的是这样的一些人：他们既拥有务实的、注重实效的商业企业家品质，同时又以推动社会变革为目标。德雷顿的想法在一定程度上超越了他的时代。又过了 10 年，科技进步才迎头赶上；到了 20 世纪 90 年代末，随着新一代信息通信技术的发展，德雷顿的想法变成了一股真正能推动富足的力量。

随着互联网的爆炸式发展，像 DonorsChoose.org、Crowdrise、Facebook 这样的网站也开始着手去做一些过去只有像联合国和世界银行这样的国际机构才能做到的事情。以 Kiva 为例（创立于 2005 年 10 月的网站，名字在斯瓦希里语中有"团结"之义），它允许任何人以点对点的小额贷款方式直接把钱借给发展中国家的小型企业。到了 2009 年初，该网站会员人数已经发展到了 18 亿人（他们大多数是企业家），每个星期，这些会员都能获得大约 100 万美元的贷款。截至 2011 年 2 月，Kiva 每过 17 秒就会贷出一笔款项，累计贷出的款项超过了 9.77 亿美元。虽然 Kiva 贷款的利率为零，但是，它的还款率却超过了 98%——这就意味着，它不仅改变了人们的生活，而且正如《时代周刊》杂志在 2009 年所指出的："你的钱投资于世界各地的穷人身上，比投资于你的 401K 计划[①]上更安全。"

Kiva 仅仅只是其中一个例子而已。我们已经看到，在过去的 10 年里，这个运动取得了长足的发展。到了 2007 年，全世界的第三部门共雇用了大约 4 000 万人，并拥有两亿名志愿者。到了 2009 年，根据公益实验室（这是一个非营利性机构组织，专门为目标导向的企业进行认证）的统计，单单在美国就已经有了 30 000 名社会企业家，他们的企业每年的总营业收入高达 400 亿美元。同年晚些时候，JP 摩根和洛克菲勒基金会（Rockefeller Foundation）在分析了影响力投资的潜力后，估计社会企业家拥有的投资机会在 4 000 亿 ~10 000 亿美元之间，而其潜在利润则介于 1 830 亿 ~6 670 亿美元之间。

---

① 401K 计划始于 20 世纪 80 年代初，是一种由雇员、雇主共同缴费建立起来的完全基金式的养老保险制度，主要适用于私人营利性公司。401K 计划的名称源于美国 1978 年《国内税收法案》新增的第 401 条 K 项条款，该法案于 1979 年成为正式法律，1981 年又追加了实施规则。401K 计划在 20 世纪 90 年代获得了迅速发展，逐渐取代了传统的社会保障计划，成了美国诸多雇主首选的社会保障计划。——译者注

总之，上述例子都说明，这种力量已经产生了一些非常实际的结果。开创公司（KickStart）是由马丁·费舍尔（Martin Fisher）和尼克·穆恩（Nick Moon）于1991年7月共同创办的，它的成功证明：只要两个人精诚合作，就可以带来巨大和可度量的显著影响。他们创办这个公司的目的是希望把一些技术工具带给数以百万计的人们，让他们脱离贫困。这个非营利性的组织已经开发出了许多技术设备，从低成本的灌溉系统到廉价的榨油机器，再到价格实惠的住宅用砖瓦制造设备等，无所不包。这些技术后来都被非洲的企业家买下了，他们利用这些技术创立了高盈利性的小型企业。在2010年，受到开创公司支持的全部企业为肯尼亚贡献了0.6%的国内生产总值，为坦桑尼亚贡献了0.25%的国内生产总值。

还有更大的一个例子，那就是企业社区合作伙伴基金会（Enterprise Community Partners），它被《快公司》杂志（Fast Company）称为"你从来没有听到过的但却最有影响力的组织之一"。这个组织的成员既有以盈利为目的的社会企业家，也有不以盈利为目的的社会企业家，它专门为穷人提供负担得起的房屋抵押贷款资助。在过去的25年里，它已经帮助振兴了一些美国最贫困的社区，包括布朗克斯区的阿帕奇要塞（Fort Apache）和旧金山的田德隆区（Tenderloin）。但是它最大的成功之处在于：创造了一个低收入者的住房信贷，发放的信贷资金大约占到了全美廉租房租金的90%。现在，许多人认为，社会企业家将成为大型的政府社会计划的终结者，其中很重要的一个原因就是，20多年来，单单从上述信贷规模来看，社会企业家在帮助穷人获得可负担的住房这方面的表现就已经远远超越了美国住房与城市发展部（Department of Housing and Urban Development，简称HUD）了，而这本来是后者的核心职责。

不过，以上所述只是"DIY"创新者着手解决的无数巨大挑战中的几个而已。目前，他们的影响已经渗透到了富足金字塔每个层次的每个方面。但是，在叙述余下的故事之前，让我们先把注意力转向实现富足的另一种力量：科技慈善家。

08

科技慈善家

洛克菲勒等行业巨头，尽管被人们称为"强盗资本家"，但正是他们重写了慈善事业的规则。比尔·盖茨和马克·扎克伯格这些在技术上获得巨大成功的新一代企业家，更是实现富足的重要力量。他们年轻并富有理想，是新生代的慈善家——科技慈善家。

THE FUTURE
IS BETTER THAN
YOU THINK

ABUNDANCE

"强盗资本家"

2011 年 4 月 16 日清晨，暖春的气息令人心醉，X 大奖基金会一年一度的"透视未来"大会如期举行。在我们看来，这是一次完美的头脑风暴，它将激励人们参与解决世界性的巨大挑战的竞赛。为了帮助我们更好地理清思路，我们邀请了一些优秀的企业家、慈善家和企业高管，与他们一起度过了一个愉快的周末。对这次会议的一个最佳定位是，它是一个混合体，介于小型的 TED 大会与狂欢节之间。

X 大奖基金会这一年度的"透视未来"大会由福克斯电影娱乐公司（Fox Filmed Entertainment）董事长吉姆·吉亚诺普罗斯（Jim Gianopulos）主持，地点则放在了该公司的洛杉矶工作室。唯一能够容纳下所有与会者的场所只有他们的食堂了。食堂的墙壁早就被刷成了白色，装饰着各种各样的电影海报和照片，上面满是人们熟悉的电影人物和电影明星，从加里·格兰特（Cary Grant）到卢克·天行者（Luke Skywalker）都有。但是来参加这次会议的却都是一些与众不同的人，他们很少有人会对墙上这些装饰品投入过多的关注，而且整个会议自始至终也没有什么人过多地谈论有关票房收益率或收视率的问题。相反，他们倒是讨论了其他一些与电影业看上去风马牛不相及的问题，例如怎样培养非洲的企业家、改进医疗保健技术、使电池容量增加一个数量级等。

多年来，我有幸主持了许多类似的会议，遇到过许多类似的人，能够使他们聚拢到一起来的，也正是我今天要跟大家说的以下这些东西：极度的乐观、宽广的视野、大无畏的精神。

这些也许正是我们所期待的。他们都是数字时代的船长，遨游于超链接代码（HTML code）的海洋中，他们利用 PayPal 彻底颠覆了银行，他们利用谷歌做广告，利用 eBay 做贸易。他们都耳闻目睹过，当指数型技术和多种合作工具结合起来之后，是如何使各行各业发生了翻天覆地的变化，并极大地改善了人们的生活的。现在，他们都相信，使他们在技术上获得巨大成功的这些高效率的思维方式和商业模式同样也能在慈善事业上给他们带来成功。总之，这些人构成了实现富足的一股非常重要的力量。他们是新生代的慈善家——科技慈善家。他们年轻、富有理想，他们是心怀世界的 iPad 一族，他们正在以一种前所未有的方式关心地球。

这些新生代慈善家来自哪里，怎么才能把他们辨识出来，他们为什么会构成实现富足的一股强大力量，这些就是我们本章要讨论的主题。不过，在我们着手讨论这些主题之前，不妨先来看一下这一代科技慈善家得以诞生的历史情境。从历史上看，以个人行动为基础而不再以公共部门为基础的慈善事业大规模地发展起来，还是最近才发生的事情。回到大约 600 年前，财富都集中于皇室成员手中，他们唯一的目的就是为家族积聚财富。在文艺复兴时期，慈善关怀的范围得到了扩大，欧洲的商人试图减轻像伦敦这样的大型贸易城市内的贫困现象。两个世纪之前，金融行业的一些从业者开始介入了慈善事业。但是，真正重写慈善事业规则的却是一些产业巨头。有意思的是，这些产业巨头传统上通常也被称为"强盗资本家"。

这些"强盗资本家"具有极其强大的推动社会变革的力量，在不到 70 年的时间里，他们就把美国从一个农业国家变成了一个工业强国。约翰·洛克菲勒（John D. Rockefeller）缔造了一个石油王国，类似地，安德鲁·卡内基（Andrew Carnegie）之于钢铁行业、科尼利厄斯·范德比尔特之于铁路运输业、詹姆斯·杜克（James B. Duke）之于烟草业、理查德·西尔斯（Richard Sears）之于邮购零售业、亨利·福特之于汽车业……这样的人名还可以再列出好几十个。然而，尽管大家都高度关注这些"强盗资本家"的贪婪，但是，当代历史学家都一致公认：正是这些镀金时代的大资本家建构了现代慈善事业。

当然，对于"强盗资本家"们所做过的大部分事情，学者们总是争论不休，这当然也包括对他们慈善行为的本质的分歧。不久前，《商业周刊》报道："约翰·洛克菲勒成了一位主要的捐赠者——但是那只是在公共关系专家艾薇·李（Ivy Lee）告诉他，捐款可以帮助挽救本来已经严重受损的洛克菲勒家庭的形象之后。"而约翰·洛克菲勒的玄孙贾斯汀·洛克菲勒（Justin Rockefeller，他也是一位企业家和政治活动家）却不同意这个说法，他说："老约翰·洛克菲勒是一个虔诚的浸信会基督徒，他从拿第一份报酬始就开始把其中的1/10捐献出去了，他一直保持着一丝不苟地记录自己财务支出的习惯。他第一次开始经营业务是在1855年，那年他的个人收入为95美元，他把其中的10%捐献给了教会。"不管怎样，这9.5美元的捐献只是一个开始。在1910年，洛克菲勒捐出了价值5 000万美元的标准石油公司的股票，以他的名字命名创建了一个基金会。到1937年他逝世的时候，他已经捐出了一半财产。

卡内基也是一位慈善家——甚至可能比洛克菲勒还要更伟大。而且更重要的是，卡内基堪称是今天的科技慈善家的鼻祖。当沃伦·巴菲特试图激发比尔·盖茨的慈善之心时，他做的第一件事是，赠送给比尔·盖茨一本卡内基撰写的《财富的福音》（The Gospel of Wealth）。这本书试图回答一个微妙的问题：作为文明基础的那些法则已经使财富集中到了少数人的手中，既然如此，那么管理财富的适当方式是什么呢？

卡内基认为，一个人的财富必须用于回报社会，让世界变得更美好，而要做到这一点，最好的方法并不是把钱留给自己的孩子，也不是把财产遗赠给国家公共部门。卡内基特别热衷的一件事情是，告诉别人应该如何帮助他人。因此，他的主要贡献是建造了2 500个公共图书馆。然而，《财富的福音》

这本书在卡内基时代并不流行，虽然现代的科技慈善家都赞同他的许多人生哲理。不过正如我们很快就会看到的，使得今天这一代慈善家区别于上一代慈善家的，恰恰在于这两代慈善家在应该由谁去帮助他人、应该如何帮助他人这两个问题上迥然不同的看法。

放眼世界的新一代慈善家

1892 年，《纽约先驱论坛报》做了一个尝试：把在美国的每一位百万富翁的身份都确定下来，最后，该报成功地列出了 4 047 个人的名字。令人震惊的是，在这 4 047 位百万富翁中，31% 的人都居住在纽约。而且更重要的是，当这些百万富翁想回馈社会时，几乎都选择为自己的家乡效力。在纽约，差不多所有的博物馆、美术馆、音乐厅、交响乐团、剧院、大学、中学、慈善机构、社区组织或教育机构，在创建之初都得到了这些富翁们的资助。

富翁们在进行慈善活动时表现出来的这种地域偏好是可以预料到的，因为在当时，这些"强盗资本家"都是在一个区域性的、线性的世界里工作和生活的。非洲的贫困问题、印度的文盲问题，与他们的日常生活和经营活动并没有什么直接的联系，也并不是他们迫切需要解决的问题，因此，这些工业大亨们只把钱留给他们自己的"街坊邻居"是无可厚非的。即使如卡内基这样有放眼全天下的宽阔胸怀的人，也有这种倾向，因为他只在英语世界里建造图书馆。

这种地方性思维方式并非西方的富豪们所独有，在此不妨以奥斯曼·阿里·可汗（Osman Ali Khan）为例。奥斯曼·阿里·可汗人称阿萨夫·贾赫七世（Asaf Jah VII），他是海德拉巴和贝拉尔的最后一位尼扎姆（统治者），1911—1948 年间在位，他所统治的地区后来并入了印度。1937 年，阿里·可汗被《时代周刊》宣布为世界上最富有的人。他有 7 个妻子，42 个嫔妃，40 个孩子，资产净值达到了 2 100 亿美元（以 2007 年的美元币值计算）。在他统治的 37 年时间里，他把大量财富都花在自己的子民身上，他建造了无数学校、

125

发电厂、铁路、公路、医院、图书馆、博物馆，他甚至还建了一个天文台。但是尽管阿里·可汗慷慨大度，捐赠极多，不过他的所有捐赠都集中于海德拉巴与贝拉尔地区。在那个时代，就像美国的"强盗资本家"们一样，世界上所有富人的钱袋只为他们的家乡打开。

但是，在过去的几十年里，这种情况有了很大的改变。eBay 网站的第一任总裁杰夫·斯科尔（Jeff Skoll）后来由媒体大亨变成了科技慈善家，他说："今天的科技慈善家完全是另外一种人。工业革命只为当地做贡献，而高科技革命则兼顾了全世界。我们现在的思维方式已经完全不同了，因为我们这个世界已经在更高的程度上实现了全球相互连接。在过去，在非洲和中国发生的事情，你可能完全无从得知；然而在今天，你第一时间就能知道得清清楚楚。世界各地的人们面对的问题也是相互关联的。在世界不同地方发生的每一件事情，从气候变化到流行病，都会影响到世界上的每一个人。从这个角度来看，任何全球性的事件和问题也都是'地方性'的。"

1998 年，斯科尔出售了 eBay，套现了 20 亿美元，自此之后，他就开始了全球慈善事业。为了追求"一个和平、繁荣、可持续的世界的愿景"，他还创建了一个基金会——斯科尔基金会。斯科尔基金会试图通过投资创办社会企业来在全世界范围内推动大规模的变革。在斯科尔看来，社会企业家就是"变革代理人"。在发表于《赫芬顿邮报》的一篇文章中，斯科尔进一步解释了他的这个理念，他是这样说的：

> 无论是非洲的疾病和饥饿问题，还是中东的贫困问题，抑或是困扰着发展中国家的教育资源严重匮乏之问题，这些对我们来说其实都不再是新闻了。但是我认为，社会企业家是有某种"遗传缺陷"的——在某种意义上，他们身上是不存在"不可能"这种"基因"的。除非他们真的改变了世界，否则社会企业家们不会感到满足。他们也不会让任何东西阻碍他们前进的脚步。慈善机构给人们的只是食物，但是社会企业家并不仅仅满足于教会人们如何种植粮食——除非他们教会了农民如何种植粮食、如何赚钱，如果把赚得的钱回投于他们所经营的业务，然后另外再聘请 10 个人，他们是不会感到幸

福的。而正是在这样做的过程中，他们改变了整个行业。

在创立后的最初 10 年里，斯科尔基金会就对 5 大洲的 81 个社会企业家发放了超过 2.5 亿美元的资助金。反过来，这些社会企业家则把他们的善意传播到了更广泛的领域。斯科尔说："一个典型的例子是穆罕默德·尤努斯（Muhammad Yunus）的贡献。穆罕默德·尤努斯利用他所创办的格莱珉乡村银行（Grameen Bank），在世界各地帮助 1 亿多人摆脱了贫困；又如安·科顿（Ann Cotton），通过她所开办的一个名为'女性教育倡议组织'（Camfed）的非营利性机构，她使 25 万非洲女孩得到了受教育的机会。还有聪明人基金会（Acumen Fund）的总裁杰奎琳·诺沃格拉茨（Jacqueline Novagratz），也影响了数百万非洲与亚洲人的生活。"

然而，支持社会企业家只不过是今天科技慈善家所从事的慈善事业的新方向的一个例子而已。向各三重底线（triple-bottom-line）[①]企业投资则是他们从事新"慈善"事业的另一种形式。以洛克菲勒基金会为后盾的聪明人基金会就是这样做的。聪明人基金会是一个以盈利为目的的公司，但是，它会把经营所得的利润投资于那些为发展中国家制造急需的产品和服务的业务上——老花镜或者近视眼镜、助听器、蚊帐，并且以非常低廉的价格出售给发展中国家的消费者。还有一个是 eBay 创始人皮埃尔·奥米迪亚所创办的奥米迪亚网络公司，该公司也是一个营利性的公司，但是它又把所赚得的钱投资到了一些对于"个人的自我完善"非常重要的领域中去，诸如小额贷款项目、促使提高透明度的项目，还有各种社会企业。对此，奥米迪亚网络公司纽约办事处负责人马修·比索普（Matthew Bishop）在《慈善资本主义：富人如何拯救世界》（Philanthrocapitalism: How the Rich Can Save the World）一书中写道："如果他们（这些科技慈善家）能够利用他们的捐款开创出一条既有盈利前景，又能

---

① "三重底线"是国际可持续发展权威、英国学者约翰·埃尔金顿（John Elkington）于 1997 年提出的一个概念。他认为一个企业要想持续发展、永远立于不败之地，就必须始终坚持三重底线原则，即企业盈利、社会责任、环境责任三者的统一。——译者注

解决社会问题的新路，那么就能更快地吸引到更多的资本，并且能迅速地产生更大的影响——与以往那种完全以捐款为基础的解决问题的方法相比。"

因此，科技慈善家决定对营利性机构与非营利性机构之间的界线予以模糊化处理，而且与此同时，他们还试图重新定义慈善。在同一本书中，马修还写道："这些新型慈善家认为，他们正在改进慈善事业，他们使得古老的慈善事业在面对这个不断变化着的世界时，能够更高效地解决一系列新问题。坦率地说，慈善事业确实需要改进——在过去的几个世纪里，很多慈善事业都毫无效率。他们认为，他们会比前辈做得更好。今天的新型慈善家正在试图把他们成功赚钱的秘诀应用到慈善事业中去。"

最近一段时间以来，"影响力投资"或者"三重底线投资"的观念开始变得深入人心了。根据这种理论，投资者最愿意支持的是那些有利可图并且能够满足可衡量的社会或环境目标的商业活动。这些业务活动常常能让投资者实现比传统的慈善事业更进一步的目标，因此这种业务活动正在不断地增长。根据战略咨询公司摩立特集团（Monitor Group）的报告，在2009年的时候，影响力投资已经达到了500亿美元。他们预测，这种投资在10年内有望达到5 000亿美元。

新型慈善的另外一个秘诀是关注具体落实、强调亲力亲为。西雅图社会风险投资伙伴公司（Social Ventures Partners Seattle）的执行董事保罗·休梅克（Paul Shoemaker）说："慈善不再是'我开出了一张支票，我的任务就完成了'，现在，慈善事业是'我开出一张支票，但这只是一个开始'。"一旦开始了慈善事业，这些科技慈善家们带来的不仅仅是体现在报表上的那些财务资本，他们所做的要比这个多得多，他们还同时带来了人力资本。"他们带来了网络、企业人脉以及与更高层人士会晤的机会，"休梅克说，"当盖茨决定为疫苗而奋斗的时候，他建立了一个团队，并且带领这个团队与世界各地的领导人以及世界卫生组织会面。大多数组织都无法做到这一点，但是盖茨却能办到，这是一个巨大的差异。"

在新型慈善家与老一辈慈善家之间还有最后一个区别，而且这也许是影响最大的一个区别了。大多数"强盗资本家"都是在他们踏入中年之后才变得慷慨大度起来的，而许多科技慈善家在 35 岁之前就已经是亿万富翁了，而且也恰是在那之后他们就开始从事慈善事业了。正如斯科尔所说："传统的慈善家通常以老年人居多。对于他们的财富、他们的退休计划，都安排好了，他们是在自己的生命接近尾声的时候放弃财富的。因此他们对慈善事业没什么野心，他们更愿意为建造一座歌剧院写一张支票，而不是走出家门亲自去解决疟疾、艾滋病或其他全球性的问题。与老一辈慈善家不同，在今天，许多科技慈善家都是在非常年轻的时候就建立了全球性的业务，他们精力过人、充满自信、勇于冒险、大胆无畏，他们想解决一些全球性的重要问题——例如核扩散、流行病或水资源等问题。他们都认为，在他们的一生中，他们真的能够改变一些东西。"

所有这些差异结合到一起，就使得这些科技慈善家变成了一些"超级特工"——波士顿学院财富和慈善事业中心（Boston College Center on Wealth and Philanthropy）的保罗·舍维什（Paul Schervish）如是说。正如马修·比索普所解释的，这些"超级特工"完全"有能力去做一些重要的事情，而且他们远远比任何其他人都做得更好，他们不必像政治家那样，每隔几年就不得不应付各种各样的选举活动；他们也不必像大多数上市公司的总裁们那样，承受着苛刻的股东们不断要求增长利润的压力；他们也不必像许多非政府组织的头脑们那样，投入大量的时间和金钱去赚钱。他们已经从中彻底地解放了出来，可以做出长远的计划，违背传统的观念，可以拥有一些对政府来说都是极冒险的想法。如果情况允许，他们很快就能投入大量的资源——首先，他们敢于尝试任何新的东西。然而，这里最大的问题在于，他们真的能够把他们的潜力全都发挥出来吗"？

正如我们在接下来几个章节中所能看到的，对于马修的这个问题，我们会用越来越多的响亮的"是"来回答。

更多的慈善家，更多的善款

纳文·贾恩（Naveen Jain）在印度的北方邦长大，他是一名公务员的儿子。在年纪还很小的时候，纳文·贾恩就已经是一名具有创业精神的学生了。对于自己的成功，他是这样解释的："当你非常贫穷的时候，你担忧的是基本的生存问题，除了成为一名企业家，你别无选择。你必须为你的生存而采取行动，正如一名企业家必须采取行动去抓住机遇一样。"贾恩的行动和机遇最终让他走进了微软公司，与它一道成长，后来他又通过自己创立的 InfoSpace 公司和 Intelius 公司，登上了《福布斯》富豪榜 500 强。贾恩还说：

> 我的父、母亲不断地把教育的重要性的理念灌输给我，这是一份他们自己永远也未曾得到过的礼物。我清楚地记得，小时候，每天早上的第一件事情是，我的母亲出题考我一些数学问题，她总是告诉我："别想让我为你解决这个问题。"当时，我根本不知道她自己其实无法解决那些问题，因为她在学校里从来没有学过数学。今天，我们可以利用人工智能、视频游戏与智能电话等各种各样的技术，去测试世界上的每个孩子，并保证他们能够获得最有效的教育。

贾恩接受我们的邀请，担任 X 大奖基金会教育与全球发展咨询小组的联合主席。现在他把他的财富集中用于对各种各样旨在改善发展中国家的教育和健康卫生事业的竞赛激励上。"技术使我拥有了现在用于慈善事业的资本，"他说，"我现在决定利用这些资金来推动根除世界各地的文盲现象和疾病，我想不出还有其他比这更好地利用这些资源的方法了。而且，真正令人吃惊的是，到了今天，我们确实可以利用各种工具实现这一点了。"

贾恩并不是唯一一个有这种感觉的人。2010 年瑞士信贷银行发布的《全球财富报告》（*Global Wealth Report*）估计，全世界的亿万富翁已经超过了 1 000 位，其中大概有 500 位在北美洲，245 位在亚太地区，230 位在欧洲。金融专业人士则指出，真正的数字可能还要高两倍——因为许多人选择向公众隐瞒他们的财富。如果沿着财富阶梯再往下走一步，那么更大的一个群体就是那些被称为"超级富豪"的人了，这个群体的界线比较宽泛，包括了所有 3 000 万美元到几百亿美元流动资产的个人。2009 年，全世界"超级富豪"的人数总共超过了 93 000 位。不仅是这些"超级富有"的人数比以往任何时候都要多，而且这些富人的慷慨大度也是前所未有的。

早在 2000 年的时候，就有人在《纽约时报》上撰文宣称："互联网富豪正在大把大把地撒钱，以他们特有的方式撒钱。"到了 2004 年，美国的慈善捐赠总额已经增加到了 2 485 亿美元，超过了历史最高纪录。两年后，这个纪录再次被刷新，达到了 2 950 亿美元。2007 年，美国全国广播公司财经频道（CNBC）把我们这个时代称为"一个新的慈善事业的黄金时代"。捐赠基金会发布的一份报告称，在过去的 10 年里，新成立的基金会增加了 77%，新成立的机构组织则超过了 30 000 家。当然，由于经济不景气，近年来这个数字有所下降了：2008 年下降了 2%；2009 年下降了 3.6%；2010 年下降到了 10 年来的最低位，但是，也就是在这一年，比尔和梅琳达·盖茨基金会投入了 100 亿美元用于研究疫苗，这是有史以来慈善基金会用于单一目标的最大投入。

同样地，也是在 2010 年，比尔·盖茨和沃伦·巴菲特这两位全世界最富有的人宣布了"捐赠誓言"，他们倡议美国的亿万富豪在他们有生之年或者死后把他们的一半财产捐献给慈善事业或慈善机构。乔治·索罗斯（George Soros）、特德·特纳（Ted Turner）、大卫·洛克菲勒（David Rockefeller）几乎立即就加入了签名。斯科尔也属于较早加入宣誓人群的一员，皮埃尔·奥米迪亚也是。甲骨文公司的联合创始人拉里·埃里森（Larry Ellison）、微软公司的联合创始人保罗·艾伦（Paul Allen）、美国在线（AOL）的创始人史蒂夫·凯斯（Steve Case）、Facebook 的联合创始人马克·扎克伯格与达斯汀·莫斯科维茨（Dustin Moskovitz）也都签了名。截止到 2011 年 7 月，签名人数总计上升到了 69 位，而且一直都不断地有人加入。

科技慈善家是实现富足的一个重要力量，这已经不再是一个需要证明的问题了。他们已经影响到了金字塔的各个层面，包括那些以往很难达到的层面。苏丹的电信大亨莫·易卜拉欣（Mo Ibrahim）也在最近设立了易卜拉欣非洲领袖成就奖（Ibrahim Prize for Achievement in African Leadership）：任何一位非洲领导人只要在宪法规定的期限内任职期满并且自愿离任，都可以获此大奖——奖金总额为 500 万美元（而且获得大奖的领导人在有生之年，每年都可以再获得 20 万美元的额外奖励）。

但是，最好的消息是，大部分科技慈善家都还非常年轻，因此他们的"征程"才刚刚开始。"一些最聪明的人士已经看到了，接下来他们应该将自己的精力集中到那些领域上去，"PayPal 的联合创始人埃隆·马斯克说，"他们正在被人类所面临的最重大的那些问题所吸引，特别是在教育、医疗保健和可持续能源等领域。我认为他们很有可能会解决这些领域当中的许多问题，而且在这个过程中，他们会创造出许多新的技术、新的公司和新的工作机会，最终这一切都将会给地球上数十亿人带来繁荣富足的生活。我这种说法没有任何骄矜自夸的成分在内。"

09

崛起中的 10 亿人

全世界生活在社会底层的最穷的人有 10 亿，每天的生活费不足两美元。但是近年来，这些人已经发展成了一个非常有利可图的经济市场。伦敦的咖啡馆，曾是人们交流信息的重要场所。今天，借助于移动互联网，崛起中的 10 亿人第一次拥有了非凡的力量，他们可以自己去识别、制定和实施富足的解决方案。

THE FUTURE

IS BETTER THAN

YOU THINK

ABUNDANCE

全世界最大的市场

斯图尔特·哈特（Stuart Hart）是在 1985 年第一次遇见哥印拜陀·克利修那·普拉哈拉德（Coimbatore Krishnarao Prahalad）[①] 的。后者就是人们所熟知的 C. K. 普拉哈拉德，当时早就名满天下了。当时，哈特只是一个新科博士，刚刚被密歇根大学聘用；而普拉哈拉德是密歇根大学罗斯商学院的大牌教授。事实上，普拉哈拉德几乎每天都在缔造传奇。他提出的关于"核心竞争力"与"共同创造"的理念在管理界引发了一场革命。他于 1994 年与加里·哈默尔（Gary Hamel）合著的《竞争大未来》（*Competing for the Future*）一书，也很快成为一本经典名著。此外，在咨询工作方面，普拉哈拉德也向来以其"非正统"的做法而闻名，他完成了许多别人不可能完成的任务：他说服了很多跨国公司，让它们明白，灵活机动与合作要比墨守成规与防御更好。

在接下来的几年里，哈特和普拉哈拉德对彼此的了解慢慢地加深了。他们一起教课，成了一对非常亲密的好朋友。在 20 世纪 80 年代末，当哈特的大部分学术界同事都劝说他，应该集中关注商业领域，放弃对环境保护领域的兴趣时，普拉哈拉德是少数几个鼓励他坚持自己的激情的人之一。"实际上，"哈

---

① 核心竞争力理论的创始人之一，国际上公认的公司战略和跨国公司管理领域的专家。——编者注

特说，"如果不是普拉哈拉德，我永远不会明确地做出这个决定（这个决定是在 1990 年做出的）即决定把自己剩下的职业生涯奉献给可持续发展事业。这是我这一生中做出的最好的一个决定。"

不过，这两个人在密歇根大学期间从未在真正意义上进行过合作研究。而且不久之后，哈特又离开了密歇根大学，前往北卡罗来纳大学创办了可持续发展企业研究中心。现在他又成了康奈尔大学可持续发展全球企业中心的主任。1997 年，哈特撰写了一篇具有划时代意义的开创性论文——《超越绿色：世界可持续发展战略》（*Beyond Greening: Strategies for a Sustainable World*），这篇论文的发表是可持续发展运动正式启动的标志。这篇文章在《哈佛商业评论》发表之后，引发了一系列需要进一步加以深入研究的问题。事实上，正是这些问题极大地激发了普拉哈拉德的兴趣。于是到了第二年，他们两人终于开始携手合作，一起来回答这些问题。

合作的结果是另外一篇论文的诞生。这篇论文的篇幅虽然只有短短的 16 页，但是它注定是要改变整个世界的——当然，正如哈特所指出的，这一切并不是发生在一夜之间的："在发表这篇论文之前，我们已经花了整整 4 年的时间。我们对这篇论文逐字逐句地修改了 10 多遍，最后才在 2002 年以《穷人的商机》（*The Fortune at the Bottom of the Pyramid*）[①] 为名发表在《策略 + 商业》杂志（*Strategy + Business*）上。这篇论文一经发表就取得了巨大的成功，并且催生出了一个全新的领域：金字塔底层行业（BoP business）。对我来说，这个经历彻底地改变了我的人生；不过对普拉哈拉德来说，这却不过是平平常常的另外一个工作日而已。"

他们在这篇文章中提出了一个非常简明的观点：生活在社会最底层、生活贫苦的人有 40 亿之多（他们当中就包括所谓的底部 10 亿人），这些人已经在最近发展成了一个非常有利可图的经济市场。他们断言，这个金字塔底层

---

① 本书中文简体字版已由湛庐文化策划，中国人民大学出版社出版。——编者注

是一个不可以等闲视之的市场，他们认定这个市场非同小可，具有巨大的潜力。虽然这个金字塔底层的主要消费者每天的生活费不足两美元，但是如果把这每天两美元的购买力集中起来，那么这个市场将潜力无限，非常有利可图。当然，这个截然不同的商业环境需要一种完全不一样的策略。哈特和普拉哈拉德认为，只要参与这个市场的那些公司能够适应这个不同寻常的行业，那么市场机会将是无限的。

他们的这种说法是有现实证据支持的。一项针对十几家大名鼎鼎的企业进行的调查结果表明，这些企业在经营金字塔底层市场时，都采取了与经营它们之前所熟悉的领域不一样的经营策略，并且都获得了巨大的成功。例如，世界第五大牛仔裤生产企业阿尔温德·米尔斯公司（Arvind Mills）在印度的经验就非常有意义。这家公司生产的牛仔裤的价格为每条 40~60 美元不等，这个价格显然太高了，印度的普通民众根本无法承受，因此，该公司的分销系统完全无法渗透到农村市场。"因此阿尔温德·米尔斯公司推出了'Ruf & Tuf'品牌，"哈特和普拉哈拉德在《金字塔底层的财富》一书中写道，"在一开始，这种产品其实是一个方便的材料包，里面包括了制作牛仔裤所需要的整套材料——牛仔布、拉链、铆钉，还有一小块碎布，它的价格大约为 6 美元。阿尔温德·米尔斯公司把这种材料包放在数以千计的当地裁缝店内出售，在印度广大的小城镇和农村地区都有这种裁缝店。裁缝们从自己的利益出发，积极推销这种材料包。到了现在，'Ruf & Tuf'牌牛仔裤已经成了印度销量最大的牛仔裤了，在与李维斯（Levi's）以及来自美国和欧洲的其他品牌的牛仔裤的竞争中，它轻松地获得了胜利。"

2004 年，普拉哈拉德在《金字塔底层的财富》一书中进一步扩展了上述思想。该书一开篇，就是一个坚定的关于目标的声明："如果我们不再把穷人看成受害者、不再把穷人看成负担，而把他们看做是一些富有活力的、有创造力的企业家和有价值意识的消费者，那么打开一个全新的世界的机会就会展现在我们面前。"紧接着，普拉哈拉德又以更坚定的语气，给出了一个关于可行性的声明："金字塔底层市场的潜力极其巨大，那儿缺医少药的人口达到了 40 亿~50 亿，购买力平价超过了 13 万亿美元。"虽然普拉哈拉德在书中展现了 12 个经营金字塔底层业务的成功案例，但是，这本书最大的卖点并不在于金字塔底层行业在财务上的可行性，而在于它的社会性——它致力于探索适合于金字塔底层市场的各种合作方法，这是一种强调可持续发展、帮助穷人摆脱贫困的努力。

最佳的一个例子是电信公司格莱珉通信公司（Grameenphone）。虽然这个公司于 1997 年才在孟加拉国成立，但是截止到 2011 年 2 月，它已经在孟加拉国拥有了 3 000 万用户。在它的发展过程中，格莱珉通信公司投入了 16 亿美元用于建设电信网络基础设施——这也就意味着，它将在孟加拉国赚得的钱又全部用在了孟加拉国，即"取之于孟加拉国，用之于孟加拉国"。不过，这个公司的发展所带来的更大影响在于，它减少了贫困。伦敦商业与金融学院的经济学家指出，在发展中国家，每百人增加 10 部手机，就能使 GDP 增加 0.6 个百分点。

对此，尼古拉斯·沙利文（Nicholas Sullivan）在他那本讨论小额贷款与移动电话的著作《现在请听我说：小额贷款与移动电话是如何把世界上的穷人纳入到全球经济网络当中去的》（*You Can Hear Me Now: How Microloans and Cell Phones Are Connecting the World's Poor to the Global Economy*）中解释道，这一结果的真正意义在于："从联合国公布的减少贫困的数字来推断（GDP 增长 1 个百分点，就能使贫困率减少两个百分点），如果 GDP 增加 0.6 个百分点，那么大致上可使贫困率减少 1.2 个百分点。鉴于全球有 40 亿贫困人口，如果在每百人当中增加 10 部新手机，那么，借用穆罕默德·尤努斯的话说就是，将会有 4 800 万人脱离贫困。"

有批评者指出，这种方法带给我们的好处仅此而已，因而也是有限的；但是他们并没有认识到，实际上只是这些好处就已经相当可观了。从根本上看，哈特和普拉哈拉德有关金字塔底层的观点可以说是一个商业化的观点：充分利用现有的货物与服务，并且让这些货物与服务变得超级便宜，然后再把它们大规模地销售出去。但是，这一思路还有两个附加的特点：第一，打开这些市场所需要的方法是建立在与金字塔底层的消费者共同开发产品的基础上的；第二，必须把这些产品与服务商品化，这些产品与服务——肥皂、服装、用于建筑房屋的建材、太阳能、显微镜、假肢、心脏手术、眼科手术、新生婴儿护理、手机、银行账户、水泵、灌溉系统以及所有其他你说得出来的东西，看上去似乎只是一个随意的排列，但是它们恰恰就是这些位于最底层的人往富足金字塔的更高层爬升时最需要的东西。

当联合利华（Unilever）的子公司印度斯坦联合利华公司（Hindustan Unilever）在印度的金字塔底层市场开展一个以卫生保健为基础的市场营销活动时，它的目标就是销售出更多的肥皂（由于这个活动，该公司的销售额增加了20%）。但是我们的目的却与他们完全不同，我们更加关注如下这个事实：两亿多患了腹泻疾病的人（在印度，腹泻疾病每年都会夺走66万个人的生命）仅仅通过简简单单的洗手就使自己的健康得到了保护。洗手的好处很快就会凸显出来，给人们带来重大的激励，因为通过洗手人们的身体更健康了，这也就等于增加了人们的收入（生病的天数减少了，就可以有更多时间去工作了）；孩子们也可以待在学校里安安心心地学习了，从而形成了一个自我强化的良性循环。

而且，得到好处的并不仅仅局限于消费者。正如哈特在他于1995年所写的一本名为《十字路口的资本主义》（*Capitalism at a Crossroads*）一书中所解释的："对于以高收入者群体为目标顾客的商业模式来说，如果想降低成本，很难做到不影响产品的质量和产品的完整性。"而要想在金字塔底层市场的竞争中胜出，则必须掀起新一波的颠覆性的技术创新浪潮。我们不妨以本田摩托车为例来说明这个问题。在20世纪50年代，本田公司开始制造一种驾驶非常简便、价格非常低廉的电动自行车，主要销售目标是日本国内相当贫困的一些城市居民。但是，到了20世纪60年代，当这种电动自行车打进美国市场的时候，却吸引了一大批美国顾客，这个顾客群体主要由那些买不起哈雷－戴维森（Harley-Davidson）摩托车的人组成。对此，哈特解释道："本田在贫穷的日本建立起来的基础为它带来了巨大的竞争优势，从而击败了美国的摩托车制造商。因为本田的电动自行车能够以非常低的价格出售，而对于那些在位的行业领导者来说，这样的价格是完全无利可图的。"

巨型跨国公司塔塔实业（Tata Industries）的总裁拉丹·塔塔在汽车行业取得的成功也是一个很好的例子。2008 年，他领导开发了"纳诺"（Nano）牌小汽车——这是世界上第一种每辆仅售 2 500 美元的汽车。对此，2008 年刊登在《金融时报》上的一篇文章是这样报道的："如果说，有什么东西可以作为印度拥有成为一个现代化国家的野心的象征的话，那么肯定就是'纳诺'了。售价低廉的小型车'纳诺'是印度本土工程学的一大胜利，它代表了千百万印度人对城市繁荣的探索。"除了造福印度，塔塔的努力也推动了一股创新的潮流。包括福特、本田、通用、雷诺、宝马等在内的 10 多家汽车公司，现在都纷纷针对新兴市场开发新型汽车。这些技术进步将会为生活于金字塔底层的群体带来新的交通工具，而这在 10 年前是完全难以想象的。

在过去，这些人根本没有这样的选择。突然，似乎在一夜之间，崛起中的这 10 亿人（其实应该说是 40 亿人）就变得既有方法也有理由参与全球对话了。"伴随着通信自由成长起来的新一代，"塔塔说，"一头扎进了一个前所未有的信息与娱乐的世界，他们的需求和欲望都超越了老一代人，而且他们对自己生活质量的要求也要高得多。"

他们不仅第一次拥有了发言权，而且他们的思想观念（我们以前从来不曾很好地了解过这些思想观念）也有史以来第一次参与到了全球对话中。大数定律和观念的力量决定了：崛起中的 10 亿人与指数型发展的科技、"DIY"创新者和高科技慈善家一样，也是一种实现富足的强大力量。

手机：卡迪尔的赌注

1993 年的时候，伊卡柏·卡迪尔（Iqbal Quadir）还是纽约的一名风险投资家。有一天，他正在工作，一场临时性的断电使他的电脑自动关机了。断电给他带来的不便让他想起了自己在孟加拉的童年生活经历。有一次，为了给他弟弟去买药，伊卡柏·卡迪尔步行了整整一天，然而等他找到药店的时候，却是铁将军把门。就像现在一样，通信的不畅会浪费时间、降低效率。事实上，与缺乏通信手段相比，停电其实只能算是一个小小的不便。因此，卡迪尔辞去了工作，回到了孟加拉国，试图解决当地的通信问题。他很早就认定，手机显然是解决问题的一个途径，可是，那是在1993年，最便宜的手机也要400美元一部，而且每分钟的话费高达52美分。要知道，在那个时候，孟加拉国的人均年收入仅为286美元。因此，大家都在猜想，如何才能做成此事。

"当我第一次提出这个想法的时候，"卡迪尔说，"别人都说我疯了。我被一次次地从各大公司的办公室赶出来。有一次，在纽约的时候，我把我的想法一股脑儿地告诉了一个手机公司，然而他们说：'我们又不是红十字会，我们不想去孟加拉国。'但是，我很清楚西方世界正在发生着重大的变革。我也知道，虽然那时的手机使用的都是模拟技术，但是它们很快就会采用数字技术，也就是说，手机的核心元件也是服从摩尔定律的——因此它们会继续以指数型的速度变得更小、更便宜。我也知道，通信能力就等于是生产力；因此，如果我们能够把手机送到处于金字塔底层的消费者手中，那么，消费者就能够利用手机去赚钱，而且赚得的钱一定会超过他们购买手机时所支出的费用。"

卡迪尔下对了赌注。手机的价格确实在以指数型的速度下降，而格莱珉通信公司确实也改变了孟加拉人的生活。到了2006年，孟加拉已经有6 000万人使用手机了，而这项技术也让孟加拉国的国内生产总值增加了6.5亿美元。与此同时，与孟加拉的格莱珉通信公司一样，在其他国家也有另外公司为当地的人们填补了这项缺口。到了2010年，印度每月新增的手机用户达到了1 500万名。截至2011年初，全球手机网络的覆盖率已超过了50%。在一定意义上，正是这项技术把最底层的这10亿人变成了崛起中的10亿人。"我们把强大的电脑悄悄地送到了这些人手中，"卡迪尔解释，"而他们则通过语音通信这个杀手级应用程序与外界连接。"因此,在未来几十年里,这些设备将为他们带来彻底重塑世界的潜力。

在银行业我们已经看到了这种变化。在发展中国家,共有 27 亿人无法获得金融服务。可见要想改变现状,困难是何等巨大。比如,在坦桑尼亚,拥有银行账户的人不到 5%;在埃塞俄比亚,一家银行得为 10 万名客户服务;在乌干达(大约为 2005 年),100 台自动提款机得由 2 700 万人共用;在喀麦隆,开设一个银行账户的成本是 700 美元——比当地人一年的收入还要高;而在斯威士兰,一名女性如果要在银行开立账户,则必须获得她父亲、兄弟或丈夫的同意。

因此,让我们再来谈谈手机银行服务吧。允许全世界的穷人通过手机开立数字银行账户,会在减少贫困和提升生活品质方面带来非常显著的影响。手机银行可以让人们在不必花费巨额转账费的情况下,查看账户余额、支付账单、接收付款,并且把钱寄回家,同时还可以避免由于携带现金所带来的人身安全方面的风险。在肯尼亚,有很多穷人背井离乡、千里迢迢到外地工作,每次发工资后,这些工人经常会消失 3~4 天——因为他们得花时间把工资带回家。所以,如果能通过无线网络进行转账,就会为他们省下大量的时间。

基于上述所有原因,手机银行在过去的短短数年里已经获得了指数型的增长。2007 年,萨法利通信公司(Safaricom)在肯尼亚推出了 M-PESA 手机转账服务业务,第一个月它便拥有了 20 000 名用户。4 个月后,它的用户增加到了 15 万名。接下来的 4 年后,它的用户量一直大幅上升,很快就达到了 1 300 万。在 2007 年之前,手机付费市场(即通过手机付款)根本不存在,然而,到了 2011 年,这个产业就得到了爆炸性的发展,已经成了一个规模高达 160 亿美元的产业。分析师们预计,到 2014 年这个市场还将会再增长 68%,这种情况所带来的收益无疑是非常可观的。根据《经济学人》杂志的报道,在过去的 5 年里,使用 M-PESA 手机转账服务的肯尼亚家庭收入增加了 5%~30%。

其实远远不止银行业，手机有助于改善富足金字塔所有层面的境况。例如，在水资源这个层面，从洗手所需的水，到水源保护技术的所有资料，现在都能通过手机进行传递，而且有人正在研究以智能手机作为水质检测工具的技术。在食物这个层面，渔民在把渔产品拖上岸之前，可以先用手机搜索一下，哪个港口的渔产品价格最高；类似地，农民们在把水果和蔬菜运到市场上之前也可以先做一下同样的准备工作。在这两种情况下，他们都不仅能节约大量时间，而且能获得最大的收入。手机对于医疗保健行业也有影响，它可以让人们快速找到最近的医生，甚至还可以变成听诊器。事实上，这种将 iPhone 变成听诊器的应用程序已经问世了，这个应用程序是伦敦大学学院的研究员彼得·本特利（Peter Bentley）发明的，到现在已经有 300 多万名医生在下载使用了，而它只不过是苹果公司的应用程序商店推出的 6 000 个医疗保健应用程序当中的一个而已。

这样的例子举不胜举，不过，它们都有一个共同点：都史无前例地强化了个人的力量。在过去，发展中国家的民众如果要想获得这些服务，大部分都需要配备大量的基础设施、资源和训练有素的专业人士。如果富足的涵义之一是商品和服务随手可得，例如听诊器和水质检测仪，那么如今这崛起中的 10 亿人也已经能够通过手机和无线网络便捷地利用繁荣的第一世界的许多基础设施和专业资源了。

资源诅咒

目前在金字塔底层市场上销售的大多数手机使用的都是 2G 网络，这种手机能够提供语音和短信服务。现在应该已经很清楚了，仅仅这些最简单的功能已经让富足金字塔的各个层级取得了令人难以置信的进步。手机已经完成了一个以前被许许多多所谓专家认为绝不可能完成的任务——帮助这崛起中的 10 亿人打破了“资源诅咒”。

在过去的 50 年里，研究者们花了很多时间，试图搞清楚到底是什么导致这底层的 10 亿人一直生活在底层。正如经济学家威廉姆·伊斯特利（William Easterly）曾经在不止一个场合指出过的："在过去的 50 年里，西方国家总共花了 2.3 万亿美元用于国外援助，但是仍然未能成功地把价格仅为 12 美分的治疗疟疾的药物送到孩子们手中，使疟疾死亡率下降一半的目标也未能实现。"这个问题被称为"贫困陷阱"。对于一个内陆国家来说，没有航运港口是一个"贫困陷阱"；陷入无休无止的内战又是另外一个"贫困陷阱"。而在所有的"贫困陷阱"中，资源诅咒肯定是其中危害最大的那一个。所谓"资源诅咒"，指的是这样一种情况：如果一个发展中国家发现了一种新的自然资源，那么其结果将会是，这个国家的货币会升值（相对于其他国家的货币），由此会使这个国家的其他可供出口的商品变得缺乏竞争力。

20 世纪 70 年代的时候，尼日利亚由于发现了石油，使得这个国家的花生种植业和可可粉产业遭受了灭顶之灾。这样一来，到了 1986 年，当世界石油价格出现了急剧下跌的情况时，尼日利亚整个经济就陷入了困境。正如牛津大学经济学家保罗·科利尔（Paul Collier）在《最底层的 10 亿人》（*The Bottom Billion*）一书中所写的那样："尼日利亚人不费吹灰之力便能财源广进的好运戛然而止了。不但石油收入锐减，而且银行也不愿再贷款给他们了；事实上，雪上加霜的是，银行还要求它们提前还贷。尼日利亚从石油货币滚滚而来、国际金融机构慷慨贷款，骤然沦落为石油收入锐减、债主要求偿还贷款，从而使尼日利亚人的生活水平几乎在一夜之间就下降了一半。"

打破资源诅咒没有什么捷径可走，但是毫无疑问，以下两种措施肯定是有效的：发展多样化的市场和保障新闻自由（以及由新闻自由所带来的透明度）。30 年来国际援助的失败经验告诉我们，要做到以上两点是很不容易的。但是幸运的是，现在有了无线网络，它们就都可以实现了。小额贷款帮助人们跳出了自然资源的陷阱，使他们能够利用外面世界的资金，从而鼓励人们去创办小型企业，这些企业不会再陷入"繁荣与萧条"的周期性恶性循环当中去。小型的外包工作——也就是众所周知的工作细分，使穷人获得了新的收入来源，进一步打破了这个恶性循环。根据《纽约时报》的报道："全世界的自由职业者已经越来越多了，他们主要从事的是诸如客户服务、数据输入、写作、会计、人力资源管理这样的工作——事实上，包括了所有可以通过计算机远程进行'知识处理'的工作。"无疑，这是一种巨大的进步。通信技术有助于分散生产力，从而有助于分散权力，正如卡迪尔曾经写道的，权力分散后，"特定的个人或团体就很难垄断资源或提出支持狭隘的特殊利益的国家政策了"。此外，利用手机可以自由地传播信息，在一定意义上，就相当于实现了新闻自由。最近发生在中东的事实已经有力地证明，手机对民主的传播具有强烈的影响作用。

更加让人难以置信的是，所有这一切，全都是利用过去的技术实现或促成的。这更证明了手机的巨大潜力。现在，智能手机所依赖的 3G 和 4G 网络正在悄然进入发展中国家，因此，我们可以预期，未来手机的潜力将会以更快速的指数型速度增长。前哈佛商学院教授，如今的 MarketShare 咨询公司总裁杰弗里·瑞波特（Jeffrey Rayport）在《技术评论》杂志（*Technology Review*）中写道："今天的手机事实上就等于是一种新型的个人电脑。今天的一部普通智能手机的功能相当于不到 10 年前的一台高端的多功能计算机或者个人电脑……目前拥有手机的人已经超过 50 亿了，因此，全世界 2/3 的人可以进行推心置腹的交流，这种信息的获取与了解是史无前例的。"

看世界，从咖啡馆到互联网

史蒂文·约翰逊（Steven Johnson）在他的杰出著作《伟大创意的诞生》（*Where Good Ideas Come From*）①一书中，探讨了咖啡馆对 18 世纪文化启蒙运动的影响。他说："这并不意外，含咖啡因的饮料伴随着理性时代的到来而流行起来。"咖啡之所以会流行于世，主要有两大驱动力量在起作用：第一，在

---

① 本书中文简体字版已由湛庐文化策划，浙江人民出版社出版。——编者注

咖啡被发现之前，世界上大多数人喝的都是酒，他们一天大部分时间都沉醉在酒的世界当中。然而酒之所有能够流行起来，其实在很大程度上是因为古代人担心因饮用水不干净而导致的健康问题。因为水受到了污染不能喝，所以啤酒就成了当时人们的最佳选择。马尔科姆·格拉德威尔在他为《纽约客》杂志所写的一篇标题为《爪哇猿人》（*Java Man*）的散文中这样写道："我们必须铭记的是，在 18 世纪之前，许多西方人就整天沉浸在啤酒当中，他们接连不断地喝啤酒，甚至连他们新的一天都是从喝'啤酒汤'开始的。但是，现在他们每天早上要做的第一件事是喝一杯浓咖啡。对这种划时代的变革的一种解释是，这是偏好改变导致的必然结果——突然之间，人们就不再喜欢自己一天到晚都醉醺醺的了，而更喜欢自己的神经一直处于兴奋状态。"

但是与文化启蒙运动同样重要的是，咖啡馆充当了信息交流集散地的角色。这个新生事物吸引了社会各界人士。突然之间，普通大众也能与皇室成员一起参加聚会了，在那里，各种新颖的思想观念都可以相互碰撞、融合。套用马特·里德利的话来说，那就是，各种思想观念在那里完成了"性交"。对此，布莱恩特·利利怀特（Bryant Lillywhite）在他的著作《伦敦咖啡馆》（*London Coffee Houses*）中则是这样解释的：

> 伦敦咖啡馆为人们提供了一个聚会的场所，只需花一便士的入场费，任何一个男人，只要他穿着得体，都可以去那里小坐片刻，抽上几口烟，抿上几口咖啡，阅读一下当天的时事新闻，或者还可以与别的顾客进行交谈。在那时，新闻业还处于萌芽阶段，邮政传递系统也是缺乏有效组织、没有固定日期的，咖啡馆则恰好成了人们交流信息、传播新闻的中心……自然地，新闻的传播会导致观念的传播，而咖啡馆则充当了论坛的角色。

但是近年来，研究者们普遍认为，咖啡馆现象实际上是城市的一面镜子，映照出了在城市里所发生的一切。从人口密度不断增加这个简单的事实出发我们就可以推断，人类 2/3 的增长都发生在城市里，我们的城市就是一个完美的创新实验室。现代都市极度拥挤，人们几乎是"踩在别人的头上"生活的，他们的观念也是一样。因此，思想观念碰上直觉，再碰上即席评论，再碰上确实的理论，再碰上绝对的疯狂……其结果是，让我们迈开大步走向了通往未来的道路。而一个城市越复杂、语言种类越多、文化越多元、越具包容性，就会生产出越多的新点子。正如斯图尔特·布兰德所说的："是什么在驱动城市的创新引擎？以及更进一步——财富引擎的呢？答案是：极大的差异性。"事实上，圣塔菲研究所（Santa Fe Institute）的物理学家杰弗里·威斯特（Geoffrey West）发现，当一个城市的人口倍增时，该城市的收入、财富、创意也会增长15%。（在衡量新创意的时候，他以新注册的专利数量为衡量指标。）

与城市相比较，咖啡馆显然显得过于局促、狭小了；同样地，与互联网相比较，城市无疑也大大地相形见绌。互联网正在使人类变成一个巨大的、超智能的共同体。而且，随着上互联网的人不断增多，这个超智能共同体也在不断地增大。试想，到了2020年，大约还会有30亿人加入到互联网所打造出来的社群里，也就是说，将会有30亿个新思维加入到这个全球大脑中。不久的将来，世界就能够接触到过去永远也无法碰触到的智力、智慧、创造力、洞察力和经验了。

这股激增的力量所带来的好处是难以估量的。有史以来，全球市场从来未曾像今天这样，能够接触到如此众多的客户；也从来未曾像今天这样，能够接近如此众多的生产商。（促成合作思维的）相互合作的机会也在以指数形式大幅提升，而且由于进步是会累积的，所以由此产生的创新也将会以指数型的速度增长。崛起中的10亿人第一次拥有了非凡的力量，他们可以自己去识别、制定和实施富足的方案。而且，多亏了网络，这些解决方案将不会只局限在发展中国家发挥作用。

或许最重要的是，发展中国家其实是最完美的科技孕育者，而它们所孕育出的科技则是可持续发展的关键。对此，斯图尔特·哈特这样写道："的确，新科技——包括可再生能源、可传送式发电、生物材料、实地水质净化、无线通信科技、可持续农业和纳米科技，就是解决经济金字塔各个层级（从金字塔顶端到金字塔底层）的环境问题的钥匙。"

然而，他补充道："因为绿色科技常常伴随着'破坏性'的特征（也就是说，它们会威胁到现有市场上的在位者），所以，金字塔底层或许是最适合启动这些新的商业项目、吸引足够高的社会关注的细分市场……如果这种策略被广泛接受了，那么发展中国家将会成为培育明天的可持续发展产业与企业的基地，由此而带来的经济上和环境上的好处，最终也会渗入处于金字塔顶端的富裕阶层。"

崛起的这 10 亿人所涌现出来的智慧最终或许会成为拯救整个地球的关键，因此，请大家务必从现在就开始行动！

去物质化和去货币化

因此，让我们回到在本书一开头就谈到过的那个主题上来吧：我们生活在同一星球上。这是一个基本的生存处境。对此，杰伊·威瑟斯彭曾经这样解释过：如果生活于地球上的每个人都想过上北美洲人那样的生活，那么就需要 5 个地球那么多的资源才能满足我们的要求——但是事实真的是这样吗？太阳微系统公司的联合创始人比尔·乔伊（Bill Joy）后来转型成了一位风险投资家，他认为当代技术的一大优势是"去物质化"。乔伊认为，去物质化是小型化带来的好处之一。小型化是指我们生活中绝大多数东西的外形尺寸都在急剧地缩小。乔伊说："现在，让我们念念不忘的东西太多了：数以千计的朋友、度假别墅、汽车，以及所有可能让我们疯狂的东西。但是，我们也正在经历着一波去物质化的浪潮，例如，手机就使照相机'去物质化'了。事实上，照相机几乎已经要消失了。"

不妨想象一下这种即将变成现实的情况：只需利用一部最普通的智能手机，几乎所有的生活消费品与服务都将随手可得。智能手机集成了照相机、收音机、电视、网络浏览器、录音棚、编辑套件、电影院、GPS 导航仪、文字处理器、电子表格、音响、手电筒、棋类游戏、纸牌游戏、视频游戏、全套的医疗设备、地图、地图册、百科全书、字典、翻译、教材、世界级的教育（在本书第 14 章中我们将详细讨论），以及日益增长的被称为应用程序式商店的自动送餐服务等功能。10 年前，你只能在发达国家才能获得上述大多数商品和服务，但现在几乎任何人在任何地方都能获得它们。到底有多少这样的商品和服务呢？ 2011 年夏天，安卓应用程序商店和苹果公司的应用程序商店自称，它们分别拥有 25 万个和 42.5 万个应用程序，两者的合计下载次数已经达到了惊人的 200 亿次。

此外，现在这些去物质化的商品和服务，在过去一般都需要使用大量的自然资源去生产，需要实体物流系统去配送，需要训练有素的专业团队以确保整个生产、销售流程能够顺利运行。不过，如今在整个流程中已看不到这些元素了。而且这类不再需要的元素的数量仍然在不断增加中。如果再考虑到机器人技术和人工智能技术将很快取代像汽车这样的物质财产，（试想，你是不是会选择实现了分时使用、有需求才会到场的机器人汽车来取代目前这种汽车呢？）那么，持续提升生活水平的可能性无疑会变得越来越明显。"过去常常把肥胖视为健康和富有的象征，"乔伊说，"如今这种看法已经发生了改变。现在我们认为拥有大量物质性的东西才是健康和富有的，但是，如果我们的看法再一次转变了，那又会怎样呢？很显然，到那时，健康和财富就意味着你不需要拥有这些东西，因为，实际上你已经拥有了另外一些不太需要维修，而且能够满足你所有需求的更简单的设备了。"

此外，对于 21 世纪的大部分人来说，要想让自己摆脱贫穷，就必须拥有一份工作，而这份工作无论如何最终也得依赖于同样的自然资源。然而，今日最好的那些商品并非实体物件，而是想法和概念。经济学家以竞争性物品（rival goods）和非竞争性物品（nonrival goods）这两个术语来解释两者的差异。斯坦福大学经济学家保罗·罗默（Paul Romer）说："我们以一幢在建中的房子为例，房子需要建造在土地上，所以房子下面的土地是一种资本，而木匠则是人力资本，这两者都是竞争性物品。它们都只能用来建造这一幢房子，不能同时用来建造另一幢房子。而勾股定理则与它们不同，一个木匠可以依据勾股定理造出一个边长分别为 3、4、5 的三角形。由于世界上所有的木匠都能在同一时间使用勾股定理造出同样的直角三角形，因此勾股定理这个想法是非竞争性的。"

在今天，增长速度最快的一类工作是"知识型工人"的工作。由于知识是非竞争性的，因此未来的大部分工作都将生产出非竞争性的商品，这将有助于消除实现富足理想的另一个限制：它能让崛起中的 10 亿人在无需消耗正在不断减少的自然资源的前提下谋生。正如哈特所解释的那样，在我们不断向前迈进时，这个趋势也肯定会一直持续下去：

> 生物和纳米技术是在分子的层级上创造产品和服务的，这些技术都拥有彻底消除浪费和污染的潜力。仿生学能够模拟大自然的过程，创造出崭新的产品和服务，而不需要再使用"蛮力"将大量的天然原料转变为商品。无线通信技术和可再生能源传送技术可按个别需求进行传输，这也就意味着，在任何一个你能想象得到的最偏远的地区、用量最小的地区也能使用，因此无需再兴建集中化的基础设施，也无需再架设线路，而兴建集中化的基础设施和架设线路这两者都会对环境造成极大的危害。这些科学技术拥有能够满足数十亿生活于偏远乡村穷人（长期以来，这部分人都被全球商业精英们忽视了）的需求的潜力，而且这些科学技术还能极大地减少对环境造成的不良影响。

除了去物质化的好处，现代科技还能实现去货币化。提出长尾理论的克里斯·安德森所研发的无人驾驶飞机就是一个很好的例子。在过去的 10 年里，去货币化的力量始终在稳定地重塑着全球市场。eBay 使得人们在交易时不必使用实际货币，这样虽然迫使部分当地商店不得不关门歇业，但是却加快了商品的流通速度，同时也降低了成本。分类广告网站 Craigslist 也通过同样的方式，将报纸产业 99% 的利润放回到了消费者的口袋里。还有，iTunes 也以同样的方式摧毁了唱片行，不过同时却解放了乐迷。类似的例子不胜枚举。虽然从短期来看，去物质化和去货币化不可避免地会造成就业机会丧失，也常常会造成一部分人的痛苦，但是不可否认，它能带来更多的长期回报，那就是：过去只为少数富人特制的商品和服务，现在只要拥有一部智能手机，任何人都能唾手可得。而且，更值得庆幸的是，近年来，这里所说的"任何人"已经包括了崛起中的底层 10 亿人。

在讨论了这崛起中的 10 亿人所带来的机会之后，本书的第三部分也就结束了。在本书的第四、第五部分，将会讨论金字塔的底层及中间层和顶层。而在本书的第六部分，我们将重新回过头来进一步讨论一个基本假设：这种转型并不是不可避免的，因此我们必须立即开始行动。要到达想去的地方，我们需要的是加速创新，提高全球范围内的合作水平。当然，或许最重要的是，扩大"一切皆有可能"的信念的影响。

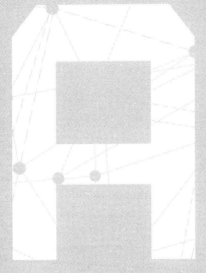

A
BUNDANCE

THE
FUTURE
IS BETTER THAN
YOU
THINK

| 第四部分 |

建造金字塔底层

10

合作的工具

生物进化总是朝着更复杂、更具合作性的方向发展，合作是继突变和自然选择之外的第三个进化原则。运输与通信技术的发展，为人们的合作提供了极大的便利。找到价值几十亿美元的金矿，编纂"维基百科"，都是合作的功劳。智能手机的全球普及，让"沉默的大多数"终于找到了发出自己声音的平台。

THE FUTURE
IS BETTER THAN
YOU THINK

ABUNDANCE

合作——第三个进化原则

本书已经探讨了实现富足的前景与能够使这种前景变得更美好的各种以指数形式增长的技术。但是，我们并不认同有些人所持的技术乌托邦式的想法，他们认为单凭指数型增长的技术就足以带来这种改变。考虑到把人工智能、纳米技术与 3D 打印技术融合到一起的强大力量，可以预见到我们正朝着富足的方向前进，但是真正仅凭这些技术进步实现富足所需要时间会超出本书所预计的时间范围（这是极有可能的），因为在这里我们感兴趣的只是在未来的 20~30 年的时间内将会发生的变化。要在如此紧迫的时间里将这个全球性的愿景变成现实，单靠指数型增长的技术是不够的。我们还需要其他一些帮助。

幸运的是，这些帮助唾手可得。实际上，可以认为，指数型增长的技术就是第三部分所说的 3 种力量的成长媒介，是这些力量萌发后得以稳固下来并进一步壮大的基础。而且，指数型增长的技术只是一个更大的合作过程的一部分，而且这个合作过程很久之前就已经展开了。

在这个星球上，最早的单细胞生命形式被称为原核生物。原核生物其实就是一些细胞，里面是一团细胞质，它们的 DNA 则自由地散落、飘浮在细胞质当中。这些细胞最早出现在距今大约 35 亿年前。后来，大约在距今 15 亿年前，又出现了真核生物。这些真核生物比它们的祖先原核生物更强大，因为它们更有能力，也更具合作性，它们会利用诸如细胞核、线粒体、高尔基体等"设备"使自己变得更强大、也更有效率。这些"设备"也就是我们所称的"生物技术"了。有一种观点认为，真核生物在演化过程中所利用的这些"生物技术"是某个更大的"机器"当中的一些小部件，它们的性质与组成一辆汽车的发动机、底盘、变速箱等零部件不无相似之处。但是，现在的科学家一般相信，这些"零部件"其实是由一些独立的生命形式演化而来的，在最初的时候，它们都是独立的个体，是它们自己"决定"为了一项更大的事业而协同作战的。

这种"决定"其实是很常见的。今天，在日常生活中同样可以看到这种良性循环链条：新技术创造了更多的专业化机会，专业化又增加了合作的可能，合作致使能力提高，能力的提高又产生了新技术，然后整个过程重新开始，一遍又一遍。我们还可以观察到，在整个演化过程当中，同样的事情也一直都在不断地循环反复着。

真核生物出现 10 亿年后，又发生了一个重大的技术革新，那就是多细胞生物出现了。在这个阶段，细胞开始专业化了，这些专业化的细胞学会了以一种特别的方式进行合作，结果出现了另一些能力非凡的生命形式。例如，一种细胞类型负责运动，另一种细胞类型则专门发展出了感知化学成分浓度梯度的能力。很快，拥有许多"个性化"组织和器官的生命形式就开始出现了，这其中当然也包括人类这个物种。每一个人都是由 10 万亿个细胞、76 个器官组成的，这是一个极其复杂的系统，其复杂程度简直让人无法想象。

"这 10 万亿个细胞是如何把它们自己组织起来变成一个人的？"加拿大一位从事卫生保健的专业人士保罗·英格（Paul Ingraham）问道，"几十年来几乎没有一个细胞出差错，这太不可思议了！就问最简单的一个问题吧，这 10 万亿个细胞是如何让自己站立起来（成为一个人）的？把一大堆细胞放到一起，还没有一块咖啡污渍高。单单是把这些细胞堆叠起来，一直堆到 1~2 米高，就需要非常高的技巧了。"

当然，答案其实是一样的，关键还在于上述的良性循环反应链：技术把各种细胞（骨骼细胞、肌肉细胞、神经细胞等）引向了专业化（使它们分别组成了股骨、肱二头肌、股神经等），专业化又使它们进行相互合作（上述这些组织和器官以及其他更多组织和器官相互合作，最终使我们人类站立了起来），合作又使人类学会了更复杂的动作（人类所有新的能力，比如跳跃，几乎都是以直立的姿势为基础的）。但是，事情到此并没有结束。用《非零年代：人类命运的逻辑》（*Nonzero: The Logic of Human Destiny*）一书的作者罗伯特·赖特（Robert Wright）的话说就是："接下来，人类开始了第二次彻底的演化：文化演化（思想、模因与技术的演化）。令人惊讶的是，这次演化一直维持着以下这种趋势，即生物演化总是朝更复杂、更具合作性的方向发展。"

不过，有史以来，没有任何一个时候、任何一个地方的因果关系链比 20 世纪更显著的了。我们很快就会看到，在 20 世纪，文化演化所产生的强大的合作工具是史无前例的。

从马匹到"大力神"运输机

1861 年，在一次促销活动中，驿马快信公司（Pony Express）的最大投资人之一威廉·拉塞尔（William Russell）决定利用上一年的总统选举结果来做一些文章。他的目的是：以最快的速度把亚伯拉罕·林肯的就职演说从位于电报线路最东端的内布拉斯加州卡尼堡，送到位于电报线路最西端的内华达州丘吉尔堡。为了办成这事儿，他花了一笔"巨款"，雇用了数百个特别擅长骑马的人，每隔 16 千米就预先准备好一匹接力的马。结果，最快在林肯演讲之后 17 天又 7 个小时之后，加利福尼亚的民众才看到了林肯的就职演说。

相比之下，在奥巴马于 2008 年当选美国总统的那一天，他刚一宣布获得了胜利，全美民众马上就得知了这个消息。而奥巴马的就职演说从华盛顿哥伦比亚特区传送到加利福尼亚州萨克拉门托的速度比林肯时代的传送速度快了

14 939 040 秒。而且，在随后不到 1 秒的时间内，奥巴马的就职演说就传送到了蒙古国的乌兰巴托和巴基斯坦的卡拉奇了。事实上，除非有人有先知先觉的能力，并且能够通过心灵感应的方式让全世界都知道，这应该是最快的信息传播速度了。

当你想到 15 万年来，人类如何在人与人之间传递信息时，你肯定会不由自主地对如今这么快的信息传递速度心生感慨。在传递信息方面，烟雾信号是一种创新，航空邮件更是一种创新。然而这些都无法与 20 世纪末任何一个普通人都十分擅长的传递信息的方法相比。只要有一部智能手机、一个 Twitter 账户，不管距离多么遥远，只要你一发出信息，几乎每个人都能在同一时间看到。而且，这并不需要额外追加任何费用，更不需要追加雇员，也不需要进行预先筹划。不管你在什么时候发出信息，也不管你是为什么要发信息，它都能做到即时传播。当然，如果你拥有一个摄像头再加一台便携电脑，那么你不但可以实时传播彩色的画面，更好玩的是，如果你拥有恰当的设备，你甚至可以传播 3D 信息呢！

这也是自我放大的正反馈回路的另一个例子。事实上，它成为地球生命的标志已经达数十亿年之久了。无论是从能够激活线粒体的真核细胞中，还是从娴熟地使用手机的马塞人身上，我们都能看到，技术的改进能提高专业化程度，而专业化程度的提高又创造出了更多合作机会。这是一种自我放大机制。摩尔定律描述的就是：更快的计算机被用作设计下一代更快的计算机的结果，同样的道理，利用合作的工具总是会产生下一代合作的工具。奥巴马的就职演说能够在瞬间便传遍全球，是因为在 20 世纪的时候，这个正反馈回路已经达到了一个高峰，产生了迄今为止世界上最强有力的两大合作工具。

第一个工具是交通的革命，在不到 200 年的时间里，它让我们摆脱了驮兽的时代，进入了飞机、火车和汽车的时代。同时，我们也建造了高速公路和空中航线，这一切借用托马斯·弗里德曼的话来说："使世界变平了。"当苏丹遭遇饥荒时，美国并不是多年之后才听到这个消息，他们在第一时间就知道了此事,并且立即决定伸出援手。由于援助物资不是用马队,而是用 C-130 "大力神" 运输机来运输的,所以有许许多多的人立即得到了救助,不必再因为闹饥荒而挨饿了。

如果你想估量一下这里所说的合作能力的变化,你可以比较一下两者的马力。一架 "大力神" 运输机的马力比一匹马的马力高出了 18 800 倍。同一时间内的运载能力也许是另一个比较好的衡量标准。如果以此作为衡量标准,那么你会得到这样的答案:一匹马在一天的时间内可以拉着 90 千克重的东西跑 40 多千米,而一架 C-130 "大力神" 运输机在同样 24 小时内可以运载 19 吨重的东西飞行 12 000 多千米。这也就意味着,由于我们彼此合作,使得运输能力提高了 56 000 倍。

第二个合作工具是我们已经讨论过的信息通信技术。在过去这 200 年的时间里,它们带来的收益甚至更大。哥伦比亚大学的经济学家杰弗里·萨克斯（Jeffery Sachs）在他的《共同财富》（Common Wealth）一书中,细数了信息通信技术对可持续发展做出的八大重要贡献——实际上,所有这些贡献都是建立在合作的基础上的。

在这八大贡献当中,第一大贡献是信息交流增进了人类社会的连通性。在当今这个社会,我们任何一个人都无法脱离这个世界单独生活。我们每个人都是这个世界的一分子。"即使在世界上最偏远的村落里,"萨克斯写道,"居民相互之间的交谈话题也已经转向了最近所发生的政治、文化事件,或者转向了最近所发生的商品价格的变化,这一切主要得益于手机,它传递信息的功能甚至已经超过了收音机和电视机。"第二大贡献是信息通信技术促进了劳动分工的深化,这是因为更多的信息交流促成了程度更高的专业化,这就允许我们所有人都参与到全球的供应链中来。第三大贡献是从规模效应角度来讲的,信息可以通过庞大的网络系统传递出去,数以百万计的人几乎在同一瞬间都可以接收到。第四大贡献与标准化复制有关,萨克斯说:"信息通信技术允许我们在网络覆盖的范围内实施标准化的操作流程,例如,进行标准化的在线培训、制定标准化的产品规格。"第五大贡献是信息通信技术提高了可问责性，从而健全了问责制度。在今天，新出现的信息平台允许增加审核、监督与评估功能，网络的发展使以往不可想象的许多事情都变成了可能，包括促进一个更民主的制度、开设网上银行、实施远程医疗等。第六大贡献体现在互联网拥有几乎无限的汇集买卖双方的能力——萨克斯把它称为"匹配"。这也是本书作者与《连线》杂志主编克里斯·安德森所主张的"长尾"经济学得以成立的一个有利因素。第七大贡献是信息通信技术使人们能够利用社交网络构建起"利益共同体"，在这方面的例子有 Facebook、SETI@home 等。第八大贡献主要表现在教育和培训领域，因为信息通信技术的发展使课堂实现了全球化，而且所有课程都可以同步更新，你可以从中获得你所需要的任何信息。

很显然，因为有了上面这些新的合作工具，我们这个世界已经变得更美好了。但是，信息通信技术给人类带来的影响远远不只局限于以新的方式传递信息或共享物质资源。正如罗伯·麦克伊文（Rob McEwen）在安大略省西北部的小山上寻找黄金时所发现的那样，这些合作工具还为共享精神资源创造了新的可能——这很可能会对实现全球富足起到更大的推动作用。

"黄金公司挑战赛"的启示

罗伯·麦克伊文是一个加拿大人，他 50 多岁，衣冠楚楚。1989 年的时候，他以加拿大黄金公司的名义购买了许多开采黄金的矿业公司。10 年之后，他对这些公司进行了整合，准备进行扩张——在这个过程中，他想从新建一个冶炼厂开始。为了确定到底应该建多大规模的冶炼厂，麦克伊文问自己公司的地质学家与工程师，在他的矿里到底蕴藏着多少黄金——这是非常合乎逻辑的做法。可是，没有人知道他的矿里到底蕴藏着多少黄金。他招聘了所有他能招聘到的最专业的人士来帮助他，可是没有人能回答这个问题。

就在那段时间，麦克伊文到麻省理工学院的斯隆管理学院参加了青年总裁会议，在那里他听说了 Linux 操作系统的故事。这个开源式计算机操作系统诞生于 1991 年，当时，"Linux 之父"莱纳斯·托瓦尔兹（Linus Torvalds）只有 21 岁，还是芬兰赫尔辛基大学的一名学生。莱纳斯在网络新闻组（Usenet）上公布了如下这条短消息：

> 我正在为 386（486）AT 编写一个（免费）的操作系统，这只是我的业余爱好而已，这个项目当然不如 gnu① 那么大、那么专业。我在 4 月份就已经开始酝酿这个想法了，现在已经着手开始准备了。我希望得到来自喜欢和不喜欢使用 minix 操作系统的人的任何反馈意见……

很多人都对他的帖子做出了积极的回应。恰好在 3 年之后，这个操作系统的第一个版本完成了。莱纳斯在 1994 年 3 月公布了 Linux 1.0。但是，这个事情并没有结束。自此以后，支持它的人不断涌现。由于不断有人改进它、完善它，最终，到了 2006 年的时候，欧盟决定投入 11.4 亿美元去资助一个重新开发 Linux 操作系统 2.6.8 版本的研究项目。到了 2008 年，所有运用 Linux 的服务器、台式电脑与软件包的收入总计达到了 357 亿美元。

麦克伊文完全被这个故事震惊了。Linux 的代码超过了 10 000 行。他无法相信，数以百计的程序员居然能够相互合作共同完成一个如此复杂的操作系统的开发。他无法相信在这个过程中，大多数参与开发的程序员居然都是不收取任何费用的。于是，他带着如下这个大胆的想法返回到了他的黄金公司的办公室：他不再咨询自己公司的工程师，要他们估算出他拥有的地下蕴藏的黄金储量，而是决定把曾经被视为最宝贵的财产——通常被锁在保险柜里的机密的地质资料公之于众。他还决定提供物质鼓励，看看自己是否能在一个有限的时间内达到莱纳斯那样的效果。因此，2000 年 3 月，麦克伊文宣布"黄金公司挑战赛"开始："如果你能告诉我在哪儿可以找到 17 万千克黄金，那么我将奖励你 50 万美元。"

---

① gnu 是一个自由软件工程项目的名称。——译者注

接下来的几个月里，在公布了 400 兆的地质数据之后，麦克伊文的黄金公司收到了 1 400 多份参赛请求。最后进入竞赛的有 125 个团队。一年之后，挑战赛结束。3 个团队成了最后的赢家，其中两个来自新西兰，一个来自俄罗斯。他们当中没有一个人曾经参观过麦克伊文的金矿。这个竞赛表明，合作这个工具是如此美妙，我们使用这个工具的时机也已经完全成熟了：2001 年，这 3个团队找到了市场价值高达数十亿美元的金矿的正确位置（而这一切只花费了50 万美元）。

当麦克伊文无法确定他所拥有的地下矿藏的数量时，他遭受了"知识匮乏"之苦。在现如今，这并不是一个不寻常的问题。然而，合作这个工具已经变得如此强大了，一旦得到了适当激励，它就有可能给我们带来最聪明的头脑，帮助我们解决最困难的问题。这正是关键中的关键。正如太阳微系统公司的联合创始人之一比尔·乔伊指出的那样："不管你是谁，最聪明的人总是为别人在工作。"

这种新的合作能力赋予了个体前所未有的理解并影响全球性问题的能力，无论是我们关心的问题的范围，还是能够发挥的影响的力度，都发生了数量级的变化。现在，我们白天用双手在加利福尼亚工作，到了晚上，又可以把大脑"出借"给蒙古国。纽约大学传播学教授克莱·舍基（Clay Shirky）使用"认知盈余"这个术语来描述这个过程。他给"认知盈余"下的定义是："全世界的人在大规模的（有时候甚至是全球性的）共同项目上自愿地贡献自己的力量、进行合作的能力。"

"维基百科是志愿者花了 1 亿个小时的时间创建起来的，"舍基说，"1 亿个小时看起来非常可观，但是，只要与人类耗费在其他用途上的时间比一下，我们就会有新的看法。人们花在看电视上的时间可能是最多的，全部美国人每年在电视机前消磨掉的时间大约为 2 000 亿个小时。从这个角度来说，人们花在维基百科上的时间只不过相当于美国人每个周末花在看电视广告上的时间而已。如果我们能够戒掉电视瘾，停止看电视 1 年，那么，世界上将有 10 000

多亿个小时的'认知盈余'时间可以用于共享项目。"不妨想象一下，如果我们把这 10 000 亿个小时集中用于解决某些世界性的巨大挑战，那又会出现什么样的结果呢？

人手一部智能手机的年代

迄今为止，我们一直是基于过去的经验来检验各种合作工具的有效性的。但是，过去一贯如此，并不代表未来也一定会如此。也许有人会说，因为信息具有非零的特性，所以最健康的全球经济必定是建立在信息交流的基础上的。但是，这只是一种可能性，仅仅在当我们拥有最佳的共享信息的设备时，这种可能性才会变成现实。而且，这种设备应该便于携带、价格实惠、能够连接到互联网的。

幸运的是，这个问题现在已经解决了。在 2011 年初，中国的华为公司通过肯尼亚电信巨头萨法利通信公司公开发布了一款价格只有 80 美元（这是一个相当便宜的价格）的预装了安卓操作系统的智能手机。在不到 6 个月的时间内，这款手机的销售量一路飙升，总销售量很快超过了 350 000 部。在这个 60% 人口每天的生活费不到两美元的国家里，这是一个相当骄人的业绩。比如此之低的价格更让人兴奋的是，这些用户还可以随意下载 300 000 多个应用程序。有人也许会说，这也不算什么，那再看看以下这个引人注目的事件吧。2011 年秋季，印度政府与一家在加拿大注册的公司数据风公司（Datawind）合作，推出了一款 7 英寸安卓平板电脑，它的成本只有 35 美元。

而且，这种突破还有更深远的意义。在以往，由于信息传播技术比较昂贵，所以在通常情况下，观念总是在那些最富有，拥有最新、最先进的技术的国家里传播得最快。而现在，因为成本的快速降低和性能的迅速提高，性价比曲线也是呈指数型的，因此，上述规律在很大程度上已经失效了。让我们来看看这种转变是如何影响好莱坞的吧！在 20 世纪的大部分时间里，浮华城

（Tinseltown）^①是娱乐世界的核心，所有最好的电影、最闪耀的明星都集中在那里，它在娱乐界曾经拥有的霸主地位是史无前例的。但是在最近不到25年的时间里，数字技术已经使这一切发生了天翻地覆的变化。平均而言，好莱坞每年生产500部电影，在全世界拥有大约26亿观众。如果这些电影的平均放映时间为两小时，那么好莱坞每年都会生产出1 000个小时的电影内容。另一方面，YouTube的用户每分钟所上传的视频文件，其播放时间可达48小时之久。这就意味着，每过21分钟，YouTube就能提供好莱坞花费整整一年才能生产出来的新奇的娱乐产品。那么YouTube的观众又有多少呢？在2009年的时候，它一天的浏览量就达到了1.29亿次，因此在21天的时间里，这个网站的观众数量就比好莱坞一年的观众数量还要多。由于现在视频内容的创作者在发展中国家比在发达国家要多得多，所以可以负责任地说，合作这个工具已经使得世界上"沉默的大多数"最终找到了发出自己声音的平台。

我们现在拥有了前所未有的发言权。"全球范围内信息通信技术的发展和普及已经使得合作这个工具变得完全大众化了，"奇点大学的创始执行董事、现在的全球形象大使萨利姆·伊斯梅尔（Salim Ismail）说，"在'阿拉伯之春'中，这一点表现得格外突出。由于任何一个普通人都拥有了自行发布信息的能力，把所有个人发布的信息聚合起来，不但能使政治变得完全透明，而且能从根本上改变政治形势。越来越多人学会了如何使用这些工具，很快地，他们就会开始利用这些工具去应对各种各样的巨大挑战。"在这些挑战当中就包括了在下一章中将看到的、我们要建成富足金字塔必须克服的挑战——水的挑战。

---

① 指好莱坞。——译者注

11

水

地球上 97.3% 的水都太咸了，2% 的水被极地冰封住了。如果我们的最终目标是富足，那么就不能只盯住这剩下的部分，而是要走向"循环用水"的轨道。把纳米技术与海水淡化技术结合起来，通过智能供水网把水资源的浪费减少到最低程度，那么就能从根本上解决人类缺水的问题了。

THE FUTURE
IS BETTER THAN
YOU THINK

ABUNDANCE

水的循环利用

彼得·图姆（Peter Thum）并没有打算成为一个社会企业家。在 2001 年，他正在为麦肯锡咨询公司在南非这个面临着严重水危机的国家的一个瓶装水项目当顾问。每一天，他都能看到当地的妇女和孩子背负着许多空的水壶从家里出发，花上 4 个小时才能为他们的家庭背回足以维持生存的水。有一天下午，图姆驾驶汽车从一个小镇出发，在一条空旷而肮脏的泥路上行驶。车子开出了好几千米后，图姆才看到一个孤零零地走在路上的妇女，她头上顶着一个 20 千克重的大水壶，步履艰难地奋力前行着。"这是一个荒无人烟的地方，"图姆说，"很显然，这个妇女已经走了相当长的一段路了，而且她还必须继续走下去，还要走很长一段时间。虽然之前我已经看到了一些有关南非水危机的证据，但是直到那一刻，一切才真正变得无比清晰：为了解决这个问题我们必须要做点什么。"

图姆马上想到了瓶装水，他觉得这是可以改变这种状况的最简单的办法了。由于水资源短缺已经成了世界上最大的危机之一，如今瓶装水也正在变成世界上最炙手可热的商品之一。回到美国之后，图姆与他的老朋友乔纳森·格林布莱特（Jonathan Greenblatt）一起创立了一个瓶装水的顶级品牌"气质水"（Ethos Water），他们决定把销售收入中的一部分捐献出来，用于帮助全世界的孩子喝上干净的水、激发公众对这个问题的关注。2005 年，星巴克董事长霍华德·舒尔茨（Howard Schultz）决定收购"气质水"，并且把"气质水"放在美国的7 000 家星巴克店里销售。在星巴克的帮助下，"气质水"已经捐献出了超过1 000 万美元的巨款（每销售掉一瓶"气质水"，就捐出 5 美分用于与水资源有关的项目），为大约 50 万人解决了饮用水源和卫生设施的问题。

据调查，全球性的水危机影响到了 10 亿人的生活，因此，我们很清楚，区区 1 000 万美元解决不了根本问题。但是，"气质水"的成功标志着事情已经出现了转机。从历史上看，由于大多数水资源项目都需要建造大量的基础设施，所以这方面的项目都是由世界银行这样的机构来完成的。"气质水"等企业的经验证明，在解决水资源危机方面，像它们这样的社会性企业也可以扮演非常重要的角色。这在历史上是第一次。"气质水"公司还提高了公众对这个问题的意识，这反过来又促成了一种滚雪球式的效应。在过去 10 年内，对于社会企业家来说，水已经成了发展最快的一个商品类别；而且，正如发明家迪恩·卡门所指出的，在这方面仍然有很大的发展空间：

> 当你与专家讨论开发新技术以便为发展中国家提供干净的饮用水的时候，他们会告诉你没有任何现成可行的商业模式，也没有任何可供借鉴的经济模型，当然也无力承担开发的费用。但是，25 个最贫穷的国家已经在水资源上花掉了它们 20% 的国内生产总值。折算到每天，这个 20% 大约为一人一天 30 美分，似乎并不多。但是，让我们再来做一道数学题：40 亿人，一人一天花费 30 美分，那么每天的花费总计高达 12 亿美元，每年就是 4 000 亿美元。我想不出这世界上有多少公司一年的销售额可以达到 4 000 亿美元的。你根本无需去做什么市场调查，事情明摆着，这里就有一个非常大的市场需求，那就是对水的需求！

不过，要满足这个市场需求，并且做到有利可图并不容易。这个问题并不是只要提供保证水合作用和环境卫生所需要的水就可以解决的。没有这么简单。要知道，水已经完全嵌入了我们的日常生活当中，它融进了生产制造或消费的几乎每一样东西里。世界上 70% 的淡水用于农业生产的直接原因是：生产一个鸡蛋需要 450 升的水，生产一个西瓜需要 370 升的水。肉类看起来是水分最少的商品之一，但是生产 450 克鲜肉，我们需要 9 400 多升水，或者正如《新闻周刊》所解释的那样："如果将生产一个 450 千克重的操舵装置所需的水汇集成湖，足以供一艘驱逐舰自由游弋。"

而且，生产维持生存所需的食物只是水的无数个重要作用中的一个。实际上，富足金字塔的所有组成部分都深受与水资源有关的问题的影响。例如，除了食物之外，教育也受其影响，因为全球的学校每年都会由于与水有关的疾病而失去 4.43 亿个教学日。生产一个微型芯片需要 130 多升的水，因此，信息富足也受到了水资源的影响，仅仅英特尔公司所属的各个芯片厂，每个月就要制造出数以百万计的芯片。然后是能源，在电力生产链条中的每一个环节都会使整个世界变成一个更干燥的地方。例如，在美国，能源需要用掉全部非农业用水的 20%。在金字塔的塔顶，威胁人类自由的一些因素也与水资源短缺有关。2007 年，加州大学伯克利分校的经济学教授爱德华·米格尔（Edward Miguel）发现："有强有力的证据表明，如果降雨量增多，非洲内部的冲突就会减少。"迄今为止，非洲的冲突基本上都是各国的国内冲突。但是，在非洲，有 200 多条河流、300 多个湖泊是由不同国家共享的，而且其中许多国家之间并没有维持"睦邻友好"的关系。最后，每年都有 350 万人死于与水有关的各种疾病，水直接关系到人类健康——事实上，几乎再没有别的什么东西像水这样与人类健康有如此直接的联系了。

富足金字塔除了要"以人为本"，满足人类的各种需求之外，还关心环境与生态问题。现在，让我们再回过头来讨论一些与瓶装水有关的问题吧。每年，人类消耗掉的瓶装水接近 500 亿升。在这些水中，有相当大一部分都是人们所称的"化石水"①。这些"化石水"存在于含水层中已经数万年了，是一种很难

---

① "化石水"是一种长时间被密封在蓄水层中的地下水。带有这种特性的地层，被人们称为化石含水层。"化石水"是被保存了数万年甚至数百万年的地下水，也是人类水资源中最宝贵、最不能轻易动用的一种水资源。——译者注

再生的资源。对于世界上大多数脆弱的生态系统来说，"化石水"是维持它们稳定的重要支柱。现代的工农业生产对水的极度需求，以及瓶装水产业的发展，把这些脆弱的生态系统推向了崩溃的边缘。我们再也不能冒风险，让事态进一步恶化了。简单地说：没有生态系统就意味着没有生态系统服务。生态系统崩溃是一个极大的损失，将导致人类无法继续生存下去。

因此，要解决所有这些问题就需要用上我们工具箱里的每一件工具。我们必须对农业生产进行彻底地改进，当然工业活动也需要进行彻底地改进。我们需要能够节约用水的家用电器，还需要全新的基础设施解决方案。最重要的是，首先必须诚实地对待这个承载着将近 90 亿人的地球。90 亿！这个数字告诉我们，我们需要做出的改变，必须是数量级的改变。在地球上，97.3% 的水太咸了，不能直接饮用，而另外 2% 的水又被极地冰封住了，因此，要实现我们所说的数量级的改变，就不能再喋喋不休地争论这剩下的水应该如何利用。这并不是说可以忽视水资源保护和水资源利用效率，而是说，如果我们的最终目标是富足，那么就需要一个全新的思路。淡水资源必须走"铝"的路线，从地球上最稀缺的资源之——跃成为地球上蕴藏量最丰富、随处可见的资源。要实现这个目标需要大量的创新。摩尔定律告诉我们，这类重大创新的动能已经被释放出来了——而且，正如我们很快就会看到的，这种创新正是由迪恩·卡门等"DIY"型的发明家带来的。

迪恩的"弹弓"水源净化器

迪恩·卡门是一位自学成才的物理学家，也是一个拥有亿万资产的大企业家，而且他还拥有 440 项专利和美国国家技术奖，是我们这个时代最伟大的"DIY"型的发明家。像大多数"DIY"型的发明家一样，卡门非常喜爱解决问题。早在 20 世纪 70 年代，当他还是一个大学生的时候，卡门的哥哥偶然向他提及（那时，卡门的哥哥还是一个医学院的学生，现在他已经成为一位著名的儿科肿瘤学专家），当时还没有任何可靠的方法可以为婴儿提供剂量既小又很稳定的药物。由于没有这样的技术，婴儿的住院时间不得不延长，护士也没有办法自由安排时间。

卡门对此十分好奇，他开始想办法弥补这个缺陷。不久后，卡门就发明出了第一台能自动提供完全相同的药物剂量的输液泵，而在以往，要想实现同样的目的，医院就得对病人进行 24 小时监护。问题就这样解决了。之后，微型化的医疗技术发展成了一种专业。1982 年，卡门创办了德卡研发公司（DEKA Research and Development），这个公司很快就制造出了一种便携式、如录像机那般大小的洗肾机，与以前那种像洗碗机一样的庞然大物完全不同。随后，卡门又发明了一种能够自动上下楼梯的电动轮椅。他试图彻底改进当地的运输工具，于是又发明了赛格威思维车（Segway）^①。卡门还发明了一种机器手臂"卢克之手"（Luke Arm），它使得假肢技术向前迈进了一大步。

自始至终，卡门从来都没有失去过对"透析"技术进行挑战的兴趣。"每一天，"他说，"运用血液透析系统进行透析的病人需要用掉 19 升的无菌水。要获得这么多干净的水是一件很麻烦的事情。它通常意味着，每周都要运一大卡车的无菌水去病人家里，而病人则要在自己的车库里存放数百袋无菌水。我一直在想，肯定能找到一种更好的办法来解决这个问题。"

卡门的第一个想法是循环利用无菌水，但是在咨询了生物学家之后，他意识到不可能用机械方法过滤掉透析过程中从肾脏中洗出来的杂质。"这些杂质包括氨、尿素，以及其他一些中分子量物质。这些从肾脏中冲洗出来的东西，你是根本无法过滤掉的。"因此，卡门换方向来思考：如果不能循环利用这种无菌水，那么应该想一想是否有办法把自来水变干净，然后直接注入病人体内。

这种冒险过程持续了好几年的时间。"事实证明，运用过滤的方法把饮用水变成无菌水是不可能的，"卡门解释道，"渗透膜根本不起作用。最好是用纯净的、通过蒸馏方法所得到的去离子水，但是，目前还没有能够满足这种要

① 赛格威思维车是一种电力驱动、具有自我平衡能力的个人用运输工具，是都市用交通工具的一种。——译者注

求的小型蒸馏器。"因此，卡门决定自己制造一个。不幸的是，经过计算之后，他意识到，如果要使这种小小的机器运行起来，以目前的电力布线情况，大多数家庭都无法承受。如果要使用它，就需要对大多数家庭进行重新布线。

接下来卡门有了一个更加"疯狂"的念头：建造一个能够循环利用自身能量的蒸馏器。"几年之后，我们终于造出了这种小小的盒子，它能够回收 98% 的能量，生产出足够数量的无菌水。我们用各种不同的自来水对它进行检测，发现它每次都做得很成功。它还有一个很大的优点，即不需要使用自来水：我们可以用中水①来取代自来水。这时候，我突然意识到：既然我已经制造出了能够使中水变成可以注入病人体内的无菌水，并且能够循环利用 98% 的能量的机器，那么，我为什么不试着对这个 1 天只能生产 19~38 升无菌水的机器进行改进，使它的产量更大、用途更广呢？现在这种机器能够帮助数以万计需要透析的病人。但是，如果我能制造出一台产量更大的机器，那么它就能帮助到数十亿人。这样一来，我就能够阻止人们死于与水有关的各种疾病，而不只是制造了一台解决透析病人供水这个小小难题的机器。"

这台非同寻常的机器完成于 2003 年。由于卡门想利用这个技术来根除这个巨大的水源性疾病问题，所以他把这种机器命名为"弹弓"（Slingshot），因为大卫就是利用弹弓击败歌利亚的。这台机器像一台家用冰箱这么大，有一根电源线、一根进水软管、一根出水软管。卡门自豪地声称："无论把这根进水管插进哪一种水体里面——无论是含砷的水、咸水、厕所流出来的水，还是化学废物处理厂储水池中的水，从出水管里流出来的都绝对是百分之百纯净的、达到药用级别、可用于注射的水。"

到了现在，这种机器的最新型号一天能够净化 1 000 升的水，而它的功耗仅仅相当于一个电吹风。它的电源是一台升级版的斯特林发电机，这种发电机几乎可以使用任何东西当燃料。在孟加拉国进行了为期 6 个月的现场实验后，

---

① 中水即再生水，是指污水经适当处理后，达到一定的水质指标，满足某种使用要求，可以再次利用的水。——译者注

人们发现，仅仅是燃烧牛粪，就能使这种发电机运行起来，能够为村民提供足够用于手机充电和电灯照明的电力。另外，卡门还想让世界上最偏远的村庄都能用上他这个技术，所以，他在设计这种机器的时候就已经考虑到，它应该能够长期持续运行，至少在 5 年内不需要维修。

"如果真能那样，就好了。"格林布莱特说，"因为这个世界上到处都丢弃着不能再用的抽水泵与净化器。我曾经在一个埃塞俄比亚农村居住过，在那里我用自行车的零件制造出了一个抽水泵，它很好用，因为当它坏了的时候，当地人就能够把它修好，人们很容易就可以拿到自行车零件。这种类型的供应链才是人们真正需要的。"

持有格林布莱特这种想法的人大有人在。许多人都认为，水的问题主要是钱的问题，最好是当地就能够解决，不需要借助高科技的新玩意儿。这是一种后见之明式的观点。在 20 世纪，当卡门等人还在寻找一种高科技、一劳永逸的解决方案的时候，许多国家的政府却犹豫不决，而就在这个时间里，数以百万计的人不幸离世了。在这个世界上，到处都是各种各样的小器械，它们要么不够坚固耐用，要么没法维修，这主要是因为产品的供应链无法延伸到足够远的地方。还有一些绝妙的好点子，只是因为没有人愿意提前进行开放式的讨论，而不得不受阻于文化障碍。全球水务信托公司（Global Water Trust）董事长罗勃·克莱默（Rob Kramer）总是喜欢讲下面这个听起来不太可信、发生在遥远的非洲的故事。当时，他们为一个村庄铺设自来水管道，只剩下不到 400 米就可以铺好了，但是，这最后一段管道总是会遭到蓄意的破坏。"事实证明，这是当地妇女们所为，"他说，"每隔一天，妇女们就要花 4 个小时徒步去取水，这是她们离开自己丈夫的唯一时机，她们非常珍惜这个私人空间，因此她们总是不断破坏这些管道。"

所有这些都是事实，但是，许多人也忽略了其他一些事实。利用自行车的零部件来制作抽水泵这个主意初听起来确实令人拍案叫绝，但是这并不是一个长久之计。用自行车的零部件制作抽水泵充其量只是一种过渡性的技术，与最终促成了 3G 无线网络的早期的铜线电话网络系统并无二致。为了长期的可持续发展，我们需要像弹弓那样具有特别强大的"杀伤力"的解决方案。

其次，我们可以从错误中学习。当然，是我们自己把水资源弄得一团糟的（不仅仅在发展中国家是这样，美国的基础设施也非常陈旧——在费城的地底下仍然在使用木制的水管），但是，现在问题意识已经空前高涨了。感谢无线技术革命，我们能够比以往任何时候都更好地进行交流。而且，对于任何水资源的解决方案来说，赢得社区的支持都是最关键的部分，没有它的支持，一切努力都会付之流水。我们也知道，随时随地都要准备好可用的零部件，需要对维修工人进行物质鼓励，最好的情况是，安装与维修的技术在当地就能够得到解决。不过，我们也都很清楚，上面这些东西适用于所有解决方案，不管是高科技的还是低科技的。而且，随着手机的普及，认为高科技的解决方法在农村环境里不能发挥作用这个陈旧的观念也已经不攻自破了。比诺基亚移动电话更高级的高科技产品又能有多少呢？要知道，整个非洲目前已经有将近 10 亿部手机在使用了。

大部分利用科学技术来解决水资源问题的方法，都需要首先解决好能源问题与基础设施建设的资金问题。由于我们拥有丰富的能源，问题就已经解决了一半了。那么，这些能源是如何产生的呢？这个谜底我们将留待后面的章节来解开。在这里，我们先讨论基础设施建设的资金问题。水信贷项目的主管艾普瑞尔·瑞纳（April Rinne）曾经这样说过："在水资源领域，一般小额贷款数额在 200~800 美元之间。"目前，制造一台"弹弓"所花费的成本是 10 万美元。根据卡门的计算，在实现大规模的商业化生产之后，每台"弹弓"的成本将下降为：2 500 美元的制造费用，另加一个价值 2 500 美元的动力装置——斯特林发电机。如果卡门所设计的这个系统真的能够工作 5 年，而且它每天能够生产出 1 000 升饮用水，那么每升水的生产成本为 0.002 美元。即使你把劳动力的价格和利息都算在内，把每升水的生产费用再提高 3 倍，5 升水的价格也只是 4 美分而已——相比之下，现如今同样数量的水需要 30 美分。

不过，卡门还想到了另外一种解决这个问题的方法。他已经与可口可乐公司就共同生产、配送"弹弓"的问题进行过谈判。当然最重要的是,他想利用可口可乐公司庞大的供应链(在非洲,可口可乐公司的供应网络是最大的)来帮助推广和维护"弹弓"。"事情并没有到此结束,"他说,"我确实是这么认为的。这是一个庞大的工程,或许还需要第三个合作伙伴的参与。需要有人让整个过程透明化,让它变得安全可靠,教育人们如何使用它。但是,我仍然希望可口可乐公司是主要的支持者,它是这个项目的主要资金提供者,也希望整个配送工作,项目的开发、支持、教育与维护都主要由它来承担。这是一种一站式的购物方式。我认为这个工程所需要做的大部分事情他们都能做。"

可口可乐公司同意试试看。在 2011 年 5 月,这个世界上最大的碳酸饮料制造商推出了一系列"弹弓"的现场实验。如果实验取得了成功,那么它就可以为全世界的农村社区提供帮助了。"弹弓"也有一定的局限性。根据卡门的计算,一台"弹弓"只能服务 100 个人。当然,如果多几台机器,也就可以为更多、更大的社区供水了。但是,这种机器既不是为大型城市设计的,也不是为了满足我们的工业与农业生产的需要设计的。大城市和工农业生产所需的水又如何解决呢?不过,在讨论这些问题的解决方法之前,不妨让我们先来看一下,在面对另外一个与富足有关的基本问题时,"弹弓"又是如何大显身手的。这个问题就是当前的人口大爆炸问题。

洁净水与低生育的良性循环

马尔萨斯主义者经常使用"丰饶论者"(cornucopians)这个单词来描述我们这些鼓吹富足的人。这并不意味着他们喜爱这个术语。他们所持立场的核心是人口增长问题。"丰饶论者"觉得技术增长率将会超过人口增长率,这样一切问题都会迎刃而解。而马尔萨斯主义者认为,目前的人口状况已经超出了地球承载能力的极限了,如果任由人口继续不加限制地增长,那么我们就再也无法发明创造出任何足够强大的东西来扭转这种结果了。但是,卡门的技术却提供了一条亟需的"中间道路"。

人口与生育率具有直接的相关性。今天，一些主要发达国家的生育率已经处于或者低于更替水平——这意味着人口已经趋于稳定或者呈下降趋势了。人口问题主要存在于发展中国家，它们的婴儿出生率很高。而且，在发展中国家，人口问题主要也不在城市。城市化实际上降低了人口的出生率。问题出在乡下，因为大部分高出生率地区都集中于贫穷的农村。在那里，需要很多劳动力来从事农业劳动，因此农民的家庭规模一般都比较庞大。但是他们希望生男孩——通常至少要生 3 个。他们的这种逻辑让人感到很悲哀。之所以 3 个男孩才是令人满意的结果，那是因为，其中一个男孩可能会死掉，而第二个可以待在家里照料农场，照顾上了年纪的父、母亲，同时这样做可以赚到足够的钱送第三个男孩去上学，以保证他日后可以找到一份更好的工作，从而结束世代务农的命运。因此，在贫穷的农村，儿童的高死亡率是驱使人口增长最主要的原因之一，而问题的根源则常常在于他们的饮用水非常肮脏。

现在，这个星球上仍然有 11 亿人无法获得可以安全饮用的水，其中 85% 的人生活在农村。全世界每年都有 220 万名儿童因喝了受到污染的水而死亡，当然，它们绝大多数也都生活在农村。所以，像"弹弓"这样一台能够为这些社区提供干净饮用水的机器可以极大地促进人们的身体健康，提高儿童的存活率。当然，还有最重要的是，它还可以通过这种方式降低生育率。

让金字塔底部变得更宽

像"弹弓"这样的设备虽然看上去功能很强大，但是，要解决水资源问题，不能单纯地只依靠某一种技术。任何解决之道，都必定是能够满足多种需要的技术的一系列组合体。在这里，我们就来讨论其中一种需要，那就是迅速提供救援的需要。即使在发达国家，救援制度也完全不是地震、海啸与飓风等自然灾难的对手。2005 年，当卡特里娜飓风重创新奥尔良之后，救援队在 5 天之后才把水送到躲避在超级圆顶体育馆（Superdome）内的难民手中。

在震惊于卡特里娜飓风的巨大破坏力的人当中，有一位名叫迈克尔·普里查德（Michael Pritchard）的英国工程师。事实上，不到一年之前，他就曾经被亚洲海啸震惊过了。普里查德是一位水处理专家，这两起悲剧的关键问题都是水。不仅仅是幸存者在灾难发生后无法立即得到干净的水，而且解决这个问题的方法往往只能起到使其他问题更加恶化的作用。"习惯上，"在 TED 大会上，普里查德告诉听众，"在危机中，我们会怎么做呢？我们会运一些水过来。灾难发生一周之后，我们会建立一些营地，人们为了得到安全的饮用水，不得不走进这些营地。你不难想象，当两万人聚集在同一个营地里时，又将会发生什么事情呢？那只能是疾病蔓延、资源更加紧缺，诸如此类的问题将会源源不断地产生。"

因此普里查德决定做点什么。在几年之后的 2009 年，他研制出了一个救生瓶。这个瓶子的一端装有一个手动泵，另一端有一个过滤器。乍看起来，这个瓶子并不像一个高科技产品，但是这个过滤器可不是一般的过滤器。研究纳米技术的科研人员是在非常微小的尺度上进行工作的，他们是用原子来测量距离的。$1/10^9$（用科技语说，就是 1 纳米）是他们的基准线。在普里查德的手动泵滤水器出现之前，最好的手动泵滤水器能够过滤掉 200 纳米小的东西，这已经足以过滤掉大部分细菌了，但是病毒的体积还要更加微小，因此常常成为漏网之鱼，无法过滤掉。为此，普里查德新设计了一种过滤网，网孔只有 15 纳米宽。在几秒钟之内，它能过滤掉任何东西，这些东西包括细菌、病毒、囊孢、寄生虫、真菌与其他水媒性病原体。这个过滤器可以使用很长时间——保证能够"生产"出 6 000 升的纯净水；当这个过滤装置过期时，系统就会自动关闭以防止用户喝到受污染的水。

普里查德设计这个救生瓶的目的就是用于灾难救援。那我们还等什么呢？把普里查德的设计稍微改动一下，一个简便的油罐大小的滤水系统就呈现在眼前了，它能够生产出 25 000 升的水——足够一个四口之家用上三年了。而且，更好的地方还在于，要维持这个系统的运行，每天只要花费半美分就够了。"只要花上 80 亿美元，"普里查德说，"我们就能够实现'新千年发展目标'中的其中一个目标了——使无法获得安全饮用水的人数减少一半；如果花上 200 亿美元，就能保证每个人都能喝上安全的饮用水了。"

然而，救生瓶只是一个开始。纳米技术产业正在爆炸式地发展。从 1997—2005 年，这个行业的投资额从 4.32 亿美元一路暴涨到了 41 亿美元。根据美国国家科学基金会的预测，到 2015 年，在纳米技术产业上的投资将会高达 1 万亿美元。我们正在进入一个分子制造业的时代。当我们可以在纳米尺度上进行生产，对各种物质的原子进行重新排列时，各种全新的物理性能将不断地涌现出来。

现在再回过头来讨论有关水的问题吧，现在，我们已经制造出了一些对重金属特别有亲和性、容纳力和选择性的纳米材料。这也就意味着，这些纳米颗粒可以吸纳大量有害的重金属物质，然后把它们转化为无害的化合物。这样一来，受到重金属污染的河道、地下含水层，以及受《环境应变补偿与责任归属综合法案》保护的各个地区都可以清理干净了。

与此同时，美国 IBM 公司与日本东京的中央硝子公司（Central Glass）的研究者们已经研发出了一种能够清除盐和砷的纳米过滤器——直到最近，还有许多人认为这是不可能发生的事情。目前，在最先进的卫生设施里，人们已经开始使用具有自我清洁功能的纳米材料生产卫浴排水管件，这些纳米材料能够自动除去堵塞物，并减少锈蚀。研究者们还在进一步开发具有自我修复能力的纳米管道，这种水管能够根据"自己的判断"来修复漏水处。另外，在严重缺水的中东，德国科学家赫尔穆特·舒尔茨（Helmut Schulze）和总部位于阿拉伯联合酋长国的 DIME 疏水材料公司（DIME Hydrophobic Materials）的研究者们在研究过程时，从小说《沙丘》（Dune）中获得了一个灵感。他们开发出了一种用纳米材料制成的疏水砂，将 10 厘米厚的一层纳米疏水砂放置在沙漠的表层下面，可以减少 75% 的水分流失。在中东，85% 的水都是用于灌溉的，因此这种疏水砂不仅可以用于种植作物，也可以用于对抗沙漠化。

地球上 40% 的人口都居住在距离海岸线 100 千米之内的地方，如果把纳米技术与海水淡化技术结合起来，那么就能从根本上解决人类缺乏水资源的问题。目前世界上大约有 7 000 个海水淡化工厂，它们中的绝大多数都是利用加热海水脱盐方法（常被称为多级闪蒸法）或反渗透法来淡化海水的。前者的做法是先把海水烧沸，然后冷凝水蒸气；后者则是让海水通过一种半渗漏性的薄膜（半透膜）。然而，这两者都不是我们所需要的解决方法。

如果大规模地利用加热海水脱盐的方法进行海水淡化，那么就会消耗掉太多的能源（每兆升水大约需耗费 80 兆瓦时），而且其副产品盐卤水还会渗透到含水层中，污染地下水，并对水生种群造成灾难性的后果。另一方面，虽然相对来说，反渗透法所需能源较少，但是，像硼、砷这样的有毒物质仍然能够穿过半透膜，而且半透膜常常会被堵塞，从而降低了过滤器的使用寿命。不过，幸运的是，总部位于洛杉矶的纳米水公司研发出了一种新颖的过滤器，它能够在少用 20% 能源的基础上多制出 70% 的淡水。纳米水公司的这种技术荣获了 "2010 年百大清洁技术奖"。

当然，我们还会在本书的余下部分继续介绍类似的纳米技术。目前，还有许许多多能够影响水资源的纳米技术正在开发中。与每一项令人惊奇的纳米技术相对应，都有一项同样令人惊奇的生物技术。而在每一个生物技术解决方法中，也都有一个令人激动的废水回收方法。而且，许多人认为最有前途的发展主线甚至不是水资源领域，而是与这个领域密切相关的"技术集成"。

智能供水网

IBM "杰出科学家"、"大绿创新"项目首席技术官彼得·威廉姆斯（Peter Williams）说："在水资源问题上，最大的机会并不在于水本身，而在于信息。"他这种说法所针对的其实是"浪费"问题。现在，在美国，70% 的水资源被用于农业生产，然而在生产出来的粮食当中，却有 50% 被浪费掉了。在我们所消耗掉的能源当中，其中 5% 用于抽水，但有 20% 的水是因为水管中的裂缝而流失掉的。"这样的例子举不胜举，"威廉姆斯说，"你告诉我的有关水资源的问题，与我告诉你的有关信息的问题，这两者在本质上是一样的。"

要解决这个信息问题，就要为所有水务工程建立一个智能网络，即所谓的"智能供水网"。这个计划是这样的：把各种传感器、智能仪表、由人工智能驱动的自动化操作系统嵌入管道、下水道、河流、湖泊、水库、港口当中，甚至还可以把它们嵌入海洋当中去。水创新联盟（Water Innovations Alliance）的执行董事马克·莫泽莱夫斯基（Mark Modzelewski）认为，智能水网能够使美国的总用水量节约 30%~50%。

IBM 认为，在下一个 5 年内，智能水网将发展成为一个价值 200 多亿美元的产业，该公司决定从一开始就参与这个计划。针对亚马孙河流域的水资源管理问题，IBM 公司与美国自然保育协会（Nature Conservancy）合作，建立了一个全新的计算机建模框架，允许用户模拟该流域河流的运行情况，从而可以对目前无法解决的许多问题做出更好的决策。比如，我们可以预先知道砍伐上游的森林是否会对下游的鱼类产生影响。在爱尔兰，这个蓝色巨人（IBM 公司）还在与爱尔兰海洋研究所合作推进智能海湾项目，监测戈尔韦湾的波浪条件、污染程度与海洋生物。IBM 在荷兰还有一个"智能堤坝"项目，在美国哥伦比亚特区华盛顿也有一个升级版的污水管道分析系统。此外，它还有其他几十个分散于全球各地的项目。

其他公司也纷纷效仿。例如，惠普公司在底特律实施了一个智能电网系统，它已经使生产率提高了 15%。同时，在学界，位于芝加哥的西北大学的研究者们已经制造出了一种"智能管道"，这种管道安装了很多个纳米传感器，可以监测从水质到水量的任何东西。在国际上，各国也都在这个方面加大了投入。西班牙每年的灌溉用水大约为 34 亿立方米，在安装了一个全国性的计算机辅助灌溉系统后，该国节约了 20% 的用水。

计算机辅助灌溉属于"精细农业"的范畴，或者说，是"精细农业"的一个子类。"精细农业"正是智能网络大显身手的一个重要领域。一个完整的精细农业智能网络是由计算机辅助灌溉系统、GPS 追踪系统与遥感技术共同组成的。俗话说得好，每滴水都要用在实处。这个技术组合使农民可以实时了解田地里发生的一切事情：温度、蒸腾作用、空气与土壤中的含水量、天气变化、每棵植物需要多少肥料、每棵植物获得了多少水分，等等。现在有一种无法证实的说法，说地球上 70% 的水用于种植粮食。"如果实施精细农业，"水管理顾问道格·米尔（Doug Miell）建议佐治亚州政府，"那么农民们可以减少35%~40% 的用水量，农作物产量也会相应地提高 25%。"

不过，我们在这一节中一再提到的这些巨大的节约只是所要讨论的问题的起点，而不是终点。一旦所有的水务工程都变成了智能网络，那么水资源问题就真的变成一门信息科学了，而那也就意味着我们已经将水资源绑定在了一个指数型增长的浪潮中。我们正讨论的这个智能网络确实是一个完全开放的东西。一个又一个类似的网络将会不断产生，我们真的不知道最后的终点会在哪里——因为人类是多么期待指数型增长的结果。但是有一件事情是可以肯定的，那就是：我们将会得到更多的水资源。

高科技"马桶"

到底是谁发明了现代抽水马桶，现在仍然是一个聚讼纷纭的问题。有人声称，现代抽水马桶是 19 世纪一个名叫托马斯·克拉普（Thomas Crapper）的英国水管工发明的。当然，事实真相并非如此，抽水马桶在更早的时候就已经被发明出来了。在西方，现在人们一般都认为第一个抽水马桶是由约翰·哈灵顿爵士（Sir John Harington）在 1596 年为他的教母英国女王伊丽莎白一世发明的，不过，他的发明从来没有投入商业化生产。在东方，这个创新还可以追溯到久远得多的历史时期。考古学家们最近发掘出了一个公元前 206 年的中国汉代的厕所，它包括一个自动供水装置、一个石头做的"大碗"，还有一个扶手，这个 2 400 年前的中国汉代的"抽水马桶"看起来已经非常接近现代抽水马桶了。而从另外一个角度来说，这也就是问题所在了：很显然，我们本节将要重点讨论的室内排水系统，在如此漫长的时间内一直没有得到多大的改进。

但是，不要悲观！让我们来想象一下可能的改进吧。试想，如果不需要任何的基础设施，那么厕所将会变成什么样子！在地板下没有管道，在草坪下没有化粪池，在街区里没有排污系统。采用了高科技的厕所可以把污物化成粉末，可以燃烧掉粪便，还能迅速蒸发掉尿液，在此过程中不会产生任何有害细菌，也不会造成任何浪费。这种高科技厕所还会带来巨大的回馈：一包包的尿素（可以用作肥料）、食盐、大量的淡水、足够的电力，还有，如果你真的有需要而且愿意的话，用你拉出来的"便便"来帮你的手机充电吧。如果把这些厕所也并入智能网络，那么我们甚至可以把这些电力卖回给公用事业公司，那也就意味着，有史以来第一次，每个人都能通过排便来赚钱了。要实现这一切，消费者每天只要花费 5 美分就可以了。因此，很显然，这不仅仅只是一个简简单单的改进，而是已经成了一场真正意义上的革命了。

这也是比尔和梅琳达·盖茨基金会最近宣布的一个项目的目标。8 所大学已经收到了该基金会的资助基金，这些资金将用于研究和开发，以便把 21 世纪的高科技运用到这场厕所革命中去。洛厄尔·伍德（Lowell Wood）就是重要的参与者之一。你可能会想，伍德应该也是一位卫生设施专家吧？但是事实并非如此。伍德是劳伦斯利弗莫尔国家实验室（Lawrence Livermore National Laboratory）的一位天体物理学家，他的研究方向是热核聚变、计算机工程、X 射线激光。最值得一提的是，伍德曾经参加过罗纳德·里根总统的"星球大战"计划。

"比尔和梅琳达·盖茨基金会的项目是一个巨大推动力，"伍德说，"它把从英国维多利亚时代以来 130 多年一直没有多少变化的厕所系统卷进了一场大改进当中。在发展中国家，环境卫生问题导致了大量的死亡和疾病，很显然，这场厕所革命将会拯救数以百万计的生命。同时在发达国家，这场革命也有重要的意义。在我们每天支付的水费当中，大约有 3/4 都被用在了废水的输送与污水的处理上面。因此，比尔和梅琳达·盖茨基金会的这个项目可以同时解决以下两大问题：第一，帮人们找到一个方法，使人们在上厕所的时候再也不必与污物和污水为伍；第二，把人类的排泄物变成完全无害的东西。"

这听起来有点像是人类的幻想，不过它的实现却不需要任何魔法。"你可以燃烧部分排泄物，利用从中释放出来的能量来彻底处理尿液，把它重新变成水与盐，"伍德解释道，"人类的排泄物每天都可以制造出一兆多焦耳的能量，这些能量已经足够满足一个高科技厕所之需了，剩下来的部分则可以用于手机充电和照明。我们现在已经掌握这种技术了，完全可以用现成的组件实现这些功能。在这个问题上，最大的挑战是每天 5 美分的成本，因为那得要发展中国家的民众自己来承担。"

这种厕所的好处几乎是不可估量的。首先，将人类的排泄物彻底地清理干净，就等于解决了大部分的全球疾病负担（同时也可以放慢人口增长速度）。这个项目是分布式的（因此在基础设施方面不需要大量的前期投入），而且还能够为人类带来水和电的正产出，因此它完全是颠覆性的。此外，它在节约资源方面的高效率也正是我们所需的。厕所用水占美国全部用水的比例高达31%。根据美国环境保护署（EPA）的估计，美国全部家庭每年浪费掉的水的总量高达 47 亿升——这相当于洛杉矶、迈阿密、芝加哥这三个大城市每年的总用水量，而厕所正是其中最大的浪费源。最后，这种高科技厕所还可以用于处理其他有机废物（包括餐桌上的残羹冷炙、修剪花园留下的残花败叶、农场上的废弃物等），从而实现彻底的循环利用，并为家庭提供所需要的用水。

地球，太空中的"淡蓝色小点"

1990 年的某一天，天文学家卡尔·萨根（Carl Sagan）做出了一个小小的决定——他决定，让旅行者 1 号探测器（Voyager 1 spacecraft）在完成它在土星上的使命返回地球的途中，绕地球一圈并拍下一组地球的快照带回来，他觉得这些照片可能会十分有趣。事实证明，这是他极其杰出的职业生涯中最值得庆祝的决策之一。在宇宙这个广袤无垠的巨大空间里，地球显得如此无足轻重，在众多的星球中，它只不过是沧海一粟而已——或者，如萨根所说的："它只是悬浮于阳光下的一粒尘埃。"但是，它是一粒蓝色的尘埃，就这样，这组照片便有了如下这个著名的名字：淡蓝色的小点。

地球是一个淡蓝色的小点，因为它是一个水的世界，2/3 的地球表面都被海洋覆盖着。这些海洋是我们赖以生存的根基，是我们生命中的血液。毫无疑问，目前地球上仍然有 10 亿人无法获得安全的饮用水，但是，海洋却掌握了通往更美好未来的秘密。让我们再回过头来看一下本书的主题吧：富足并不仅仅止于丰饶。我们在上文中讨论过的这些创新都有一个共同的潜力，即能够循环利用海水、改变它们的化学性质，为人类提供所需的水资源。但是，这一切并不会自动发生。还有许多工作摆在我们面前，需要我们去做。然而，由于这些节约用水的技术都是呈指数形式增长的，它们可以发挥出最有效的杠杆作用。要走的这条路其实很容易，就是直接从 A（起点）到 B（终点），但是——关键就是这个"但是"——我们必须全身心地投入。

对于他的那些著名照片，萨根曾经说过："这些关于我们这个渺小世界的遥远影像……突出了我们所肩负的责任，它们可以让人类彼此之间变得更加友善，以便共同来保护和珍惜这个淡蓝色的小点——这个迄今我们所知道的唯一的家园。"对于这一点，我们再赞同不过了。所以，今天就马上行动起来吧。减少沐浴的时间，少吃点牛肉，尽最大努力来保护目前有限的资源吧。但是，关于明天，我们知道让地球成为一个水资源相当丰富的世界是很有可能的。只要致力于推动各种指数型增长的科技的发展，我们的生活也会发生翻天覆地的变化。本章中所提到的这些科学技术，是保护这个淡蓝色的小点——这个我们所知道的唯一家园最好的方法了。

12

养活 90 亿人的 3 大对策

农业灌溉系统抽干了水库，除草剂和杀虫剂污染了水源，这是蛮干所导致的失败。我们有 3 个实现富足的对策：转基因农作物符合农业发展的自然规律；垂直农场既解决了耕地不足的问题，也避免了农业污染，更重要的是，它可以极大地缩短食物运输的距离；人工培植肉将会大大减少人们患病的机会。

THE FUTURE

IS BETTER THAN

YOU THINK

ABUNDANCE

蛮干导致的失败

据说，这个世界上最古老的行善目的，就是去帮助那些食不果腹的人，使他们免于饥饿。但是，目的高尚并不意味着我们真的精于此道。根据联合国的统计，目前全球仍然有 9.25 亿人还吃不饱饭。也就是说，全世界每 7 个人当中就有一个人会饿肚子，显而易见，其中儿童必然是最大的受害者。每年，全球都有 1 090 万儿童死亡，其中有一半都与营养不良有关。在发展中国家，每三名儿童当中，就有一名儿童因营养匮乏而出现生长发育不良的情况。其中，缺少碘是导致智力发育迟缓低下和脑损伤的最大单一原因；缺乏维生素 A 则每年夺去上百万名婴儿的生命。这就是我们生活的世界，这就是我们当下要面对的挑战。幸运的是，到目前为止，全世界人口还没有出现以 10 亿为单位的爆炸性增长，全球变暖也尚未导致耕地显著减少，换言之，原本难以解决的那些问题还没有变得完全无法掌握。

这种情况不禁让我想起了两个英国皮鞋推销员的故事。那是在 20 世纪初，这两个人都被派到非洲去开拓新的皮鞋市场。一个星期后，他们两人各自写了一封信回家。第一个推销员说："前景一片暗淡，这里没有一个人是穿鞋的！我将乘下一班轮船回来。"但是，第二个推销员却看到了截然不同的前景："这真是一个非常棒的地方！几乎具有无限的市场潜力，我将永远不会离开这里。"

同样的道理，当我们面对食物匮乏问题时，也有足够多的机会来改善它。

在过去的100年里，农业是受到"蛮干精神"影响最深的一个产业了。首先农场都实现了工业化，接着，食物生产也实现了工业化。我们是用石油支撑着粮食生产与分配系统的。现在每生产1卡路里食物，都需要耗费10卡路里的石油。在如今这个面临着能源短缺的世界里，以这种方式生产食物实在是太不可取了。农业灌溉系统抽干了水库。在印度和中国，地表下的主要含水层都几乎消失了，由此而导致的结果是，这两个国家的风沙侵蚀区比20世纪30年代的美国中西部地区还要严重。含毒的除草剂和杀虫剂已经摧毁了水道。由于含氮肥料的流入，使得沿海水域变成了一个死亡区域，这个问题已经非常严重了，以至于连美国这样一个处在两个大洋之间的海滨国家也有80%的海产品都得从国外进口。

毫无疑问，这种明显有违常理的农业生产方式不是长久之计。现代渔业是蛮干的另外一个极佳例子。海底拖网捕捞每年都要毁坏大约1 500万平方千米的海床——这个面积相当于整个俄罗斯的大小，因此我们不要再进口海产品了吧。2006年，发表在《科学》杂志上由生态学家与环保人士组成的某国际组织撰写的一份报告显示，按照目前的捕捞速度，到2048年，地球上所有的海产品都将会被耗尽。

此外，在过去的半个世纪里，在粮食生产方面，我们似乎已经完全发挥了现有的用于增加粮食产量的科学技术的全部潜力。根据世界观察研究院（Worldwatch Institute）和地球政策研究院（Earth Policy Institute）的创始人莱斯特·布朗（Lester Brown）的说法："在过去的10年里，全球农业生产率的继续提高已经遇到了一个新的瓶颈，再也没有多少未开发的科学技术可以发挥作用了。"以日本为例，虽然已经利用了所有可用的技术，但是14年来，水稻产量一直没有什么增长。韩国与中国也都面临着同样的情况。法国、德国和英国三个国家的小麦总产量占到了全世界的1/8，但是，这三个国家的小麦产量也早就不再增长了。农业的工业化甚至还让贫穷的国家陷入了更加岌岌可危的境地。著名的环保人士纨妲娜·希瓦（Vandana Shiva）撰写了一本关于印度旁遮普省的书，与许多人所声称的相反（这些人声称，通过绿色革命，旁遮普省由"讨饭碗"变成了"面包篮"），希瓦在书中指出："所谓的绿色革命带来的并不是繁荣。实施绿色革命 20 年后，留给旁遮普省的根本不是富足，而是不满与暴行。在旁遮普省，到处充斥着被破坏的土壤、害虫成灾的农作物、泡着水的荒地、因负债累累而心怀不满的农民。"

然而，尽管存在着这些灾难，但是，在过去的那个世纪里，我们确实也看到粮食生产能力获得了奇迹般的提高。我们成功地用比以往更少的土地养活了更多的人。现在，我们只耕种了全世界 38% 的土地。假设现在农业生产率仍然停留在 1961 年的水平，那么要生产出相同数量的粮食，就需要利用全世界82% 的土地。这是由石油化工所支撑起来的农业集约化导致的结果。未来的挑战是用一种更加巧妙的方法来代替这种无法持续的外力强行推动下的蛮干型发展模式。如果我们能够学会与生态系统协同作战，而不再冷酷无情地践踏它们，同时优化粮食作物和食品系统，那么，我们很容易就能够找到第二个卖鞋者所发现的那种地方：一个拥有广阔的市场与无限潜力的地方。

对策 1：转基因农作物

许多人认为，怎样才能最好地提高粮食作物的产量这个问题已经变成了一个二选一的问题了——采用或不采用转基因技术。不过，说实话，这其实已经不再是一个问题了。早在 1996 年，全世界就已经种植了 17 000 平方千米的转基因作物。到 2010 年，这个数字进一步上升到了 148 万平方千米。转基因作物的种植面积在这些年间整整提高了 87 倍，转基因技术也因此成了现代农业发展历史上普及得最快的农作物技术。说真的，转基因这匹"马"早就冲出了马厩。

此外，还有一些人坚持，转基因农作物是违反自然的，是一种科学怪物。

坦率地说，这种观点其实非常荒谬可笑。转基因作物完全符合农业发展的自然规律。正如马特·里德利所解释的：

> 按照定义，几乎所有的农作物都可以被称为"转基因的"。从根本上看，任何一种农作物都是基因变异的结果，都是"违反自然规律"的产物。它们或是种子特别大、特别容易脱落，或者果实特别肥美、特别香甜，而且都需要依靠人工干预才能存活下来。直到 16 世纪，橙色的胡萝卜才在荷兰被首次发现，这得归功于突变选择。香蕉是不育的，不会自行结籽。小麦有三种完整的倍数染色体（双倍体），每个细胞中的基因组都来自于三种不同的野草，如果作为一种野生植物，小麦根本无法生存下去——这正是你从来没有遇到过野生小麦的原因。

农业发展的历史就是人类重新排列植物 DNA 的历史。在很长一段时间内，杂交育种是首选的方法，后来才出现了孟德尔和他的豌豆试验。当了解基因工程到底是怎么一回事之后，科学家们就开始尝试着利用各种各样异想天开的技术来诱发突变了。我们把种子浸泡在致癌物中，用放射性物质对它们进行"狂轰滥炸"，偶尔还把它们置于核反应堆中。目前已经出现了大约 2 250 种这样的突变体，其中大部分都被认证为是"有机的"。

另一方面，基因工程技术也使得人类在寻找新的物种时能够做到有的放矢。在植物育种的历史上，基因工程第一次让我们明白自己正在做的是什么，这才是真正的不同。也正是因为我们可以获得的信息的数量和质量都出现了极大的不同，从基于自然选择的演化向依据人类确定方向演化的惊险一跃才得以发生。

当然，这并不是说，在植物育种的发展历史过程中，不采用基因技术的那些种子优化工作都是没意义的。总部位于堪萨斯州的土地研究院（Land Institute）正在试验，是否可以把小麦、玉米这样的一年生粮食作物变成多年生植物。如果真的成功，那将是一件非常美妙的事情。在把太阳光转换为食物的时候，自然生态系统的效率远远优于由人类管理的农业系统。多年生作物——主要是指套种的多年生植物（"套种"的意思是把不同的多年生植物混合地种植在一起），可以稳定生态系统。这些植物都有长长的根须和不同的枝叶结构，因此，它们不仅能够适应变化多端的环境，而且还能够抵御虫害和病变。它们的单位产量比人工农业系统还要大，而且它们不需要耗费任何矿物燃料，也不会污染水源、降低土壤质量。这个目标的实现只不过是时间问题。土地研究院预测，要使这类作物变得高产和有利可图，可能还需要再花上25年的时间。不过，其他一些比较普通的生物工程作物现在早就在"大显身手"了。

另外，经过30多年的实践之后，绝大多数人已经不再视基因工程为洪水猛兽了。转基因产品的健康问题已经不再是人们关注的焦点。目前，服务于人类的转基因食品的价值早就超过万亿美元了，但是从来没有发现过一例因食用转基因食品而诱发的疾病。当然，人们还有另外一个焦虑，那就是基因工程会不会破坏生态系统，总的来说，基因工程对环境有益无害。播下转基因种子之后，不需要对土地进行耕刨，因此可以让土壤结构保持完好无缺。这样一来，土壤也就不会再受到流水的侵蚀，它的碳封存能力与水净化能力也会有所改善，同时还可以大大减少以往粮食生产过程中所需要的石油化学产品的使用量。除草剂的使用量也会下降，然而产量却会增加。

"2002年的时候，印度农民引进了转Bt基因抗虫棉。"斯图尔特·布兰德在《地球的法则：21世纪地球宣言》（*Whole Earth Discipline: An Ecopragmatist Manifesto*）一书中写道："一夜之间，印度便从一个棉花进口国一跃成为一个棉花出口国，棉花产量从1 700万包提高到了2 700万包。那么转Bt基因抗虫棉有什么社会成本吗？它使棉花产量增加了50%，杀虫剂的使用量减少了50%，棉花种植者的总收入从5.4亿美元上升到了17亿美元。"

这是一种"现在进行时"式的进展报告。农业生物技术产业正以每年10%的速度在成长，而就技术本身而言，它的发展速度还要更快。2000年，人类完成了第一个植物基因组的测序工作，花了整整7年时间，动员了500名科技工作者，总费用高达7 000万美元。而在今天，要完成同样的工作只需要 3 分钟，成本大约也只需要 100 美元。这是一个好消息。信息量越丰富，意味着我们越有可能找到更好的有针对性的方法。现在我们正在享用着第一代转基因农作物。或许不久之后，就能够研发出下一代，它们或者可以在干旱的环境下和盐碱化的环境下生长，或者营养更丰富，或者有药用价值，或者产量更高，或者不需要使用杀虫剂、除草剂和矿物燃料。最好的计划是马上着手启动这些事情。木薯生物营养促进计划（BioCassava Plus project）是比尔和梅琳达·盖茨基金会资助的一个项目，目的是开发转基因木薯，使这种全世界消费量最大的主要农作物之一的作物营养变得更丰富，增加它的蛋白质、铁、锌和维生素 A、维生素 E 的含量，减少块茎中氰化物的含量，增强它的抗病能力，同时增强它的耐贮存性，把它的贮存时间延长至两周（而不是只能贮存一天）。到 2020 年，这一转基因农作物将会极大地改善以它为主食的 2.5 亿人的健康状况。

当然，基因工程也会带来一些问题。没有人希望看到这样的结果，即少数几家公司控制了全世界的粮食供应。因此，到底由谁来拥有这些种子才是人们真正关心的问题。但是这个问题也不会持续很久。加州大学戴维斯分校的植物病理学家帕梅拉·罗纳德（Pamela Ronald）和有机农业专家拉乌尔·阿达姆查克（Raoul Adamchak）这对夫妻在他们合著的《明天的餐桌：有机农业、遗传学和粮食的未来》（*Tomorrow's Table: Organic Farming, Genetics, and the Future of Food*）一书中写道："它（基因工程）是一种相当简单的技术，大部分国家，包括许多发展中国家的科学家都十分熟悉这种技术。作为基因技术产物的种子，它不需要额外的维护成本，也不需要额外的农业技术。"这就意味着，只要愿意分享知识产权，基因工程技术完全可以实现平民化、大众化。当然，现在这一切都还没有发生（或者，至少还没有成为普遍的现实）。最近，作家兼社会活动家迈克尔·波伦（Michael Pollan）在今日永存基金会（Long Now Foundation）发表了一次演讲，他呼吁在基因工程农作物领域也要展开"开源运动"。对于这种观点，斯图尔特·布兰德也表示赞同，他认为："即使孟山都公司大发雷霆也不用怕。你只需要告诉他们，如果他们客客气气的，那么你可能会将你对他们的专利基因阵列进行局部微调得到的成果授权给他们。"

但是，即便能够利用开源的转基因农作物，要养活全世界也不能仅仅只考虑生产方面的问题——还必须考虑产品怎样分配的问题。因此我们必须想一想，虽然生产出来的食物已经足够养活全世界的人了，但是地球上仍然有将近10亿人还在饿肚子，这到底是为什么呢？根据食品与发展政策研究院（Institute for Food and Development Policy）的估计，每人每天吃下的食物总量大约为两千克，其中 1.1 千克左右为谷物、豆类、坚果；0.45 千克左右为肉类、牛奶和鸡蛋；剩下的 0.45 千克左右则为水果和蔬菜。许多人认为，当前的粮食分配制度造成了巨大的浪费，这是一个大问题。尽管这是千真万确的，但是，如果我们真的想养活全世界，那么最终的解决方法就不应该是某种能够更有效地将粮食到处搬来搬去的方法。"釜底抽薪"的方法让农场更贴近消费者。是的，现在迁移农场的时机已经成熟了。

对策 2：垂直农场

从历史上看，其实这并不是人类第一次被迫迁移农场。在第二次世界大战接近尾声的时候，美国军队的给养保障出现了问题。从根本上说，这也是一个分配问题。美国的兵力分布于全世界各地，在运输给养的过程中，不仅成本高昂，食品容易变坏，而且补给舰也很容易成为敌方水下潜艇攻击的目标。那么怎么解决这个军队供给问题呢？答案是显而易见的，那就是在驻军当地种植粮食。但是，那些驻扎在太平洋的荒岛上和中东干旱的沙漠上的士兵怎么办呢？那些地方很难找到肥沃的土壤。其实这也不是问题，如果真的找不到肥沃的土壤，用水不就行了嘛！

在水里种植粮食这个想法至少可以追溯到巴比伦空中花园。但是，真正意义上的水培法（利用丰富的营养液来种植粮食作物）却是人类社会进入近现代以后才发展起来的。关于这个主题的第一本出版物是弗兰西斯·培根

（Francis Bacon）写于 1627 年的《十个世纪的自然史》（*Natural History in Ten Centuries* ），但是这种技术一直都不成熟。直到 20 世纪 30 年代，科学家们才完善了培养基中的化学成分。然而，除了一次偶尔的奇怪应用（在 20 世纪 30 年代，泛美航空公司在威克岛上用水培法种植蔬菜，以便让乘客在飞行途中享受到绿叶蔬菜）之外，一直没有人试图以这种方式进行大规模种植。

第二次世界大战改变了这一切。1945 年，美国军方开始进行一系列大规模的水培实验，首先是在南大西洋的阿森松岛上，然后是在硫磺岛和日本。在日本调布市，美军建立了当时世界上最大的水培设施，那是一个面积达 8.9 万平方米的大农场。同时，因为石油供应有美国军队的保护，所以伊拉克和巴林也建成了更多的水培农场。所有试验都获得了极大的成功。单就 1952 年那一年，美国陆军的水培部门所种植的新鲜农产品就超过了 3 600 吨。

第二次世界大战结束后，大部分人都忘记了这些成功的经验。粮食生产又回归到了依赖土壤进行种植的老路。于是所谓的绿色革命发生了，由于采取了以石油化学工业为支柱进行农业化的解决方法，水培技术更加彻底地退出了农业生产。但是有关这方面的研究仍然在缓慢地推进中。例如，美国国家航空航天局想知道，宇航员怎样才能在火星上生存下去，因此他们一直在进行着这方面的研究。其他一些机构也在进行着这方面的研究。1983 年，理查德·斯通（Richard Stoner）的研究获得了突破性的进展。他发现，可以把植物悬挂于半空中，然后通过一种营养丰富的气雾把养料输送给植物。一种全新的无土栽培法——气雾栽培法，就这样诞生了。自此之后，事情的发展就开始变得越来越有趣了。

传统的农业用掉了地球上 70% 的水。与传统农业相比，水培法的效率提高了 70%；而气雾栽培法又比水培法高效 70%。因此，如果农业都实行气雾栽培法，用水量可以从 70% 急剧下降至 6%——这是何等巨大的节约啊。考虑到现在缺水的威胁日益严重，这些技术至今仍然没有被广泛采用真是让人难以置信。

"说到底，这是一个公关问题，"迪克森·戴斯波米亚（Dickson Despommier）说，"当人们一听到气雾栽培法，他们压根儿就不会想到美国国家航空航天局，他们想到的只是盆栽技术。上帝见证，在 10 年之前，我也只能想到盆栽技术。"

但是，这种情况已经开始改变了，这得归功戴斯波米亚博士。戴斯波米亚博士个子很高，还留着一把灰白的胡子。他是微生物学家和生态学家，是目前全世界在细胞内寄生虫病方面的最杰出的权威专家之一。直到 2009 年退休之前，戴斯波米亚一直是哥伦比亚大学公共卫生学院的教授。在 1999 年的时候，戴斯波米亚还在课堂上讲授一门有关医学生态学的课程，内容涉及气候变化形式以及气候变化对粮食生产的潜在影响。

"在这种形势下，不得不教学可真是一件令人沮丧的事情，"戴斯波米亚回忆，"联合国粮食及农业组织估计，要跟上人口增长速度，到 2050 年，粮食生产必须增加一倍。然而，我们现在已经使用了 80% 的可用耕地，而且，从当前气候变化的趋势来推断，在接下来的 10 年内，农作物的产量会下降 10%~20%。当我把这些情况一股脑儿告诉我的学生的时候，他们想向我扔烂番茄。"

戴斯波米亚厌倦了这种悲观的情绪，他决定先把他的常规课程搁置一边，转而向他的学生们提出了一个挑战性的任务，要求他们想出一个积极的解决方法来。学生们经过反复思索后，告诉他，他们想到的方法是建造屋顶花园。"可以就地取材，"戴斯波米亚说，"这个方法看起来是可行的。他们想知道，如果曼哈顿区的所有房屋的屋顶都种上了粮食能够养活多少人——这还不包括商业大厦，只包括公寓大楼。因此，我让他们在那个学期余下的时间里把这个数字计算出来。"

这是谷歌地图出现之前的时代，因此，学生们在纽约公共图书馆泡了整整 3 个星期后，才推算出了可以利用的屋顶面积。"那么应该种什么呢？"这是接下来要问的问题。他们的农作物必须能够密集种植，同时又能给人类带来充分的营养。他们最后选中的是稻谷。但是经过计算之后发现，即使纽约所有的屋顶都种上稻谷，也只够养活全纽约 2% 的人口。

"学生们感到非常沮丧，"戴斯波米亚回忆，"他们没想到，即使纽约所有的屋顶都种上稻谷，也只够养活纽约 2% 的人口。我试着安慰他们说：'好吧，如果在屋顶上种植粮食不可行，那么把所有被废弃的公寓大楼都种上怎么样？把赖特-帕特森空军基地也种上怎么样？在摩天大楼里种植又会怎么样？想想看，如果我们能够在这些高楼大厦里面种植粮食，那么我们能种出多少粮食呀！'"

对戴斯波米亚来说，当时多半也只不过是随口说说而已，不过，他所说的东西迅速安抚了学生们的情绪。但是这种想法自此以后就深深地埋入了他的心底，再也挥之不去了。他的妻子对此也有兴趣，想搞清楚到底怎样才能在高楼大厦里种植粮食，因此他开始在网上查找有关水培法的信息。"当看到第二次世界大战期间美国军方的成功经验后，我意识到了以下两件事：水培法并不是盆栽法；我的有关垂直农场的疯狂想法其实并没有看上去那么疯狂。"

他的学生们也同样被他的想法迷住了。他们立即开始着手研究。仅仅过了不到一年的时间，一个粗略的设计方案就浮出水面了。如果这个方案变成现实，那么这个垂直农场能够养活的人将远远超过纽约人口的 2%。"这不过是一幢 30 层的建筑物，"戴斯波米亚说，"它只占纽约的一小方块地方，每年可以养活 5 万人。150 个这样的垂直农场就可以养活纽约所有的人。"

垂直农场具有惊人的优势。它们不受天气的影响，因此农作物一年到头都可以在最优的条件下生长。就生产粮食所需的"面积"而言，4 000 平方米的摩天大楼的地板就相当于 4 万 ~ 8 万平方米的传统农业用地。同时，垂直农场采用净室技术，这意味着不需要杀虫剂或除草剂，也就意味着没有农业径流所导致的农业污染排放。而且，当前用于耕作、施肥、播种、除草、收割与运输的矿物燃料也全都不需要。当然，最重要的是，我们可以重新造林，把其他古老的农场重新变成绿树成荫的公园绿地，同时还能有效保护生物多样化。

那么，垂直农场究竟是怎样运行的呢？很显然，植物所需要的养分是通过水或者气雾来输送的。当然，植物的生长离不开阳光，所以在设计垂直农场时，必须保证光照量最大化。在建筑物内部，要用抛物面反射镜环绕四周，以便反射光线；而建筑物外墙则全部使用四氟乙烯。四氟乙烯是一种革命性的聚合物，非常轻、非常强韧，几乎具有防弹功能，同时又能够实现自我洁净，而且透明如水。当然，在晚上和阴暗多云的条件下，也需要使用植物生长灯来照明。至于植物生长灯所需的能源，则来自现在一冲了之的粪便发的电。这就对了：人类将回收利用自己的粪便。"单单纽约一个城市，"戴斯波米亚指出，"人类每年排出来的粪便就可产生 9 亿千瓦时的电力。"

垂直农场最重要的优点或许是，它可以极大地缩短食物运输的距离。美国人的普通食物在被消费之前一般都要"长途跋涉"超过 2 400 千米。这还只是一个平均数。美国人典型的一顿晚餐，通常要包含来自 5 个其他国家的食材。举例来说，如果你在洛杉矶吃一顿晚餐，那么你很可能会吃到来自智利的牛肉（历经 8 988 千米），来自泰国的大米（历经 13 298 千米），来自意大利的橄榄（历经 10 224 千米），来自新西兰的蘑菇（历经 10 474 千米），还有来自澳大利亚的非常美味的西拉葡萄酒（历经 12 049 千米）。在食品的最终零售价中，至少有 70% 是由运输成本、储存费用和管理费用构成的。如此长距离的运输无疑大大提高了食品的零售价格。

垂直农场可以改变这一切。它极大地缩短了我们获得食物的时间。食物从生产出来，到送达餐桌的时间，原本是必须按天来计算的。有了垂直农场之后，将变为以分钟来计算。举例来说，如果我们想要吃莴苣，那么只需要走十来步阶梯就可以摘到了。不管这些垂直农场的前景如何，总之它们其实并涉及太多的新技术，因此，垂直农场横空出世的时机已经完全成熟了。在美国，现在已经出现了许多试验性的垂直农场；其他国家也在进行类似的尝试。在日本，农业生产虽然没有完成从水平向垂直的转变，但是，这个国家也尝试着建造了数百个"植物工厂"，以保证国内的粮食供应。这些"植物工厂"利用净室技术，雇用老年人来照料植物，它们一年能够收获 20 季，而如果采用传统的栽培技术，那么一年只能收获一两季。与此同时，瑞典的 Plantagon 公司旗下的 5 个垂直农场项目也开始投入运行了，其中两个在瑞典，两个在中国，一个在新加坡。Plantagon 公司的垂直农场的标准模型像是一个巨大的玻璃球，里面放满了种植箱，排成巨大的螺旋状结构；它在一个面积为 10 000 平方米的温室里，能种植出 100 000 平方米的农作物。

然而，垂直农场的成功并不取决于现在的技术已经有多成熟，它的真正的希望在于"把明天的技术嵌入到今天的想法当中"。试想一下，如果在垂直农场内，利用无处不在的嵌入式传感器来调节温度、平衡 pH 值、完善养分，再加上人工智能和机器人技术，使得每平方米的种植、生长和收获的效率都达到最高，那么情况将会怎样？既然粮食产量受植物本身通过光合作用将光能转变为生物能的能力的限制，那么如果我们利用基因工程来加强植物的光合作用能力，那又会怎么样呢？抱着这个想法，伊利诺伊大学的一个研究小组已经努力探索了很长一段时间了。他们相信，再过 10~15 年的时间，利用光合作用最优化技术可以使粮食产量增加 50% 以上。因此，如果在垂直农场内种植这些已经实现了"光合作用最优化"的农作物，同时把植物生长灯调整到最适合作物生长的光谱上，我们就不仅能够节约更多的能源（因为把植物不需要的频段移除了），而且可以大幅提高作物产量。

因此，上面这一切也就意味着，垂直农场可以保证居住在城市或将要定居在城市的人（他们占全世界人口的 70%）免受饥饿和营养不良之苦。这一点是毫无疑问的。垂直农场不仅将使作物每次收获时的产量比现在增长 10 倍以上，而且可以使收获次数增加 10 倍。在生产出这么多食物的同时，垂直农场还节省了 80% 的土地、90% 的水、100% 的农药，而且食物的运输成本也几乎是零。如果在此基础上，再融进一些新兴的技术，农业就真的可以实现黄金般的可持续发展了。这些技术包括：养耕共生型的闭环式蛋白质生产技术；可以大幅降低劳动力成本的收割机器人；加载了生物传感器、能够更好地管理环境的人工智能系统；可持续发展的生物能源系统（这样一来，植物中不能用作食物的部分就可以作为养料被回收）；不断改善的、集成化的废物回收系统（以形成更紧密的循环并进一步降低能源成本）。这将是一个实现了彻底当地化的、没有任何浪费的粮食生产与分配系统，它不仅不会对环境造成任何不良影响，而且还拥有无限扩展潜力，能够养活全世界的人。

对策3：人工培植肉

在这里，我们还有一个问题。到目前为止，本章中讨论的所有策略都是以提高农作物的产量为出发点的，但是，最佳饮食结构意味着，在一个人摄入的全部卡路里当中，应该有10%~20%是来自蛋白质的。当然我们可以通过吃更多的土豆来获得卡路里，不过对大多数人来说，肉类始终是最佳的选择。不幸的是，虽然吃肉可能算不上一种谋杀行为，但是肉类却真的正在谋杀地球。

首先，来看看牛肉。牛肉是耗能大户，其耗费的能量与牛肉产出的标准比例为54∶1。它同时也极耗土地，生产家畜所需要的土地总计达到了农业用地的70%，在全球所有陆地中所占的比例也达到了30%。牧场所产生的温室气体比全世界所有的汽车排放的尾气还要多，放牧也是导致水土流失和森林衰减的主要原因。还有另外一个问题也不得不提，那就是疾病。密集成群的动物是流行病产生的温床。预计到2050年,全世界对肉类的需求还将增加一倍，因此，除非出现某些重大的变化，否则流行病的威胁只会有增无减。

风险确实正在不断增加。随着越来越多的人摆脱了贫困，他们对肉类的需求也在不断上升。从1990—2002年，中国人的肉类消费水平翻了一番。再回过头来看看1961年的中国吧，那时每人每年只消费3.6千克的肉类。而到了2002年，中国的肉类消费量一跃增长到了每人每年52.4千克。全球各地都出现了类似的肉类消费大幅增长的情况。

但是，事态已经出现了一些变化——实际上，是下面两件事情促成了这种变化。第一件事情是短期内就可以产生影响的，那就是水产养殖；第二件事情则要从更长远一些的角度来看，那就是试管肉的生产。水产养殖并不是什么新鲜事物，它已经存在很长时间了。公元前 5 世纪的记录表明，鱼类养殖在古代中国一直非常盛行。古埃及人和古罗马人也很早就学会了养殖牡蛎。更现代的水产养殖则始于第二次世界大战结束以来的创新，而且创新的步伐自那以后就一直没有停下来过。1950—2007 年，全球水产养殖的产量从 200 万吨增加到了 5 000 万吨。因此，虽然同期自然渔业一直在减产（全球的渔获量在 20 世纪 80 年代就已经达到了顶峰），但是人类的水产消费量却一直保持了增长的趋势，究其原因，就是因为水产养殖业一直在突飞猛进地发展。到如今，水产养殖业已经成了增长最快的肉类产品生产系统，它为人类提供了将近 30% 的产品。

毫无疑问，这个数字还会攀升得更高。早在 2003 年，《自然》杂志就曾经报道过，大海里 90% 的大型鱼类已经消失了，它们要么直接被人类捕食了，要么成了其他动物的腹中之物，当然，还有许多是被化肥、石油污染致死了。许多鱼类，包括金枪鱼、箭鱼、马林鱼，还有诸如鳕鱼、大比目鱼、鳐鱼、小比目鱼等大型底栖鱼，都受到了过度捕捞和工业化捕捞行为的影响。对于这种情况，充满传奇色彩的海洋学家西尔维娅·厄尔（Sylvia Earle）在《国家地理》杂志上是这样解释的：

> 拖网作业夺走了大量的鱼类、鸟类、哺乳类动物的生命。许多动物甚至在我们还不知道它们名字的时候就已经消失了，它们是我们在海底拖动渔网捕捞龙虾、小比目鱼和其他海底生物的过程中被杀死的。多钩长线（每隔几米就有一个带饵鱼钩的很长的钓鱼线）可以深入到海底 80~95 千米处，能够捕获这个范围内的任何东西。鱼钩上当然不可能会打上标记说，它不会捕捉箭鱼或金枪鱼（这两种鱼现在都已经被列入了禁渔的范围）。如果我们希望海洋生态有所恢复，那么就应该立即休渔。

水产养殖业的发展使休渔成为可能。水产养殖是一个可再生的、弹性很大的产业。此外，它还可以帮助我们保护海洋。美国国家海洋和大气管理局认为，渔业养殖可以减少美国对进口海产品的需求（使美国每年少进口价值100亿美元的海产品），还可以为美国创造许多就业机会，并能缩小贸易逆差，改善粮食安全状况。其他一些人则认为应该谨慎看待这一问题。如果要养殖0.5千克像鲑鱼这种肉食性的鱼类，就需要用1千克的野生杂鱼去喂养。另外，鱼类育种场也会碰到所有工厂化养殖场都会碰到的问题：成千上万条鱼挤在一起，所导致的浪费和疾病将会演变成一个大问题。另外一大问题是，这种养殖场还可能会摧毁自然生境。例如，虾类养殖就毁坏了世界各地的沿海红树林。

但是，即使在这方面，我们也能够从错误中学习。考虑到巨大的国际压力，如今虾类养殖业已经修正了自己的一些传统做法。另外，在大部分鲑鱼养殖场，改良过的植物蛋白、被提取脂肪后的动物副产品和强化氨基酸正在替代野生杂鱼，成为鲑鱼的饲料。我们发现，如果把农业与水产养殖业整合到一起，就会带来更大的收益。

从小的改进方面来说，在亚洲，稻农们已经在小规模的范围内利用鱼类来对抗水稻虫害，比如说在稻田中养殖黄金蜗牛，既有助于水稻产量的提高，又能增加蛋白质的消费（因为农民们在收获稻谷的同时还能收获鱼产品）；在非洲，农民们会在他们家的花园里挖出一口鱼塘，因为鱼塘底部的淤泥可以制成矿物含量丰富的肥料。而从大的突破方面来说，最激动人心的创新当属威尔·艾伦（Will Allen）的城市水产养殖了。艾伦是"成长力量"（Growing Power）的领导者，他还因此而获得了麦克阿瑟天才奖。"成长力量"是位于密尔沃基市的一个非营利性组织，它是全美国最早建造垂直农场的组织之一。艾伦是城市水产养殖业的先驱，他打算把他的垂直农场的第一层用于水产养殖。大约416立方米的水就能养活10万条罗非鱼、湖鲈鱼，甚至还有可能养蓝鳃太阳鱼呢。而鱼的粪便又能回收再利用——把它当作肥料，给温室中种植在较高层的植物施肥。

但是，艾伦的计划也只不过是一个起点。如果人类真的想保护海洋，珍视作为人类所需的蛋白质的一种来源的海产品，那么，就必须让上述综合性的水产养殖业成为整个食物链的重要组成部分。"如果我们真的珍视海洋和海洋的'健康'，"西尔维娅·厄尔继续写道，"我们就必须认识到，鱼类对维持海洋生态系统的完整性是至关重要的，而海洋系统的完整性是保证这个星球继续成为人类的舒适家园的根本条件。我们一直固执地认为，这些质优味美的鱼只是盘中餐，而没有认识到它们对生态系统的重要性，对人类来说，生态系统同样具有很大的价值。"

早在 1932 年，温斯顿·丘吉尔就说过："50 年后，现在这种为了吃鸡胸肉或者鸡翅膀而饲养整只鸡的做法将变得荒谬可笑。因为到那时，在合适的条件下，我们将能够单独地把鸡胸肉或者鸡翅膀培育出来。"事实证明，丘吉尔是一个非常有先见之明的伟人，只不过，要把他说的这些要变成现实，生物工程学家们可能还要再花 10~20 年。很显然，即使再多等一段时间，也是非常值得的。

人工培植肉（试管肉）是一种由干细胞培植出来的肉。这种制造肉的工序首先是由美国国家航空航天局的专家们在 20 世纪 90 年代末期提出来的。美国国家航空航天局的专家们认为，在漫长的太空飞行过程中，培植"试管肉"可能是为美国宇航员提供肉食的一个好方法。2000 年，研究者们决定拿金鱼细胞来制造可食用的肌肉蛋白，于是研究正式启动了。到了 2007 年，这个研究已经取得了很大的进展。为了促进人工培植肉的大规模生产，一些科学家还成立了一个组织——试管肉研究联盟（In Vitro Meat Consortium）。次年，提交给在挪威举行的试管肉国际研讨会的一份报告显示，如果把试管肉放在一个被称为生物反应器的巨大容器内进行培植，那么它的成本可以大幅度降低，足以与欧洲的牛肉进行价格竞争。为了促进试管肉的研发，善待动物组织（People for the Ethical Treatment of Animals，简称 PETA）的一些成员还设了一个总额高达 100 万美元的奖项。到了 2009 年，荷兰的科学家已经在一个有盖的培养皿内成功地将猪细胞培植成了猪肉。从此以后，有关试管肉的研发工作就有条不紊地展开了。虽然要把这种技术全面推向市场可能还要再等上 10 年左右的时间，但是我们绝对已经朝着那个方向迈进了一大步。

为人们提供优质的蛋白质，这个愿望只是推动试管肉技术发展的因素之一。"养牛业对环境来说是一场灾难，而且绞碎的牛肉并不太适合人体，"新收获（New Harvest，一个非营利性的组织，它资助研究人工培植肉）的主管詹森·马瑟尼（Jason Matheny）说，"如果大家都开始食用人工培植肉，那么单就减少温室气体排放量来讲，其效果就相当于每个美国人突然全都开始驾驶混合动力汽车了。而且，从健康角度来说，真正的牛肉总是含有相当比例的脂肪酸，它会导致心脏病。你不可能把一头牛变成一条鲑鱼，但是，人工培植肉却允许我们做到这一点。我们可以利用试管肉做成汉堡包，这样就可以防止心脏病的发作，而现在用牛肉做的汉堡包可能会引发心脏病。"

通过生物反应器来生产牛肉，我们也会变得不那么容易受到新出现的疾病（70% 新出现的疾病都来自于牲畜）和污染物的侵害——有些疾病的发生就是由屠宰场的工人不小心切开了动物的胃肠管所导致的，所以，食物供应受到有害细菌侵蚀的危险也就不复存在了。当然，人工培植肉很可能也会遭遇当初转基因农作物所面临的敌对情绪，不过，医疗机构却对这种技术非常热心，因为这种技术可以用于器官再生。如果我们愿意把一个人工培植的肾永久性地植入体内，那么，对于只在胃里待上几个小时的人造牛肉又有什么好担心的呢？

从它既能提供营养强化型的肉，又减少了我们患流行性疾病的风险这一点上来看，人工培植肉无疑增进了人类的健康福祉。除此之外，如果推广了人工培植肉技术，那么当前用于牲畜养殖的全球 30% 的陆地又可以重新用于植树造林了；为了生产牛肉，每年都要夷平像整个比利时那般大小的一块亚马逊雨林，如今这块雨林又可以得到保全了；世界上 40% 的谷物都被用于喂养牲畜，现在这些谷物又可以用于人类消费了；我们也不必再为了自身的利益而每年杀死 400 亿只动物了（这还只是美国的数字）。正如善待动物协会的主席英格里德·纽科克（Ingrid Newkirk）在接受《纽约客》杂志的采访时所说的那样："既然人们不愿意停止食用动物肉，那么，就为他们提供另一类不需要杀戮的、更新鲜的动物肉吧。恐怖的屠宰场、运输卡车、动物的残肢、工厂化农场给人类带来的苦难，所有这一切都将消失，那将是一件多么令人愉快的事情啊。"

农业的美好未来

到目前为止，我们在本章中已经讨论了3种用来解决人类的食物问题的技术。这3种技术拥有养活整个世界的巨大潜力，但是，还有一些问题需要进一步讨论。虽然今天水产养殖业已经有了相当大的规模，但是，左右基因工程产业的主要是3种转基因产品（棉花、玉米、大豆），它们已经完全打进了世界市场。现在，人们还相信，黄金大米（维生素A加强型大米）也即将突破监管障碍进入人们的食物链。许多人认为，这种技术将会挽救数百万人的生命，而且这种新技术的出现很可能会导致人们转变观念，加速他们接受其他转基因作物的过程。但是，有关的监管法规与基因工程技术的发展速度并不同步，甚至已经对基因工程的发展构成了许多障碍。这种状况至少需要再经过5~10年的时间才会出现显著的变化。

另一方面，人工培植肉的大规模推广可能还需要10~15年的时间，垂直农场在现实世界中的广泛应用可能也需要同样多的时间。此外，目前所设计出来的垂直农场都是建造在城市当中或者在城市近郊的，而世界上大多数饥饿和营养不良的人基本上都生活在贫困的农村地区。鉴于以上这些事实，我们确实需要加快部署一些应急措施。

虽然没有一劳永逸地解决这个问题的一揽子技术，但是现在确实已经出现了一种新型的农业生产模式，它融合了农学、林学、生态学、水文学以及许多其他学科的最好的知识和技术。众所周知，农业生态学的基本理念是模拟自然界来设计食物生产系统。农业生态学家并不片面追求零环境影响，他们所希望的生态系统是这样的一个系统：它能够以更少的土地生产出更多的粮食，同时还能加强和促进生物的多样性。

现在，他们正在朝这个方向稳步迈进。联合国最近的一个调查发现，在57个国家实施的农业生态学项目已经使粮食产量平均增加了80%，其中有些地方更高达116%。在这些项目中最成功的一个范例是推拉系统（push-pull system），这个系统是用来帮助肯尼亚种植玉米的农民对付农作物瘟病、侵略性的寄生杂草与贫瘠的土壤状况的。推拉系统并不需要太高的技术，它是一种间作式系统，农民们只需在一行行的玉米中间种上某些特定的植物就可以了。有些植物能够释放出让昆虫感到不适的气味，这些气味能够"逼迫"（"推动"）昆虫逃离玉米地。还有其他的一些植物，比如说有黏性的糖蜜草，它能够把昆虫"吸引"（"拉"）进来，这些植物发挥了自然粘蝇纸的作用。利用这种简单的方法，农民们能够使他们的粮食产量增加100%~400%。

更重要的是，只有当这些农业生态学技术得到了广泛应用的时候（已经有30万非洲农民采用了推拉系统），我们才开始明白它们的真正潜力。虽然这种生产实践本身看起来明显是一种"低"技术，但是当农民被告知哪些农田适合应用推拉系统时，它所依靠的信息技术，却是一种呈指数型速度增长的"高"技术。此外，这种生态农业技术也不会引发任何反基因工程的偏见，因此随着可以利用的生物技术的日臻完善，新的种子很快就可以融入到这个可持续发展的系统当中。正如加州大学戴维斯分校的植物病理学家帕梅拉·罗纳德在为《经济学人》所写的一篇文章中所解释的，这或许是最好的一条出路，他说：

> 几乎每一种农业系统（传统的、有机的或者介于两者之间的）的前提和基础都是目前我们所能获得的种子。种子培育工作的重要性绝不可低估。仅仅依靠转基因农作物不可能解决农业所面临的所有问题。从生态学观点来看，农业生态系统的建成、其他技术的变革、政府政策的改进，毫无疑问，所有这些也都是必需的。总之，现在已经形成了一个明确的科学共识，那就是基因工程农作物与生态农业生产两者是能够共存的，而且，如果我们真的想在未来创造一个可持续发展的农业体系，那么这两者都是不可或缺的。

行文至此，你现在应该已经清楚了，这是一个很长的链条，它的每个环节都是可持续的、集约型的，背后的支撑力量则包括了：农业生态学原理、基因工程农作物、合成生物学、多年生套植作物、垂直农场、机器人技术和人工智能技术、综合农业系统、经过改良的水产养殖业和正在蓬勃发展的人工培植肉技术。凭借这些，我们将要养活全世界 90 亿人。这并不是一件简单的事。我们需要同时按比例协调一致地扩张所有这些技术，而且越快越好。最后这一点是关键所在。对于每年都大批量"生产"的植物，有一个衡量指标，即初级生产力。因为地球上的所有动物要么靠吃植物为生，要么靠吃其他动物为生（因此最终还是靠吃植物为生），所以初级生产力是一个很好的衡量标准，可以用来检验人类的食物消费对地球产生的影响。现在，我们消耗了地球上 40% 的初级生产力。这是一个非常高的数字。那么临界点是多少呢？也许，当这个数字达到 45% 时，就会使生物多样性遭到毁灭性的打击，到时候，生态系统就再也无法恢复了。当然，这个临界值也可能是 60%。没有人知道确切的数字是多少。但是有一点是明确的，除非我们明白怎样做对生态系统更好，才有可能着手减少负面影响，否则随着人口的不断增长，人类几乎没有希望赢得一个可持续的未来。但是，如果能够按照我们在这一章中所描述的蓝图去做，那么，就可以从根本上增加地球的初级生产力，保护生物的多样性，同时还能兑现人类最古老的人道主义承诺：让饥饿的人填饱肚子。当然，在一个真正富足的时代，是肯定能做到这一点的。

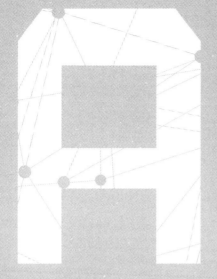

THE
FUTURE
IS BETTER THAN
YOU
THINK

BUNDANCE

| 第五部分 |
建造金字塔的中间层和顶层

13

能源

目前，全球仍然有 15 亿人过着没有电的生活，能源短缺还是一个不可回避的话题。未来，风力发电和太阳能发电的成本将足具竞争力；藻类生物燃料的单位种植面积产出，将大大超过玉米；第四代核反应堆的发电成本也将会降低很多。随着能源存储问题的解决和智能电网的普及，人类的能源富足将不是问题。

THE FUTURE

IS BETTER THAN

YOU THINK

ABUNDANCE

能源短缺

考古学家对于人类何时懂得用火有着不同的说法：有的人认为那是在 12.5 万年前，其他人则指出有证据显示是在 79 万年前。无论哪种说法正确，当我们的祖先学会了摩擦两根树枝取火，并从中获得了巨大好处之后，便再也没有走过回头路了。火为人类提供了可靠的温暖以及光源，并且永远地改变了人类的历史。不幸的是，在今天的地球上，每三个人当中就有一个人仍然过着与 10 万年以前相差无几的生活。

根据联合国统计，目前全球仍然有 15 亿人过着没有电的生活，有 35 亿人必须依赖如木材或木炭这样的原始燃料做饭取暖。在撒哈拉以南的非洲地区，这样的人所占的比例甚至还要更高；在那里，有超过 70% 的人过着没有电的生活。这个瓶颈带来了一系列的后果。能源可以说是实现全球富足最重要的基石。如果拥有充足的能源，那么就能够解决水资源短缺的问题，同时也有助于解决目前绝大多数的健康问题。能源还能为我们带来光明，因而有利于促进教育的发展，进而减少贫困发生。能源与减少贫困是息息相关的，因此联合国发展计划曾经发出过这样的警告：如果发展中国家的能源服务无法获得显著的改善，那么旨在减少半数贫困人口的千年发展目标便一项也无法实现。

对于肯尼亚博士生默茜·吉玛（Mercy Njima）来说，她的祖国有 85% 的地区仍然饱受着能源短缺之苦。吉玛在奇点大学度过了 2010 年的夏天，她向我描绘了她在少年时期所观察到的各种复杂的问题：

> 想象一下，你不得不依靠燃烧劣质的木材、粪便或农作物收割后的废弃物来做饭，因而你也就不得不遭受到燃烧这些东西释放出来的有毒烟雾的残害，而这可能是致命的。想象一下，当你在病危的时候，诊所因为没有电，甚至连最简单的治疗也无法提供，从而将你拒之门外。想象一下，你的那些生活在各种绝症阴影下的朋友，他们因为没有冰箱，因而无法保存至关重要的疫苗。想象一下，你或你的爱人怀孕了，然而在分娩的晚上却没有灯光、没有止痛药，如果发生了并发症，将根本无法拯救母亲或新生儿的性命。请你想象一下这些情景吧。

吉玛形容自己是非洲新"猎豹世代"（cheetah generation）中的一分子。这些新"猎豹世代"是一群具有快速应变能力的企业领袖，他们正在努力拯救这个饱受贫困、腐败和糟糕的治理之苦的大陆。吉玛认为，如果能够获得更充足的能源，那么上面这 3 个问题（贫困、腐败和糟糕的治理）都将可以得到显著的改善。"想想那些妇女和儿童，他们每天都得花费大量的时间去找寻日益短缺的能源资源。他们随时都会面临着遭受野生动物攻击或者被人强暴的危险。每当他们开始燃烧生物燃料的时候，刺鼻的烟雾会给他们带来严重的肺部疾病，并且使厨房变成了死亡陷阱。儿童和他们的母亲是受害最多的人群，他们最容易面临窒息、反胃和哮喘的危险。吸入浓烟所造成的死亡要比疟疾所引起的死亡人数更多。再者，室内的空气污染也会造成呼吸系统疾病，如肺炎、支气管炎和肺癌等。每天长时间生活于传统的开放式火炉旁边的妇女和儿童，所吸入的废气量相当于每天抽两包烟。"

她还指出，由于儿童不得不在本来应该上学的时间里帮忙搜集燃料，所以他们可以接受教育的时间受到了严重的影响。在晚上，同样存在着问题：学生们需要做功课，但是却没有供他们温习功课的灯光。煤油虽然能够帮忙解决问题，但既昂贵又危险。此外，吉玛还说，老师们也不想在没有灯光、缺乏设备的社区工作。不仅如此，能源短缺所造成的后果已经完全超越了家庭和学校的范围。她说："能源短缺同样也意味着，开始任何一项简简单单的业务，人们都要付出更加艰辛的努力。这种能源短缺的影响已深入到了肯尼亚人生活的各个层面，整个非洲大陆的情况也大致如此。大部分非洲人都生活在能源短缺之中。这是一个非常严峻的事实。"

然而，伊曼·安德鲁斯（Emem Andrews）却认为这并非是无法改变的现实状况。伊曼·安德鲁斯曾经担任壳牌石油公司尼日利亚分公司的资深项目经理，现在是一位硅谷能源企业家。她说："毫无疑问，非洲完全有可能实现能源独立。仅尼日利亚一个国家的石油产量就足以满足整个非洲的需要了。但最终而言，能提供最多能源的还是太阳。因为只有太阳能才是去中心化的、完全免费的，而且是任何人都能取用的能源。非洲就拥有大面积的沙漠，这些沙漠目前远远没有得到充分利用，而且它们都处于日照量很高的低纬度地区，因此拥有既充足而又完全免费的阳光。我们所缺乏的只不过是开发太阳能的技术而已。"

跨地中海可再生能源合作组织是由罗马俱乐部创立的，它是一个由科学家和技术专家组成的全球性的国际网络。根据这个组织的报告，照射在非洲沙漠上1平方千米的充沛的太阳能，足以生产出相当于150万桶石油，或30万吨煤炭所能产生的能量。德国航空航天中心也估计，照射在非洲北部沙漠的太阳能如果被充分利用起来，就足够为人类提供相当于目前全世界用电需求量40倍的能量。此外，美国全球发展中心（Center for Global Development）研究员大卫·惠勒（David Wheeler）发现，非洲的太阳能潜力是欧洲的9倍，每年的能源量相当于1亿吨石油。再加上非洲所拥有的巨大的风力、地热、水力的蕴藏量，这个大陆将不仅能够满足自身的能源需求，而且还能把剩余的能源出口给欧洲。非洲要开发这种潜力巨大的可再生能源的最大困境也许在于，它目前几乎没有任何能源基础设施，但是，这也恰恰是非洲的优势所在，这是一个颇具悖谬性的事实。

在历史上，正因为非洲缺乏以铜线铺设的固定电话网络，才使得无线通信系统以爆炸性的速度发展起来。类似地，现在非洲缺乏大规模的、集中化的煤炭和石油发电厂，也许刚好能为去中心化的、可再生能源发电厂的建设铺平道路。而且，那些早期就采用传统发电方式的富裕国家（多数为第一世界国家），很可能会愿意出资来发展这些技术（最理想的情况是，它们与崛起中的 10 亿人以共同开发的方式来发展），一旦他们找到了进入非洲的方法，那么这些全新的能源系统将会带来立竿见影的好处。许多人都忘了，把燃料和发电机运送到偏远地区，其实是要付出巨大的代价的。在大多数地方，这么做会让每千瓦时的电力成本额外上升 35 美分。因此，即使在今天，太阳能的成本为每千瓦时 20 美分（这已经包括了所需的电池的成本），它仍然比现行技术便宜约每千瓦时 25 美分，这相当于节省了 30% 的成本。

而且，现有的太阳能技术仍然有非常大的改进空间。

美好的未来

如同许多从网络泡沫中全身而退的人一样，安德鲁·毕博（Andrew Beebe）也及时地抽身离去了。在 2002 年的时候，他卖掉了自己的网络公司 Bigstep，开始另谋高就。受到富有远见的物理学家弗里曼·戴森（Freeman Dyson）的"破解光合作用"（hacking photosynthesis）理念的启发，毕博决定在可再生能源领域寻求发展机会。一开始，他与创意实验室的总裁比尔·格罗斯（Bill Gross）合作，创办了能源创新公司（Energy Innovations，简称 EI），涉足高转换率的太阳光电产品（photovoltaic，简称 PV）制造业务。但他们很快就把它拆分成了两家独立的公司，毕博选择的是负责系统安装业务的能源创新解决方案公司。在接下来几年里，他把能源创新解决方案公司发展成了一个价值 2 500 万美元的企业，为谷歌、索尼、迪士尼等公司的总部安装太阳能电池板，然后他又把这家公司出售给了全世界最大的光电制造商尚德电力公司。而他自己则留在该公司负责全球产品管理，接着他又接手了全球业务与营销工作——至今仍负责这块业务。作为全世界销售量最大的太阳能光电产品的营销负责人，毕博对太阳能技术的发展趋势了如指掌。据他所说，太阳能技术的发展势头仍然非常强劲。安德鲁·毕博这样说道：

> 太阳能市场是按经济学基本原则发展的绝佳范例。在过去的10年里，太阳光电产品的生产量和安装量每年都增长45%～50%。与全球其他能源产品的年增长率相比（其他能源的年增长率只有1%），太阳能光电产品的增长率可以说是非常巨大的。2002年，我刚进入这个产业时，每年的销售总量约为1 000万瓦。今年，这个数字已经高达差不多180亿瓦。在不到10年的时间里，增长了将近2 000倍。与此同时，成本却一直在下降。4年前，当我为谷歌购买太阳能电池板的时候，即使使用非常成熟的技术，价格也要每瓦特3.2美元。今天，全球平均安装价格为每瓦特不到1.3美元。不论是在白天，还是在晚上，我的电话都会不断地响起来，而由电话那端传来的却是更疯狂的降价数字。这个产业的目标是不断以更低的价格来销售自己的产品。这种事情听来很奇怪，但却是千真万确的，而且一直在发生。

何处才是成本的谷底？不知道，至少在目前仍然看不到。过去30年来的资料显示，全球太阳光电产品的累计产量每增加一倍，成本就会下降20%。这是另一种指数型的价格曲线，现在它被称为史旺森法则（Swanson's law）——这一名字取自日能公司创办人之一迪克·史旺森（Dick Swanson）。根据史旺森法则，成本下降曲线实质上是制造技术和生产效率的一条学习曲线。

安德鲁·毕博还说："昂贵的硅晶片一直是太阳能电池板中最昂贵的零件，而我们也一直在按部就班地制造更薄的晶片：比起5年前，同样生产1瓦特的能量，现在可以少用一半的硅晶片。"而1366科技公司（1366 Technologies）则把自己的使命确定为：把硅晶片的消耗降低到现在的1/10。这个公司是麻省理工学院机械工程系教授伊曼纽尔·萨克斯（Emanuel Sachs）创立的。（公司名称取自地球每平方米土地的年平均太阳能照射量。）1366科技公司已经找到了无需事先把整块硅原料切割成小块便可制成薄晶片的方法，这就大大降低了太阳光电系统中最昂贵部件的成本。

这种发现应该不会让大家感到惊奇。太阳能市场的巨大潜力，以及太阳能技术为人类带来无穷的好处，使得降低太阳光电的成本、提高安装的简便性和进行全球化的生产成为了成千上万的企业家、大公司和大学实验室追求的目标。在美国 2010 年的第一季度，清洁技术专利的数量创下了历史新高，达到了 379 项，而在 2008 年中期至 2010 年初这段时间里，与太阳能有关的专利数量几乎增加了两倍。

自此以后，探索的步伐继续加速前行。IBM 的科学家最近宣布，他们已经找到了一种方法，可以用比较廉价的铜、锡、锌、硫和硒等元素来替代铟、镓等昂贵的稀土元素。与此同时，麻省理工学院的工程师们利用碳纳米管收集太阳能，使得太阳能电池板的效率比传统模式提高了 100 倍。"你再也不需要让你的整个屋顶都覆盖上太阳能光电池了，"该研究小组的负责人迈克尔·斯特拉诺博士（Dr. Michael Strano）说，"你只需用天线把一些微型太阳能电池板连接起来，就能使它们上面的光子发挥作用。"

但是，为什么一定要在屋顶上放一些太阳能电池板呢？位于马里兰州的新能源技术公司（New Energy Technologies）已经发现了一个能够把普通的窗户转变成太阳能电池板的方法。与传统的太阳能系统不一样，这种技术采用的是世界上最小的有机太阳能电池，这种电池能够利用人工光源与自然光源发电，而且，它的光电转换率是今天商业性的薄膜太阳能电池的 10 多倍。

更鼓舞人心的是，所有上面这些技术都可能很快就会因为更具革命性的技术突破而黯然失色。密歇根大学的物理学家斯蒂芬·兰德（Stephen Rand）最近发现，在适当的条件下，光在通过像玻璃这样的绝缘材料时，它所产生的磁场要比我们以前所认为的强上 1 亿倍。"你为了证明这是不可能的，可能会盯着这些方程看上一整天，"兰德说，"因为所有人都是这样被教导的，说这样的事情是不可能会发生的。"然而，在他的实验中，磁场的强度确实高到了足以提取能量的程度。这个结果将使得以下的理想变成现实：制造出无需使用半导体的太阳能电池板，从而使得生产成本大幅下降。

　　然而，毕博却认为，从目前的情况来看，可能并不一定需要这类激进的技术突破。"我们现在正处在一个价格不断下降的轨道上，对此，我很满意，"他说，"意大利和美国将分别在两年与 5 年内实现市电平价（grid parity，市电平价是指可再生能源的价格与传统能源的价格一样）。今天在加利福尼亚州，信用良好的业主无需支付订金就能安装太阳能电池板，而且在使用太阳能系统后的第一个月，他所需支付的安装太阳能系统的费用，就会比上个月从电网购买传统能源的费用更低。当然，加利福尼亚州之所以会出现这种情况，是因为它有 30% 的免税额。然而，一旦太阳能发电的成本再降低 30%（预计再过 4 年就能实现这一点），我们就不会再需要这种税收优惠了。当然，如果太阳能一旦无需资助就能达到市电平价，那么，它的发展将会一飞冲天。当你飞到洛杉矶国际机场，低头往下看的时候，你看到的是绵延数英里的平坦的大楼屋顶。这些大楼为什么不都用上太阳能呢？只要能够实现市电平价，太阳能电池板很快就会覆盖这些建筑物的屋顶。"

　　把太阳能变得更便宜，便宜到足以覆盖所有屋顶，而且足以与煤炭竞争，是美国前能源部部长朱棣文公布的"太阳计划"（SunShot Initiative）的目标。他在公布这个雄心勃勃的计划时所作的演说，是以美国前总统约翰·肯尼迪于1961 年发表的"登月计划"的演说为蓝本的。在当年，肯尼迪向全体美国人宣布，美国将在 1970 年前让人类登上月球。太阳计划的目的是为了促进美国的创新，并且在 2020 年前让太阳能系统的成本降低 75%。这个目标实现后，太阳能发电系统的成本将下降到每瓦特 1 美元，或每千瓦时 6 美分——这个价格甚至足以与燃煤发电抗衡。

　　或许有人会有疑问，是不是过于关注太阳能了？那么，现在就让我们来说说风力发电吧。其实风力发电也已经快达到市电平价的水平了。根据《彭博新能源财经》（Bloomberg New Energy Finance）2011 年的报告，在巴西、墨西哥、瑞典、美国的部分地区，陆上风力发电的成本已经下降到了每兆瓦 68 美元，而同一地区的煤炭发电的成本为每兆瓦 67 美元。同样地，人们对电力的需要也在不断地增加。据世界上最大的风力发电公司之一维斯塔斯风力系统公司（Vestas）的报告，它在2009—2010年间的订单增加了182%。而在2011年，全世界的涡轮机风力发电设备的装机量也增长了20%，预计到2015年将会增加一倍。

然而，尽管风能、太阳能这些能源会给人类带来巨大的收益，不过，其他形式的能源创新也是必不可少的。以美国为例，太阳能和风能都是现在美国重要的电力来源，不过，它们只能支撑全美40%的能源需求，还无法提供运输系统与家庭和办公室的供暖／制冷系统所需要的能源。在剩余的60%中，运输系统占29%，家庭和办公室的供暖／制冷系统占31%。运输系统所用的燃料，95%都是以石油为基础的；同时，建筑物的供暖／制冷设备所需要的能源依靠的也是石油和天然气。为了终结人类对石油能源的依赖，我们必须找到新能源来满足余下的60%的能源需求。许多人认为这并不是一件容易做到的事情。"石油产业和天然气产业不仅拥有雄厚的资金，而且这两大产业势力强大，根基很深，"毕博说，"现在的问题在于，如何去改变这种状态？这些产业并不想就此退出历史舞台，它们拥有足够的资金，仍然可以与其他替代能源抗衡很长一段时间。"

生物燃料

但是，如果这种改变恰恰来自这两个势力强大、根深蒂固的产业的巨头们本身，那么情况又将会变得怎么样呢？2010年，埃克森美孚国际公司研究与发展部的副总裁埃米尔·雅各布斯（Emil Jacobs）宣布了该公司的一项史无前例的计划：埃克森美孚国际公司承诺将投入6亿美元，花费6年的时间开发出新一代的生物燃料。当然，老一代的生物燃料主要是玉米制成的酒精，那对人类来说简直就是一场灾难。因为这些燃料会引发很多环境问题，并且需要耗费掉数以百万英亩①计的良田生产的玉米，从而不可避免地推动粮食价格的上涨。但是，埃克森美孚国际公司所研发的新一代生物燃料既不依赖于粮食作物，

---

① 1英亩为4 047平方米。——译者注

也不像第一代生物技术那样需要耗用大量的土地。埃克森美孚国际公司打算让藻类生物生成生物燃料。

根据美国能源部的资料，在每英亩土地上，藻类所能生产出来的能源比传统的生物燃料要多出 30 倍。此外，由于藻类几乎可以在任何一个封闭的空间内生长，所以目前有关方面正在几个大型发电厂对藻类进行一项测试——让它作为二氧化碳的吸收器。把从烟囱里排放出来的废气注入池塘，然后利用藻类去"吃掉"二氧化碳。这真是一件美妙的事情。为了使这件事情变得更加切实可行，埃克森美孚国际公司与生物界的"坏小子"克雷格·文特尔，以及文特尔最近成立的公司合成基因组公司（Synthetic Genomics Inc，简称 SGI）组成了一个团队，共同投入了研究。

为了研究藻类生长的方式以及利用藻类提取"石油"的技术，埃克森美孚国际公司和合成基因组公司在圣地亚哥建造了一个新的测试基地。文特尔把这个新的测试基地称为"藻类中转站"。在 2011 年 2 月一个阳光明媚的下午，我参观了这个新测试基地。从外观上看，整个测试基地看上去像是一个高科技温室，它拥有透明的塑料窗格，白色支柱，还有一道道气闸门。当我们迈步通过这些气闸门时，项目主管保罗·罗斯勒（Paul Roessler）向我们解释了这个测试基地的基本运作原理："生物燃料需要 3 种东西：阳光、二氧化碳和海水，我们之所以要利用海水，是因为不想与农业生产者争夺土地或淡水资源。二氧化碳则是一个更重大的议题。这正是为什么隔离与封存二氧化碳会如此重要的原因，因为这样做不但能减缓全球变暖，而且也提供了一个集中的能源来源。"

我们步行穿过了另一头的门，进入了主测试室。主测试室是一个巨大的房间，面积足足有一个足球场那么大。它没有太多的装饰，只放着 6 大桶的绿藻类植物，墙上贴着一张名为"细胞内的生命"的巨幅海报。罗斯勒指着海报说："我不知道你还记得多少从中小学课堂上学到的知识，但是你肯定还有印象，光合作用就是指植物如何把光能转化为化学能的过程。白天，植物利用阳光将水分解为氢和氧，然后把它与二氧化碳结合起来，最后生成一种名叫'生物石油'的碳氢燃料，这个过程通常在晚上完成。我们的目标是可靠地大量生产这种生物石油。"

文特尔也在这次参观者的行列中，他也加入了这个话题的讨论："保罗说得太谦虚了，他实际上已经找到了方法，可以让藻类细胞'自愿'地分泌出它们所收集到的脂类物质，这就是说，他使藻类变成了一种类似于微型工厂的植物。"罗斯勒则进一步解释道："从理论上来说，等技术完善后，我们就可以不断地重复进行这个程序，不断地收获生物石油。这些细胞只会做一件事，那就是不断地生产出石油，你不需要收割所有的细胞，你只需要收集细胞排出的油就可以了。"

而且藻类的效率非常之高。"与传统的生物燃料相比，它的优势太明显了，"文特尔说，"每年每英亩玉米能够生产出 68 升（的生物燃料）。每年每英亩棕榈树能够生产出大约 2 366 升（的生物燃料）。而我们的目标是利用这些经过改良的藻类，每年每英亩都能稳定地生产出 37 000 升的生物燃料，而且在每个与这个测试基地类似的面积的约 5 平方千米的生产基地都能实现稳产。"

文特尔提出的是一个雄心勃勃的目标。他的雄心到底有多大？不妨先让我们来做一做如下这个计算：5 平方千米相当于 1 236 英亩，而在每英亩生产 37 000 升燃料的情况下，5 平方千米每年能生产出 4 573 万升的燃料。今天一辆车用 1 升燃料平均能跑 10 千米，而一辆车平均每年要跑 19 000 千米。因此一个 5 平方千米的藻类农场所生产的燃料就足够大约 24 000 辆汽车跑上整整一年了！那么要多少英亩藻类农场才能让美国所有的汽车跑起来呢？今天，全美国大约有 2.5 亿辆汽车，如果把所有的汽车摆放在一起，那么它们所占的面积大约为 18 750 平方千米，相当于美国国土面积的 0.49%（或者，大约占内华达州面积的 17%）。确实，还真不少呢！不妨想想看，如果汽车用每升燃料就可以跑 40 千米，或我们当中开始有越来越多人转而使用电动汽车时，会发生什么事！

就算合成基因组公司无法实现这个目标，埃克森美孚国际公司也并非是这场比赛中的唯一一名"运动员"。位于旧金山湾区的 LS9 能源公司也已经在和雪佛龙能源公司（Chevron）以及宝洁公司共同研发生物燃料了。而在离这家公司不远的加利福尼亚州的埃默里维尔市（Emeryville），阿米瑞斯生物技术公司（Amyris Biotechnologies）也在与壳牌石油公司进行同样的合作研究。波音公司和新西兰航空公司也已经开始开发以藻类为基础的飞机燃料。然而其他公司甚至已经走得更远了。维珍航空公司（Virgin Airlines）已经开始部分使用生物燃料（椰子油和棕榈树油）让 747 飞机航行于天际。2010 年 7 月，总部位于旧金山的太阳酵素公司（Solazyme）更是已经为美国海军供应了 35 700 升以藻类为基础的生物燃料了，并且还赢得了美国海军的 57 万升生物燃料的订单。与此同时，美国能源部也正在资助三所不同的生物燃料研究机构研发新一代生物燃料，追踪可再生能源市场成长情况的清洁能源市场研究公司（Clean Edge）在它的第十届年度产业报告中概述，全球生物燃料的生产和批发价格总值在 2010 年时已达到了 564 亿美元，预计到 2020 年将增加至 1 128 亿美元。

由此可见，市场对碳中和技术以及低成本燃料的兴趣空前高涨。不过，问题依然存在。上述提及的每一家公司（或未提及的竞争者）都没能找到将这种技术应用于大规模生产的方法。美国前能源部部长朱棣文也说，要真正满足我们的要求，生物燃料的生产规模必须扩大百万倍，甚至千万倍。但是，他同时也指出，现在正在研究生物燃料的同一批科学家过去也曾经成功地大幅提高了诸如抗疟疾药物等产品的产量。"所以，这个目标是完全有可能实现的，"他说，"考虑到参与计划的科学家们的高素质，我很乐于相信这个目标是有可能实现的。"

但是为了满足能源需求，美国能源部并没有把所有的赌注都押在生物燃料上。美国能源部对"破解光合作用"的技术也非常有兴趣。朱棣文提倡的"太阳计划"，也正在为美国人工光合作用联合研究中心（Joint Center for Artificial Photosynthesis）提供资助。这是一个由加州理工学院、加州大学伯克利分校和劳伦斯·利弗莫尔国家实验室共同领导的，经费高达1.22亿美元的多机构合作研究中心。这个中心的目标是开发出人造光合作用所需要的所有组件：光吸收剂、催化剂、分子连接器，以及分离膜。对此，该研究计划的首席科学家之一、加州理工学院可持续能源技术研究院（Caltech Center for Sustainable Energy Research）主任哈利·阿特沃特博士（Dr. Harry Atwater）是这样说的："我们正在设计一个人工光合作用过程。但是，我在这里所说的'人工'有特殊的含义，它是指整个系统中都不包含任何有生命的或有机的组成部分。我们基本上是直接把阳光、水和二氧化碳转化成可存储的、可转运的燃料——我们称之为'太阳能燃料'，以此来满足通常的太阳能发电系统无法满足的另外2/3的能源需求。"

这些"太阳能燃料"能为汽车提供动力、为房屋提供热量，阿特沃特认为，更重要的是，这种方法的效率比传统的光合作用高10倍以上，这也就意味着，"太阳能燃料"可以完全取代化石燃料。"我们正在接近一个至关重要的转折点，"阿特沃特博士说，"很可能，在未来30年里的某一天，我们就会说：'天啊！以前怎么会用燃烧碳氢化合物的方法来产生热量和能量呢？！'"

能源存储的圣杯

我们之所以会如此依赖碳氢化合物，是因为它们具有能量密度高、便于利用的特点，不过，另一个原因也很重要，那就是，它们都易于储存。煤炭可以成堆储存，石油则可以贮存在油桶里。相比之下，太阳能只在阳光照射时存在、风能则只在风吹过时存在。这些因素仍然是制约可再生能源广泛应用的最大障碍。在太阳能和风能能够每周7天、每天24小时提供可靠的电力之前，它们是不可能在能源供应中占据太大份额的。早在几十年前，巴克敏斯特·富勒就曾经提出过一个建议：建设一个全球性的能源网络，把在地球上处于白天的这一面收集起来的能源输送到地球上处于黑夜的另一面去。但是，大多数人依然把希望寄托在了立足于当地的、电网级的大量蓄能设施上，这些设施能够实现能源的"紧致化"或"时间转移"——将白天收集起来的能源在晚上释放出来使用。事实上，这种能源储存已经成了绿色能源运动的圣杯。

说到底，除非能够储存能源，而且是以过去从来没有实现过的巨大规模储存能源，否则太阳能再廉价也没有任何意义。电网级的储存需要容量极大的电池。今天的锂离子电池的容量显然是严重不足的。如果我们真的想用某种电池来储存能源，那么这种电池的存储容量至少还要比现在存储容量最高的电池再高 10~20 倍，而且它们必须用地球上储量非常丰富的元素来制造。如若不然，就只是用一个建立在大量进口锂的基础上的经济，去替代原来建立在大量进口石油的基础上的经济而已。

幸运的是，现在已经取得了相当巨大的进展。最近一段时间以来，电网级的能源储存技术已经得到了长足的进步，并且逐渐吸引了风险投资家们的注意。在这个领域处于领先地位的是 KPCB 风险投资公司（Kleiner Perkins Caufield & Byers，简称 KPCB）。成立迄今，KPCB 公司成功地投资了超过 425 个项目，其中包括美国在线、亚马逊、太阳微系统公司、美国艺电（Electronic Arts）、基因泰克和谷歌等。挑选最终的胜利者是 KPCB 公司一贯的传统，而且它的主要合伙人之一约翰·杜尔（John Doerr）又是一个热心于环境事业、致力于遏制全球变暖趋势的人，因此，KPCB 公司投资的许多项目都属于新能源领域。

2011 年冬季的一天，我联络上了比尔·乔伊，向他索取了一份关于能源储存技术进展的报告。乔伊曾经任职于太阳微系统公司，后来加盟 KPCB 公司，现在是该公司负责绿色能源领域投资的主要合伙人。乔伊告诉我，他们最近进行了两项投资，意在改变整个市场。第一项投资的对象是博智电力（Primus Power），该公司致力于制造"流式"可充电电池——电解质流过一个电化学装置，直接将化学能转换为电能。内置了这种"流式"电池的一套设备已经安装在了一个位于加利福尼亚州莫德斯托的新建的风电场，它的造价高达 4 700 万美元，装机容量为 25 兆瓦，整个电能存储系统的容量则为 75 兆瓦时。

KPCB 公司的第二个投资项目是阿奎昂能源（Aquion Energy）。这家公司制造的电池与今天我们常见的锂离子电池类似，不过也有重要的改进。阿奎昂能源生产的电池不依赖于锂这种非常稀缺且有毒的元素。恰恰相反，它的电池直接利用钠和水，这两种物质不仅廉价、无处不在，而且还有一个锂所不具备的额外优势：它们不会致命，也不易燃烧。这种电池放电均匀，也不具有腐蚀性，而且是用地球上储量非常丰富的元素制造而成，同时又足够安全——事实上，吃进肚子里都没有大碍。

"我估计，使用了这些技术之后，"乔伊说，"我们将来存取每千瓦时电力所需要的总成本只要1美分。因此，我可以把间歇性的风能连接到阿奎昂系统，这样每千瓦时风电的成本只会增加1美分。这1美分已经包含了将风电存储起来并释放出来的所有成本。几年后，你就会在市场上看到这些产品。当那一天真的到来之后，就再没有理由认为我们无法拥有可靠的、稳定性完全不亚于现在电网的可再生能源了。"

麻省理工学院教授唐纳德·萨多伟（Donald Sadoway）是全世界最权威的固态化学学者之一，他也非常看好未来的电网级能源储存技术。萨多伟在美国先进能源研究计划署和比尔和梅琳达·盖茨基金会的资助下，开发出了一种液态金属电池（Liquid Metal Battery，简称LMB）。触发他最初灵感的是炼铝厂所用的高压电流，以及炼铝厂本身的超大规模。液态金属电池内部的温度非常高，足以令两种不同的金属处于液体状态。其中一种是密度较高的金属，如锑，这种金属会沉到底部；另一种是密度较低的金属，如镁，这种金属会浮在上层。在它们之间是有助于交换电荷的熔盐电解质。根据这种原理，萨多伟开发出了一种电流比现在最高端的电池还要高出10倍的电池，而且它所采取的简洁、廉价的设计使得存入1千瓦时的电力只需250美元——这一价格不到现在的锂电池价格的1/10。除此之外，萨多伟的设计也考虑了规模因素。

"现在，我们已经制造出了液态金属电池的原型，它的大小与一个曲棍球差不多，只能储存20瓦特小时的电力，"萨多伟说，"但是，我们还在研发容量更大的电池。试想象一下，如果一个冰箱大小的电池就能够储存足以供应你全家一天所需的 30 千瓦时电力，那该多好啊。我们的设计理念是：'装上后你就忘了它吧。'这就是说，这种电池能够在不需要任何人工维护的情况下自动运行 15~20 年。它不仅便宜、安静、无需维修、不产生任何温室气体，而且是用地球上最丰富的那些元素制成的。"以每千瓦时 250 美元计算，一个家用液态金属电池的价格大概为 7 500 美元。如果分期付款的期限为 15 年，并且把资金成本和安装费用都考虑进去，那么一个家用液态金属电池每个月只需花费户主不到 75 美元的支出。

然而，这种系统真正的过人之处在于，它几乎拥有无限的可扩展性。一个集装箱大小的液态金属电池，足以供应整个街区所需的全部电力。一个沃尔玛大卖场大小的电池，足以供应一个小城市所需的全部电力。"我们计划在未来的 10 年内，推出集装箱大小的液态金属电池，再紧接着推出家用液态金属电池，"萨多伟说，"要实现这个目标，需要走哪几步，我们现在已经看得很清楚了，而且也根本不需要奇迹般的技术突破。"

当然，只要解决了能源储存问题，就能为太阳能和风能发展带来重大突破。但是，那些肮脏的燃煤发电厂应该怎样处理呢？这将是下一步要解决的一个重要问题。对此，比尔·乔伊也已经有了想法："很难相信电力公司会关闭一个固定费用已经摊销完毕而且每天仍能赚钱的电厂。我们应该做的是，把现在这种模式翻转过来，即应该把燃煤发电厂当成紧急备用发电装置。我们可以百分之百地依赖可再生能源来满足基本能源需求，但是，当天气预报说我们即将面对真正的灾害性天气（以及由此而导致的问题）时，就可以启动燃煤发电厂。因此，只需向电力公司支付维修和偶尔运行这些燃煤发电厂的费用，就像你也必须偶尔使用紧急发电机一样。"

梅尔沃德与第四代核能技术

内森·梅尔沃德（Nathan Myhrvold）最喜欢接受强大的挑战——也许超过了所有其他事物。他 14 岁就上了大学，到 23 岁毕业时，他已经拿到了普林斯顿大学 3 个硕士学位和 1 个博士学位。然后，他又花了一年的时间跟随物理学家史蒂芬·霍金钻研宇宙学。再后来，他又成了举世闻名的古生物学家、屡获殊荣的著名摄影师，以及美食大师——所有这一切成就，都是他利用业余时间完成的。梅尔沃德的正式工作是担任微软公司的首席技术官。从微软公司退休时，梅尔沃德拿到了高额退休金——《财富》杂志对此的形容是"达到了 9 位数字"。然后，他又与别人共同创立了以促进创新为宗旨的高智风险投资公司（Intellectual Ventures）。不过，上面这些对于梅尔沃德来说，其实都不过是"热身运动"而已。"对我来说，本世纪最需要解决的问题是，我们该如何向全世界所有人提供与美国人现在所用的一样多的、完全没有碳排放的能源？"他说，"这是一个巨大的能源挑战。"

梅尔沃德没有说错。现代文明社会是建立在 16 太瓦（16 亿千瓦时）的能源消耗基础上的，而且绝大部分能源都来自各种会产生二氧化碳的资源。如果人类真想解决能源短缺问题、真想提高全球民众的生活水平，那么就必须在未来的 25 年内把能源供应能力扩大 3 倍，甚至 4 倍。然而与此同时，如果想把大气中的二氧化碳的含量稳定在 0.045% 或以下（这是人们公认的能够避免灾难性的剧烈气候变化的二氧化碳含量标准），那么就必须把上述 16 太瓦能源中的 13 太瓦更换为清洁能源。我们也可以换一种说法来阐明这个问题：每一年，人类都要向大气排放 260 亿吨二氧化碳，或者按人头平均，每个人每年平均要排放 5 吨二氧化碳。必须在约 20 年的时间内将上述排放数字减少为零，而同时，为了满足崛起中的 10 亿人的需求，还必须扩大能源供应。

当然，很多人都相信，太阳能技术和能源存储技术必定会取得重大突破，因此完全可以利用可再生能源来满足上述需求。但是，也有许多人认为（梅尔沃德也包括在内），唯一的选择就是发展核能。事实上，相信这一点的人非常多，而且他们的信念也比以往任何时候都更加坚定。

无论是乔治·布什政府，还是目前的奥巴马政府，都支持这种看法。而且，甚至连一些重要的绿党人士，例如斯图尔特·布兰德、詹姆斯·洛夫洛克

（James Lovelock）和比尔·麦克基本（Bill Mckibben），也是如此。核能这种曾经被忽视的技术，现在却得到了如此广泛的支持。这在普通民众看来或许有些令人费解，但是，仔细分析后就会发现，人们之所以会觉得不可理解，主要是因为他们还在根据40多年前的陈年旧事来看待这种技术。《拯救这个星球》（*Prescription for the Planet*）一书的作者汤姆·布利斯（Tom Blees）说："大多数人在谈到核能时，他们所谈论的其实都是三里岛事件和20世纪70年代所用的技术，而那正是美国的核工业陷于停顿的时期。但是，关于核能的研究却从来没有停顿过，而是一直在向前推进。我们现在掌握的技术已经比那时整整先进了两代。变化是非常巨大的。"

在一代又一代科学家的推动下，核能技术已经更新换代了很多次。第一代核反应堆是在20世纪50年代和60年代建立起来的；第二代核反应堆则涵盖了美国本土现在仍然在服役的所有核电站。第三代核反应堆又比第二代核反应堆安全得多、便宜得多；不过，说到今天有这么多人支持核能的原因，则是更先进的第四代核反应堆。说到底，其实原因很简单。因为设计第四代核电站的出发点就是，既能解决长期以来一直困扰着核能的各种问题，包括安全、成本、效率、核废物、铀原料的稀缺性，甚至恐怖袭击的威胁，又不至于带来其他新的问题。

第四代核能技术大体上可以分为以下两类。第一类是快速反应堆。这种反应堆燃烧的温度更高，因为反应堆内部的中子的反弹速度要比传统的轻水反应堆快得多。由于温度更高，所以这种反应堆能够利用以前的核废料和剩余的武器级的铀和钚来发电。第二类是液体氟钍反应堆。这种反应堆燃烧的元素是钍，而地球上钍元素的储量比铀多4倍，而且在发电过程中不会产生任何可能长期残留的核废料。

而且，所有第四代核反应堆都要保证"被动安全"，这是一个一般规则。"被动安全"的意思是，万一出了问题，核反应堆必须能够自行关闭，无需任何人工干预。例如，绝大多数快速反应堆都是燃烧液态金属燃料的，如果液态金属燃料过热，它就会膨胀，因此它的密度就会下降，从而速度也会随之变慢。根据现已退休的阿贡国家实验室核物理学家乔治·斯坦福（George Stanford）的说法，这种反应堆是不可能融化的。"我们非常确信这一点，"他说，"因为阿贡国家实验室举办了好几次公开示范活动，我们复制了导致三里岛核电站事故和切尔诺贝利核电站灾难的所有具体条件，结果什么都没有发生。"

不过，最令支持者兴奋的是所谓的"后院核电站"。这是一种独立的、小规模的、模块化的第四代核反应堆，即中小型反应堆（简称 SMRS）。它们是在特定的工厂中建造出来的（因而也是更便宜的），完全密封好后销售给用户，能够在无需任何维护的情况下运行数十年。进入这个领域的，既有许多熟悉的面孔，例如东芝和西屋公司，也有一大批新进入者，例如内森·梅尔沃德创办的泰拉能源公司（Terra Power），因为中小型反应堆确实拥有能为全世界提供无碳能源的巨大潜力。

利用来自比尔和梅琳达·盖茨基金会和风险投资家维诺德·科斯拉（Vinod Khosla）联合投入的资金，梅尔沃德创办了泰拉能源公司，致力于开发行波反应堆（简称 TWR）。行波反应堆是第四代核反应堆的一种，梅尔沃德本人把它称为"全世界最简单的被动式快中子增殖反应堆"。行波反应堆没有任何可拆卸部件，也不会熔化，能够安全运行 50 多年，而且确实无需任何人工干预。难能可贵的是，它在做到上面这一切的同时，却无需更多的浓缩作业，而且用过的燃料也无需任何处理，也不需要对废物进行再加工或配备专门的废物贮存设施。更重要的是，反应堆容器本身就是非常可靠的埋葬用具。因此，从根本上说，行波反应堆确实是全世界第一个达到了"建造、埋葬、忘记"标准的核电电源，它发的电力足以保证一个城市或一个地区的需求，从而能够为发展中国家提供非常理想的能源解决方案。

当然，要为所有发展中国家提供电力，肯定需要好几万个这样的核电站。梅尔沃德已经清醒地认识到了这个挑战的艰巨性。他正确地指出："如果我们要想实现预定的能源富足的目标，那么，像非洲和印度这样的地方将是最需要增加能源供应的地方。这也正是为什么我们致力于设计非常安全、易于维护保养、不会导致核扩散的核反应堆的原因。我们必须制造适合在发展中国家使用的核反应堆。"梅尔沃德还指出了他开发的这种系统对环境的巨大好处："只需燃烧和适当处置以前积累下来的贫化铀和废燃料棒，就可以为全世界接下来的1 000年提供充足的能源。"

那么，究竟什么时候可以亲眼目睹这种核反应堆呢？梅尔沃德相信，在2020年以前，一个示范性的行波反应堆就可以建成并投入运行了。如果这个时间表是准确的，那么泰拉能源公司将在这个领域占据非常大的竞争优势。除了极少数项目之外，绝大部分第四代核反应堆都不会在2030年以前进入市场。而且，更重要的是，梅尔沃德认为，行波反应堆提供的电力的价格甚至会比燃煤发电厂更低。倘若真的如此，那么它必定很快就可以推广到全球各地。

完美能源

人类所需的电力（能源）从何而来？这只是我们要解决的部分问题。如何传送电力也同样重要。读者不妨先想象一下，如果有一个由电源线、开关器和无数传感器（传感器能够监控所有电器的用电，甚至一只小小的灯泡也不例外）构成的智能型网络，那该多好啊。这正是今天所有智能电网工程师的梦想。目前只有互联网在一定程度上可以称之为智能网络。事实上，鲍勃·梅特卡夫（Bob Metcalfe）之所以一再将今天的"笨蛋电网"比喻成早期的电话通信网络，原因也就在这里。梅特卡夫是3Com公司的创办人，现在是北极星创投伙伴公司（Polaris Venture Partners）的合伙人，也是能源领域大名鼎鼎的投资专家。在其职业生涯的早期，梅特卡夫还是阿帕网和以太网的创建人之一，因此他深知，要建立像全球互联网那样的巨大的网络需要耗费多少心血和精力。"在互联网刚刚诞生的那段日子里，每个环节都是由某个特定的单位负责的，"他说，"负责电脑的是IBM，负责通信的是AT&T。语音、视频和数据是相互独立的服务。语音大体上对应于电话，视频大体上对应于电视，数据则是嵌入在一个分时电脑系统内的电传打字机。这是 3 个不同的世界，各自拥有不同的网络和监管机构。现在的互联网早就把这些区别和界限溶解了。"

今天，我们在能源的世界也看到了类似的分裂状态。但是梅特卡夫却坚信，能源的生产、输送、传感、控制、储存、消费之间的界限，最终将会消失。他继续拿互联网的发展历程与能源网络做类比："当阿帕网的流量开始爆炸时，我们的第一个反应是试图专注于压缩率，即把流量压缩得尽可能小，以便通过 AT&T 古老的基础通信设备来传输。我们曾经非常注重节约数据，今天也正在以同样的方式努力节约能源。在互联网发展的那个阶段，面临的问题与现在电网面临的问题一样，都在于中央化的网络不够强大，无法满足人类的需求。但是，在阿帕网问世 40 年之后，数据的节约已经根本无关宏旨了；事实上，恰恰相反，数据的丰富性才是互联网所追求的东西。而互联网的基础结构最终也足以胜任比原先大几百万倍的数据传输要求。因此，如果说互联网的发展历程能够指引方向的话，那么就必然是：只要成功地建成了下一代能源网络（我称之为'能源网'），人类就肯定能拥有丰富的能源。事实上，我相信，一旦拥有了能源网，人类就将拥有几乎可供人们任意挥霍的充足能源。"

那么，这样一个智能电网将会拥有什么特点呢？根据梅特卡夫的设想，它将是一个网状分布式的网络，就像现在的互联网一样，这样一个智能电网将允许众多的生产者和消费者通过本地或广阔区域的网络进行能源交易。"这个网络必定也是不同步的，"梅特卡夫还补充道，"所以，任何人都可以轻而易举地输入能源或取走能源，就像今天的电脑、电话、调制解调器可以随时接入网络或从网络中断开一样。"

根据梅特卡夫的预测，电网最大的改变也许会体现在存储能力的急剧提升上面。"古老的电信网络根本没有任何存储空间，因此看上去与今天的电网非常相似。"他说，"你的模拟语音在一端进入网络，马上就会在另一端飞出网络。但是，现在这种情况已经出现了翻天覆地的变化。今天的互联网在每个可能的地点都充满了各种各样的存储空间——在交换机上、在服务器上、在你的大楼里，以及在你的手机里。明日的智能电网也将变得到处都有存储空间：在你的各种电器上、在你的家里、在你的汽车上、在你的大楼里、在你的社区里，以及在能源生产流程的每一个点上。"

作为全世界最大的网络科技公司之一，思科公司已经在建设智能电网方面投入了大量的资源。思科公司负责能源业务的资深副总裁劳拉·易普森（Laura Ipsen）是这样解释智能电网的巨大潜力的："今天，互联网有超过 15 亿个接入点，但是与电网的接入点相比，这根本就是小巫见大巫。电网的接入点至少要比互联网多 10 倍。只要想一想你家里所有插电的电器，再想一想你家里所有被分配了 IP 地址的设备，把两者的数量比较一下，你就明白电网的潜力有多大了。"

易普森认为，我们正在迅速走向这样一个世界：在那里，每个要使用能源的设备都被分配了一个 IP 地址，同时也都是分布式人工智能系统的一个组成部分。"这些连接到了智能网络的设备，"她说，"无论怎么小，都会自动报告自己的能源使用状况，而且在不需要使用时，就会自动关闭电源。因此到最后，我们应该可以把一幢建筑物、一个社区的用电效率提高一倍甚至两倍。"

为了实现这个目标，思科公司制订了一个雄心勃勃的计划。易普森说："在短期内，即在接下来的 7 年内，主导智能电网的将是'传感和响应'。分配了 IP 地址、接入网络的大量传感器将会实现监测能源使用状况、管理能源需求的功能，例如，通过应用程序控制非关键用途的错峰用电——将你的洗碗机的开动时间推迟到后半夜（即能源比较便宜的时段）。

我们预计，从 2012 年开始的未来十几年内，太阳能发电技术和风能发电技术将迅速完成整合，从而使商业建筑和住宅物业的业主能够利用自己发的电来满足自己的大部分用电需求，而以电网供应的电力作为补充。"最终的目标是一个智能电网，它由大量彼此联网的分布式发电系统、无数分配了 IP 地址的智能家电，再加上无处不在的分布式能源存储系统组成，从而使易普森所称的"完美能源"成为现实。

能源富足到底意味着什么

在本章中，我们着重讨论了太阳能、生物燃料和核能。当然，除了这些之外，值得认真考虑的新能源技术还有很多。我还没有谈到天然气，由于美国的天然气非常丰富，所以天然气的使用在美国曾风靡一时。我也没有讨论地热能源，它也是一种相当可靠、相当清洁的能源，不过它的地理分布并不均匀，利用起来也不怎么方便。

本章之所以对太阳能着墨最多，是有充分的理由的。太阳能不仅是一种无污染、零碳排放的能源，而且是一种有利于促进自由的能源。如果能够提前解决在能源储存的基础设施方面所面临的挑战，那么太阳光就将成为一种无处不在的、民主的能源。一个小时照射在地球表面的太阳光蕴含的能量，就远远超过了全世界全年燃烧掉的所有化石能源，而且更重要的是，如果我们真的希望实现能源富足，那么就必须选择那些能够以指数形式增长的能源技术。太阳能技术就是如此。

根据碳作战工作室（Carbon War Room）首席运营官、普罗米修斯可持续发展研究所（Prometheus Institute for Sustainable Development）主任特拉维斯·布拉德福德（Travis Bradford）的报告，太阳能组件的价格每年都在以5%～6%的速度下降，同时容量却在以每年30%的速度增长。所以，当批评者们强调，太阳能目前只占美国能源消费的1%时，他们就已经犯了在一个指数型世界里采取线性思维方式的错误。如果保持30%的年增长率不变，那么虽然今天太阳能在全部能源需求当中所占的比例只有区区1%，但是18年之后就会达到100%。

而且，即使到了那一天，增长也不会戛然而止；恰恰相反，它只会变得更有意思。再过10年（即从现在开始28年后），如果继续保持这个速度，我们将会利用太阳能电池生产出相当于今天的全球能源需求总量的1 550%的能源。而且，更令人向往的是，随着生产规模的不断扩大，技术的进步也将会提高每一个电荷的利用效率。例如，智能电网将使能源使用效率提高两三倍或更高倍，一只 5 瓦的 LED 灯就能像现在的 100 瓦灯泡那样使整个房间都亮堂起来。诸如此类的戏剧性的变化将数不胜数。一方面，能源利用效率的提高大大降低了能耗；另一方面，技术创新使得能源供应扩大了很多倍。这两方面结合起来，能源将会变得极端富足，完全可以供我们任意挥霍。

那么，当能源变得极端富足之后，我们又会做些什么呢？对于这个问题，梅特卡夫已经思考好长一段时间了。"首先，"他建议，"为什么不能把能源价格降低一个数量级呢？这样就能够保证这个星球的经济增长冲破天花板。其次，人类将可以在真正意义上展开太空探索，例如，利用几乎无限的能量把数以百万计的人运送到月球或火星上去。再次，在能源变得非常丰富之后，就可以为地球上的每个人按美国标准提供每天所需的清洁、卫生的水。最后，还可以利用能源来把地球大气层中的多余的二氧化碳'移到'别的地方去。据我所知，加拿大卡尔加里大学的一位教授，大卫·凯斯（David Keith）博士，已经开发出了这样的装置。有了充足的廉价的能源，我们甚至可以解决全球变暖问题。我确信，这样的例子还有很多，完全可以列出一个非常长的单子。"

我想看一看这个单子到底有多长，因此在 Twitter 上发布了梅特卡夫的问题。推友巴克罗杰斯（BckRogers）给出的答案是我最喜欢的，他写道："所有的争端实际上都是围绕着潜在的能源而展开的。因此，能源富足将彻底终结一切战争。"我不认为战争问题真的如此简单，但是，从本章中已经讨论过的这些东西来看，至少有一件事情是很确定的：我们将会找到能源富足之路。

14

教育

孩子天生就有自学能力。只要给他们每人配个笔记本电脑，并连接上互联网，他们就会尝试"干中学"。只要平板电脑和智能手机在贫困地区普及，那里的孩子们就能接受良好的教育。把"游戏"和"教育"结合在一起，孩子们更会"学习上瘾"。可汗学院的出现，让人们可以在自己喜欢的时间和地点通过视频进行学习。

THE FUTURE
IS BETTER THAN
YOU THINK

BUNDANCE

孩子天生会自学

自 1999 年开始，印度物理学家苏加塔·米特拉（Sugata Mitra）对教育问题产生了浓厚的兴趣。他知道，世界上许多地方仍然没有学校，还有一些地方优秀的老师不愿从教。他关注的问题是，我们可以为生活在这些地方的孩子们做些什么？自学是一种可能的解决方案，但是生活在贫民窟的孩子真的拥有必不可少的各种自学能力吗？

在那个时候，米特拉仍然担任着 NIIT 科技公司（NIIT Technologies）研发部门的主管。NIIT 科技公司是一家总部位于印度新德里的顶尖的电脑软件公司。米特拉豪华的办公室紧靠着该城市的贫民窟，两者之间只隔着一道高高的砖墙。所以，米特拉设计了一个简单的实验。他在墙上挖出了一个洞，在洞里安装了一台电脑和一个触控板，并让电脑屏幕和触控板朝向贫民窟那一面。他这样做的目的是，保证电脑不会被小偷偷走。接下来，米特拉把这台电脑连接到互联网上，并在电脑上安装了一个网络浏览器，然后他就走开了。

住在贫民窟的那些孩子们既不会说英语，也从来不知道怎样使用电脑，对互联网更是一无所知。但是，他们有足够的好奇心。几分钟之内，他们就搞清楚怎样"点击"电脑了。第一天的实验结束时，他们已经学会了在网上冲浪，而且更重要的是，他们已经在相互传授应该如何在网上冲浪了。然而，这些结果引出的问题比它们能够回答的问题还要多。这些结果真实可靠吗？难道这些孩子真的是自己学会如何使用这台电脑的吗？会不会有一个"隐形人"，躲过了米特拉的隐藏摄像机，给他们讲解了电脑技术？

米特拉决定把实验放到希沃布里的贫民窟去做。米特拉说，在那里，"所有的人都向我保证，绝对没有人会教给任何人任何东西"。不出意料，他再一次得到了类似的结果。然后，他又把实验转移到一个农村去做，也发现了同样的结果。自那以后，这个实验已经在印度各地，甚至世界各地都复制过，并且始终得到了同样的结果：在没有任何监督、不经过任何正式培训的情况下，一小群孩子不但能够很快地学会使用电脑，而且可以达到相当高的熟练程度。

在这个结果的鼓舞下，米特拉不断扩大实验规模，并把实验对象扩展到各种类型的孩子，试图搞清楚孩子们还可以通过自学掌握什么。在他所做的一系列实验当中，其中一个特别雄心勃勃的实验是在印度南部一个名叫加利库培（Kalikkuppam）的小村庄进行的。这一次，米特拉想观察的是，住在这个小村庄里的一些家庭非常贫困，而且只会说泰米尔语的 12 岁的孩子，究竟能不能学会使用他们之前从未见过的互联网，能不能自学他们从未听说过的生物科技课程，能不能学会在这个村庄中从来没有人说过的英语。米特拉说："我所做的只有这样一件事情：告诉他们，这台电脑里面有一些难度非常高的资料，他们很可能完全看不懂。但是，几个月后，我会再回来测验他们。"

两个月后，米特拉回来了。他问学生们是否看懂了那些资料。一个年轻的女孩子举起了手，回答道："除了脱氧核糖核酸（DNA）分子复制不正常会导致遗传病这个事实之外，其他的我们都无法理解。"然而，这个女孩太谦虚了，真实情况并非如此。当米特拉对他们进行测验时，孩子们的平均成绩大约为30 分（满分为 100 分）。在这两个月内，在没有任何正式指导的情况下，孩子们的成绩从 0 分进步到了 30 分，这无疑已经是一个相当显著的成果了，不过，孩子们的成绩还不够好，因为还不足以通过标准考试。因此，米特拉请来了一个救兵——他从这个村子里招募了一个年龄稍大的女孩担任"老师"。她也完全不懂生物科技，但是米拉特教她使用"老奶奶教学法"，即她只需站在孩子们的后面，不断地给予鼓励就行了——"啊，真不错！那真是棒极了！再给我多看些其他东西！"又过了两个月，米特拉回来了。这一次，孩子们在测验中的平均成绩进一步飞跃到了 50 分，而在新德里第一流的学校里学习生物科技的高中生平均成绩也不过如此。

再接下来，米特拉进一步改进了实验设计。他把实验场所转移到了正规学校。他在学校安装了许多电脑终端，但是这次他并没有直接让学生们学习一门课程（例如生物科技），而是向学生提出了一系列特定的问题，例如："第二次世界大战究竟是好事还是坏事？"同学们可以利用一切可以得到的资源来回答这些问题。但是米特拉向学校方面提出了一个要求——必须让 4 个学生共用一台电脑（一个互联网入口）。这是因为，正如马特·里德利在一篇发表于《华尔街日报》的文章中所写的："一个孩子在一台电脑前所能学到的东西很有限；但是 4 个孩子一起讨论和辩论，他们都会学到很多东西。"一段时间之后，再对这些学生进行测验时（在不让他们使用电脑的情况下），他们的平均成绩达到了 76 分。诚然，这个成绩无疑可以给人留下深刻的印象，但是，问题在于，学生们的实际自学效果究竟有多巩固？为此，米特拉两个月后又再回来重新对学生进行了测验，也得到了同样的结果。这就说明，这些学生们不但进行了深度学习，而且把有关知识牢牢地记在了脑海里，这是前所未有的。

从那以后，米特拉来到了英国，成了纽卡斯尔大学的一名教授，致力于研究教育科技。米特拉很快就在纽卡斯尔大学设计出了一种新型的小学教育模式，他称之为"最少侵略性教育"（Minimally Invasive Education）。为了推广这种教育模式，他在世界各地创立了一系列"自助学习环境"（self-organized learning environments，简称 SOLES）。所谓的自助学习环境其实不过是一些电脑工作站，它们最突出的特点就是，每台电脑前设有一张 4 人座的长椅。由于这些工作站也设在无法找到好老师的地方，因此每台电脑都会连接到一个被米特拉称为"老奶奶云端教学"的网站。这个网站实际上是由一群米特拉从英国各地招募来的老奶奶负责的，她们答应每人每星期腾出一小时的时间，通过 Skype 语音通话软件辅导来工作站自学的孩子。米特拉发现，平均而言，"老奶奶云端教学"可以使学生的考试成绩提高 25% 左右。

总体上看，米特拉设计的这种教学模式彻底颠覆了现有的教学模式。有别于传统的由老师自上而下进行灌输的教学方式，自助学习环境强调的是自下而上的学习；有别于让孩子们各自努力的传统自学模式，自助学习环境强调的是共同合作；有别于正规的在校学习环境，自助学习环境是一种游乐场般的环境。当然，最重要的是，"最少侵略性教育"不需要正规的老师。根据一般的估计，目前全球总共缺乏 1 800 万名教师。印度需要增加 120 万名教师，美国也需要增加 230 万名教师，而撒哈拉以南的非洲地区所需要的则是一个奇迹。正如联合国教育助理总干事彼得·史密斯（Peter Smith）最近在某个场合所解释的："识字问题涉及苏丹西部达弗地区的孩子们的未来。我们必须找到某种全新的解决方案，否则就等于扼杀了这一代孩子的未来。"

但是米特拉发现，其实早就有了解决方案。如果我们真正需要的是没受过专门训练的学生、没受过专门训练的老奶奶，以及每 4 个学生一台连接到互联网的电脑，那么根本无需担心达弗地区的孩子们的识字问题。很显然，我们其实早就已经拥有了足够多的学生和老奶奶了。无线网络目前已经覆盖了全球50% 以上的地区，并且还在迅速扩展到余下的所有地区。所以，互联网也不会成为障碍。那么，可以负担得起的电脑呢？要回答这个问题，我们得请尼古拉斯·尼葛洛庞帝上场。

尼葛洛庞帝的"一人一本"计划

在最早看到电脑所拥有的巨大教育潜能的那批人当中，就有西摩尔·派普特（Seymour Papert）。派普特原本是一位数学家，他在去麻省理工学院任教之前，曾经与著名儿童心理学家让·皮亚杰（Jean Piaget）共事多年。在麻省理工学院,他又和马文·明斯基（Marvin Minsky）共同创建了人工智能实验室。1970 年，派普特发表了一篇现在已经变得非常著名的论文《教孩子思考》。在该文中，他指出，孩子的最佳学习方法不是通过别人的"指导"，而是通过他自己的"建构"。这就是说，要让孩子学会"干中学"，尤其是当他们利用电脑去做一些事情的时候。

这篇论文发表的时机似乎太早了一些——5 年之后，家酿计算机俱乐部成立大会才举行。当时很多人在听到了派普特的想法之后，都嘲笑他。在那个时代，电脑是庞然大物，而且极其昂贵，孩子们又怎么可能用得上电脑呢?！但是，一个名为尼古拉斯·尼葛洛庞帝的建筑师却非常重视派普特的这篇论文。尼葛洛庞帝也是一位传奇人物，他现在已经被尊称为信息时代的开创者之一，事实上，他还是麻省理工学院的建筑机械集团的创办者和麻省理工学院媒体实验室的联合创始人。尼葛洛庞帝也认为，要让占全世界儿童总数 23% 的无法上学的儿童也能够接受良好教育，利用电脑可能是一个可行的出路。

为此，派普特和尼葛洛庞帝在 1982 年带着 Apple II 型电脑，来到了塞内加尔达喀尔地区，让那里的孩子们学习使用电脑。他们观察到的结果与米特拉在实验中得到的结果是一致的：贫困的农村孩子掌握计算机的速度与所有其他的孩子一样快。几年后，在麻省理工学院媒体实验室，他们两人又共同启动了"未来的学校"项目，把计算机引进了课堂，并对各种各样的想法进行了检验。1999 年，尼葛洛庞帝进一步把这些想法推广到了国外，并开始在柬埔寨创建新型学校。在这些学校里，每名学生都配备了一台笔记本电脑，并且都连接到了互联网。他们学会的第一个英语单词就是：谷歌。

实践出真知。在离开柬埔寨时，尼葛洛庞帝带着以下两个他自己确信无疑的信念。第一，世界各地的儿童都喜欢互联网。第二，市场对制造低成本计算机，尤其是适于发展中国家的人们使用的平价电脑，没有多大兴趣（在那些国家，人均年度教育预算往往只有 20 美元）。因此，到了 2005 年，尼葛洛庞帝决定启动"一人一本"计划，即为这个星球上的每一个孩子都提供一台坚固耐用的、低成本的、低能耗的笔记本电脑，而且让他们自由自在地在互联网上冲浪。

在尼葛洛庞帝的设想中，这种笔记本电脑的价格为 100 美元（这相当于今天的大约 180 美元），可惜这一价格至今仍然没有变成现实。然而，尽管如此，"一人一本"计划仍然在稳定推进中，迄今为止它已经向世界各地的 300 万儿童提供了笔记本电脑。由于这个计划的理论基础是"干中学"教育模型，因此各种传统的、以测评机械记忆效果为基本内容的各种衡量教学成效的方法都不适用。不过，它也有自己的衡量指标。"我发现，可以证明这个计划确实取得了成功的最引人注目的证据是，"尼葛洛庞帝说，"无论我们走到哪里都可以看到，参加这个计划的孩子的逃学率下降为零。在我们去过的许多地方，原来的逃学率高达 30%，但是参加了这个计划后，马上就变成零了。"

逃学并不是第三世界独有的现象。在美国的公立学校，平均而言，大约只有 2/3 的学生能够顺利完成高中学业——这也是所有工业化国家中最低的高中毕业率了。在美国的某些地区，辍学率超过了 50%；在印第安人社区，这一数字甚至超过了 80%。很多人想当然地认为，这些学生之所以要离开学校，是因为他们没有能力完成学业。但是，一项由比尔和梅琳达·盖茨基金会资助的研究的结果则表明，实际情况并非如此。"在一项全国性调查中，研究人员访问了将近 500 名辍学者，"哈佛大学教育变革领导小组（Change Leadership Group）的联合主任托尼·瓦格纳（Tony Wagner）在他的著作《教育大未来》（*The Global Achievement Gap*）中写道，"大约一半的受访者说，他们之所以离开学校，是因为他们觉得课程实在太枯燥了，而且完全与他们的生活或想追求的事业无关。大多数受访者还表示，学校并没有激励他们努力学习。超过一半的辍学者是在只要再坚持两年或不到两年就可以获得高中毕业文凭的情况下离开学校的，而且高达 88% 的受访者辍学时的成绩都高出了及格线。另外，接近 3/4 的受访者表示，只要他们愿意，他们是可以毕业的。"

"一人一本"计划能不能在美国本土取得同样的成效，这是一个悬而未决的问题（这一计划的北美版直到 2008 年才推出），但是毫无疑问，它在全球范围内的影响力一直在扩大。在乌拉圭，"一人一本"计划已经成了小学教育的支柱，还有许多其他国家也纷纷开始效仿。2010 年 4 月，"一人一本"计划决定与东非共同体合作，为肯尼亚、乌干达、坦桑尼亚、卢旺达和布隆迪等国的儿童提供 1 500 万台笔记本电脑。

最近，"一人一本"计划决定，不再向孩子提供价格为 100 美元的笔记本电脑，而改为向他们提供价格为 75 美元的平板电脑，这显然更有助于实现尼葛洛庞帝的理想。考虑到诺基亚目前已经在开发价格仅为 50 美元的智能手机——这类手机极有可能很快就会广泛流行于第三世界国家，而不需要政府进行大量投资，人们确实有理由问一声："为什么还要这么做呢？"尼葛洛庞帝认为，智能手机并不适用于这个教育领域，他强调，平板电脑能提供他所说的"书本的经验"，他相信这才是一切学习活动的基础。尼葛洛庞帝媒体实验室是人机交互界面领域的权威研究机构，因此，我们必须认真考虑他的意见，不然就太愚蠢了。不过，即使智能手机最终成了人们最钟爱的平台，说到底也没有太大的关系：只要每个孩子都可以接受教育就行了！

"21 世纪学习"的 4 大基本能力

目前的教育体制是在工业革命的高潮中形成的。这一事实对于学校教什么、怎么教都产生了非常大的影响。标准化是教育的规则，而同一性则是教育的预期结果。同一年龄的所有学生都只能使用相同的教学材料，并且必须参加同样的考试，教学效果也按同样的考核尺度进行评估。学校以工厂为仿效对象：每一天都被均匀地分割为若干个时间段，每段时间的开始和结束都以敲钟为号。正如肯·罗宾逊爵士在他的不朽名著《让思维自由起来》（*Out of Our Minds*）一书中所指出的，即使是学校内部的教学活动，也完全服从劳动分工的规则——学校就像一条流水线，学生们从一个教室出来，又跑进另一个教室，去接受擅长不同学科的教师的教导。

在许多为这种教育体制辩护的人看来，教育原本是只限于神职人员和贵族享受的一种特权，而在工业革命发生后，每个人都有权免费接受教育，这种转变已经够彻底了。但是关键在于，在那之后的150多年里，教育体系并没有随社会的发展而改进。罗宾逊爵士强烈呼吁推动教育体制改革，他认为，今天的学校，由于过分强调极端的同一性，因此在实际上扼杀了学生的创造性，阻碍了人才的涌现。"作为人类中的一员，我们每个人都有无穷的潜力，"他指出，"但是，绝大多数人终其一生都无法将自己的潜力完全发挥出来。学校是承传人类文化的最基本的机构。从本质上看，人类文化其实是一整套容许规则——容许你与众不同，容许你成为一个极有创意的人。然而，我们的教育制度却很少容许学生活出'真我的风采'。但是，如果你不能做你自己，那么你又怎么能认识你自己呢？如果连你自己都不了解自己，那么你又怎么能发挥自己的潜能呢？"

不过，如果说目前的教育体系没有做好它应该做好的工作，那么，它又究竟在做些什么呢？这并不是一个很快就能够解答的简单问题，而且我们已经不能就什么才算成功达成共识了。例如，美国在2001年通过了《不让一个孩子掉队法案》（No Child Left Behind Act），这一法案确定的目标是，在2014年，100%的学生都掌握一定的阅读和数学能力。不少人认为这个目标太远大了，不过，就算真的实现了这个目标，是不是就可以说我们取得成功了呢？

托尼·瓦格纳认为，事情并没有这么简单：

> 高中阶段教的、考的那些知识，与我们上大学后或者进入现实社会后所需要的知识之间明显是不匹配的，被称为高等数学的这门课程是这种错配的最典型的一个例子。事实证明，要通过国家考试必须拥有代数知识……因为几乎所有大学的入学考试都包含这门课程。但是，为什么就应该这样呢？如果你不是主修数学的学生，你通常不需要在大学阶段修读任何高等数学学分。你在上其他课程的时候，通常只需要懂得一些统计学、概率论方面的知识，并掌握一些基本的计算技能就行了。大学毕业后，这种情形就更明显了。在最近的一项研究中，研究者们调查了一批麻省理工学院数学系的毕业生（他

们都是受过数学专门训练的人），问他们在工作中最常用到的是什么数学技能。研究的假设是，如果成人会在工作中用到高等数学工具，那么他应该是麻省理工学院的毕业生。然而调查结果却表明，虽然确实有少数麻省理工学院的毕业生会在工作中运用到高等数学的知识，但是绝大多数的人都只需要使用简单的算术、统计和概率论工具就足够了。

总而言之，瓦格纳和罗宾逊爵士都认为，我们正在把一些学生们不需要的东西教给学生。不仅如此，同样令人担忧的是，我们也没有办法让学生把我们教的东西牢牢记在脑海里。根据统计，2/5 的高中毕业生都需要在正式进入大学前复习课程。麦基诺公共政策中心（Mackinac Center for Public Policy）估计，仅仅在密歇根州，这些课程每年要花掉大学与企业 6 亿美元的经费。著名智库美国传统基金会在一份发表于 2006 年的报告中指出："如果其他 49 个州以及哥伦比亚特区的情况都与密歇根州一样的话，那么美国每年都得花费数百亿美元去弥补公立学校教育的不足。"几年前，美国全国州长联合会访问了 300 个大学教授，了解他们对大学一年级新生的评价。结果显示，大约 70% 的受访者说学生们无法理解复杂的阅读材料，66% 的受访者表示学生无法分析思考，62% 的受访者说学生的写作能力非常糟糕，59% 的受访者表示学生根本不懂得如何做研究，55% 的受访者表示学生不能学以致用。这就难怪有 50% 侥幸进了大学的学生无法毕业了。

如果说大学的目标是把学生培养为合格的就业者，那么，即使从那些肯定能够顺利毕业的大学生来看，我们也同样失败了。2006 年，在一项调查中，调查者问 400 家大型公司的高级管理人员如下这个简单的问题："那些即将毕业的大学生已经为将来的工作做好准备了吗？"他们的答案是："恐怕没有。"而且，这还只是眼下要面对的问题。今年的幼儿园学生，大概会在 2070 年退休（在退休年龄没有改变的情况下）。到 2070 年的时候，世界又会变成什么样子呢？到那个时候，要保证经济繁荣，他们需要什么样的工作技能呢？没有人有任何线索。

但是，我们已经不再需要那种片面强调死记硬背各种事实性知识的工业化教育模式了。在记忆事实这一点上，又有谁能胜得过谷歌呢？但是，创造力、合作精神、批判性思维，以及解决问题的能力就肯定不是这样的了。从企业高管到教育专家，几乎所有人都不断强调这些技能是胜任今天的工作的基本要求。这些技能已经成了新版的3大基本能力（原来的3大基本能力为阅读、写作和算术），而且最近又被称为"21世纪学习"的基本要素。

"21世纪学习"包含了几十个要素，但是其核心只是一个非常简单的观念。正如瓦格纳所说的，这种能力是"数百名商界领袖和大学教授在接受访问时异口同声地一再强调的，即提出正确的问题的能力"。正如《财富》杂志前200大顾问公司之一坎布里亚顾问咨询公司（Cambria Consulting）执行合伙人艾伦·库玛塔（Ellen Kumata）所解释的那样：

> 当我与我的客户们讨论时，所面临的挑战通常是这样的：你怎样去做你以前从来没有做过的事情？对于这样的问题，你必须一再反思（或者以全新的角度来思考），或者设法做出根本性的突破。我们不能满足于只是做渐进式的改良。那样做无法解决根本问题。市场的变化太快了，环境的变化太快了……你必须花时间找出下一个正确的问题。而这就意味着，你必须搞清楚哪些问题是正确的问题；同时也意味着，你必须能够提出一些非线性的、有悖直觉的问题。只有提出了这些问题之后，你才能使自己提升到一个新的层次。

如果教育资源富足是我们的目标，那么如上所述的这些现状就会让我们陷入深深的忧虑——无论是从质的角度来看，还是从量的角度来看，都是如此。从质的角度来看，究竟什么样的学习系统才能教会孩子们提出正确的问题？这样的教育系统必须既能够教孩子们掌握原来的3大基本能力（是的，因为即使在数字时代，这些基本能力也仍然非常重要），又能够教孩子们取得成功所必需的21世纪新技能。量的问题也同样很重要。现在的教师缺口已经高达数百万之巨，更不用说其他教育基础设施了。美国的学校已经四分五裂，而非洲则根本就没有学校。因此，即使我们真的搞清楚了教给孩子的东西究竟应该是什么，要通过什么方式和途径把这些东西教给他们（而且必须可规模化），也是一个非常复杂、非常令人头痛的问题。

但是，使上述这两个问题雪上加霜的是下面这第三个问题：进入 21 世纪之后，孩子们面临的是一个无时无刻不充斥着媒体信息的环境。我们要怎样做，才能与网络、电脑游戏，以及 500 个有线电视频道竞争并胜出，从而成功地把孩子们的注意力吸引过来？这将是一场非常残酷的竞争。如果课堂上过于沉闷是孩子们逃学的头号原因，那么，新的教育体系就必须更高效高质、更可亲可喜，而且必须更具娱乐性。事实上，仅仅极具娱乐性可能还不够。如果真的想让我们的孩子为未来做好准备，那么我们还要让学习变得会令人上瘾。

游戏化，教育的未来

大约 10 年前，詹姆斯·吉（James Gee）博士第一次坐下来玩《睡衣山姆》（*Pajama Sam*）游戏。詹姆斯·吉是亚利桑那州立大学的一位语言学家，他早期的研究集中关注句法理论，近来则转向话语分析。当然，《睡衣山姆》游戏与他这两个研究领域都没有任何关系。《睡衣山姆》是一款用来训练幼儿解决问题能力的电脑游戏。詹姆斯·吉有个儿子，当时年仅 6 岁，他希望这款游戏能帮助培养儿子解决问题的能力。

这个游戏令詹姆斯·吉啧啧称奇，因为它提出的问题比他预期的略微高深一些。更令他叹为观止的是，这个游戏成功地吸引了他儿子的全部注意力。这进一步激发了詹姆斯·吉的好奇心。他想知道成人的电脑游戏又是怎么吸引玩家的注意力的。他选中的是《时间机器》（*New Adventures of the Time Machine*）。之所以选择这款游戏，主要是因为它是根据英国小说家赫伯特·乔治·威尔斯（Herbert George Wells）的作品改编的，这令他感觉很亲切。"我坐下来，开始玩这款游戏，结果它完全不如我的预期，"詹姆斯·吉回忆道，"我原以为电脑游戏可以像电视一样令人放松。其实不然。《时间机器》是一个难度很高，既费时又复杂的游戏。在这里，日常生活中所有的思维方式全都不适用。因此我不得不重新学习——学习如何去学习。我简直不敢相信，竟然会有人愿意拿出 50 美元来换取这种令人沮丧的经验。"

然而，突然之间，詹姆斯·吉想通了。电脑游戏的流行表明，许多年轻人就是愿意付上大把大把的钞票来换取这种令人沮丧的经验。"作为一名教育工作者，我意识到这就是我们的学校现在面临的问题：你怎样才能让学生主动去学习艰难、费时、复杂的知识？"这个问题令詹姆斯·吉着了迷。电脑游戏也让他着了迷。詹姆斯·吉可能是全世界唯一一个把《塞尔达传说：风之律动》（ The Legend of Zelda: The Windwalker ）这样的电脑游戏纳入正式的学术研究的语言学家。不过，正是这个研究使人们对电脑游戏的看法发生了 180 度的大转变。

举例来说，如果你认为玩这类电脑游戏是浪费时间，那么你肯定也认为深度学习同样是浪费时间。"看看那些年幼的孩子们是怎样玩《神奇宝贝》的吧，"詹姆斯·吉说，《神奇宝贝》是一款专为 5 岁大的小孩设计的游戏，但是，如果一个小孩想玩好这个游戏，他就得阅读大量资料，而且它们并不是针对 5 岁的孩子写的，其文字内容的难度达到了 12 年级的水平。刚开始的时候，肯定需要妈妈来和她的孩子一起玩，因为要由妈妈大声念出文字的内容。这样做当然很好，因为与自己的父母一起大声地朗读正是孩子学习阅读的好方法。但是，紧接着有趣的事情就发生了。孩子们会发现妈妈虽然可能擅长阅读，但是却并不擅长玩游戏。所以，这些孩子会开始学习自己阅读——这样就可以把妈妈'一脚踢开'，然后跟自己的小伙伴们一起玩。"

而且这只是开始。许多研究都表明，在帮助学生学习以事实性知识为主的那些课程——地理、历史、物理、解剖学等时，游戏的效果要远远胜过课本，而且，游戏还有助于改善学生的视觉协调性、认知速度和手的灵巧度。例如，接受过电脑游戏培训的外科医生和飞行员的表现，比没有玩过电脑游戏的外科医生和飞行员要好得多。不过，电脑游戏的真正优势在于，它们能够做到的事情恰恰是今天的学校无法做到的，那就是，把 21 世纪的各种技能教给学生。《模拟城市》（*SimCity*）和《模拟乐园》（*RollerCoaster Tycoon*）等"创世类"电脑游戏，有助于开发学生的规划能力和策略性思维能力；互动类游戏堪称合作能力的伟大教师；至于可以由玩家定制的游戏，则可在培养学生的创造性和创新能力方面发挥重要的作用。《基督教科学箴言报》（The *Christian Science Monitor*）最近发表的一篇文章也讨论了这个问题："有些教育工作者把'玩游戏'与做科学研究相类比。玩家在遇到一个不合理的现象时，也会思考相关的各种问题、提出假设，并对假设进行检验，同时设法理解其中的因果关系。"综合考虑了所有这些因素后，许多教育专家都得出了相同的结论：我们需要找到一些方法，使学习更像在玩电脑游戏，而不像在学校苦读。

要实现这个目标，有很多种不同的方法。杰里迈亚·麦考尔（Jeremiah McCall）是辛辛那提走读学校的一位历史老师，他要求他的学生们对电脑游戏所描绘的罗马战争与历史学家所叙述的罗马战争进行对比——他出的题目是《全面战争》（*Total War*）与历史证据之对比"。类似地，印第安纳大学教授李·谢尔顿（Lee Sheldon）也参考电脑游戏的积分规则，抛弃了传统的打分系统（只要考砸了一次，就会使一个学生的全部绩点倒退很多）。卡内基·梅隆大学的娱乐科技教授杰西·谢尔（Jesse Schell）最近在谈到这个问题时也说："传统的计分方式会让人灰心丧气。游戏设计师永远不会把这种东西放到一个游戏里面，因为所有人都讨厌这样。"与大学传统的计分方法相反，谢尔顿采用了电脑游戏中常见的"经验计分"规则：在学期开始时，学生对应的虚拟角色的级别为零级（大致相当于原来的 F 级），他们需要力争上游，争取升级为第 12 级（大致相当于原来的 A 级）。这就意味着，学生在课堂里所做的任何事情都只会令他们往前晋级，而且学生永远很清楚自己位于什么级别。这两者都能够激励他们奋发向上。

在这个方向上走得更远的，是像"在探索中学习"学校这样的新式学校。"在探索中学习"学校的创立者是美国帕森设计学院前设计与科技系副教授凯蒂·萨伦（Katie Salen），帕森设计院是一所位于纽约的公立学校，专门开设了一系列以游戏设计及数码文化为基础的课程。在现实生活中，这种课程究竟是怎样的呢？对此，《科技新时代》杂志（*Popular Science*）这样解释道："在其中一个样版课程中，学生不仅要按巴比伦史诗《吉尔伽美什》（*Gilgamesh*）创作出一本图像小说，而且要通过查阅地理和人类学文献，阐述他们对美索不达米亚古文明的理解，同时，他们还要玩策略型纸盘游戏《卡坦岛》（*Settlers of Catan*）。"

类似的例子举不胜举，而且未来肯定还会涌现出更多的例子。在本书上文中，我们已经提到过 X 大奖"透视未来"大会。正是在那次会议上，美国首席技术官安尼什·乔普拉（Aneesh Chopra）和美国教育部的史科特·皮尔逊（Scott Pearson）引导与会者讨论了如下这个议题：如何通过激励性奖金点燃人们的热情，开发出全新一代的"高效的、能够吸引人全情投入的、具有极强感染力的"教育游戏，并把它们发布到网络上。仅仅几个月后，美国总统奥巴马也说："我呼吁大家加大对教育科技的投资力度……这有助于开发与最好的电脑游戏一样引人入胜的教育软件。"确实，革命已经降临。不久之后，我们就会创造出一种全新的以游戏为基础的学习方式：它属于深度学习，同时又能让学生有身临其境之感，甚至会导致他们彻底学习成瘾。到了那时，当我们回首往事，重新审视以往那种被工业化模式统治了 100 多年的教育方式时，我们定会疑惑这样一种教育方式竟会存在如此长的时间。

可汗学院狂潮

萨尔曼·可汗是一个成功的对冲基金分析师。2006 年，他住在波士顿，他的一些表亲住在新奥尔良，他答应帮助他们完成学业。为此，可汗制作了一系列简单的数字视频短片，以便对他们进行远程辅导。这些视频短片的片长一般不超过 10 分钟，视频展示的是他在动态数字黑板上写数学方程式、化学反应式等教学内容的过程，由可汗自己做旁白。可汗教的课程全都是学校里要教的基础课程，他觉得没理由不能公开这些教程，所以就在 YouTube 上发布了这些视频短片。令人惊讶的是，与接受可汗本人辅导相比，他的表亲们反而更喜欢通过看这些视频短片来学习。

对此，可汗在 2011 年的 TED 大会上是这样对听众解释的："这种现象的出现是有原因的，而且只要搞清楚了背后的本质，就会发现它的意义非常深远。这种现象说明，我的表亲们更喜欢由他们表哥的数字化替身，而不是本人来教他们东西。从他们作为学习者的角度来看，这其实是一个非常合理的想法。在通过视频学习时，他们随时都可以要求他们的'数字化表哥'暂停一会或再重复讲一下。如果他们想温习几个星期前或者几年前学到的东西，他们也不必硬着头皮去问他们表哥，而只需要重新看一下那些视频就可以了。如果他们感到有些内容太沉闷、太无聊，也可以直接跳过。他们可以在自己喜欢的时间、喜欢的地方通过视频学习。"

这些原本只为他的表亲们准备的视频教程得到的反应极大地鼓舞了可汗。很快地，一个地下互联网学校——可汗学院（Khan Academy）就出现了。到了 2009 年，每个月观看可汗学院的视频的人数就超过了 5 万。一年后，这个数字又上升到了每个月 20 万。再过了一年，则更进一步增加了 100 万。截至 2011 年夏天，每个月观看可汗学院的视频人数已经超过了 200 万。值得一提的是，这种指数型增长完全是靠良好的口碑拉动的。

随着"学生用户"数量的增加，可汗学院覆盖的学科面也越来越大。目前，可汗学院已经拥有 2 200 套教学视频，涉及的主题包括了从分子生物学到美国历史，再到二次方程等几乎所有东西。大体上，他们每天都要增加 3 节课，即每年大约增加 1 000 节课。他们还制订了运行网站、将视频课程进行众包生产（crowdsourcing）的计划。"我们的理想是创办一个免费的虚拟学校，"可汗学院总裁兼首席运营官山塔努·辛哈（Shantanu Sinha）说，"我们希望提供的视频内容足够丰富，使全世界任何人都可以在可汗学院从'1+1=2'开始学，一直学到量子力学。我们还想把网站的内容翻译成全世界最常用的 10 种语言（在这方面，谷歌是一股重大的推动力量），然后进一步通过众包的形式翻译成几百种语言。我们认为，发展到那一步之后，我们的网站将扩展为一个每月的活跃用户都能达到好几亿的网站。"

而对于那些喜欢在教室里接受教育的人来说，可汗学院也不会令他们失望。最近，可汗学院正在与北加利福尼亚的洛斯拉图斯学区合作，探索一种彻底颠覆已经延续了 200 年之久的传统模式的教学方法。与教师在课堂时间内忙于讲解的传统做法不同，学生们只需在家里观看可汗学院的视频，而课堂时间则完全用于解决问题（内容也由可汗学院提供），学生通过解决问题来得到成绩（每给出 10 个正确答案，可以赢得一个荣誉奖章）。这样一来，教师就可以实现个性化教育，把自己原先所扮演的"讲台上的贤人"（sage-on-a-stage）的角色转换成教练的角色。而学生们则做到了量力而行，他们只有在完全解决上一个问题后，才能着手解决下一个问题。"这就是所谓的精熟学习模式（mastery-based learning）。"辛哈说，"一些研究者追溯了自 20世纪 70 年代以来的教育实践经验，结果表明，采用精熟教学模式的学生参与程度更高、效果更好。"

确实，这种愿景已经在洛斯拉图斯学区逐渐变成现实。在推行上述计划的前 12 周，学生们的考试成绩就提高了 1 倍。在接受《快公司》杂志的采访时，就读于该学区的 13 岁学童约翰·马丁尼兹说："现在学习就像在玩游戏，让人感觉像上了瘾——因为你肯定希望拿到更多的奖章。"正是因为取得的效果显著，比尔·盖茨在可汗于 TED 大会上发表演说后，跟与会者说，他们"刚才瞥见了教育的未来"。

个性化的教育方式

不过，盖茨可能只说对了一部分。对某些人来说，可汗学院确实代表了教育的未来，但是它绝对不是未来唯一的可行方案。工业化的教育模式给我们留下了很多惨痛的教训，其中最重要的一个教训是，并不是每个学生都完全一样。有些学生可能喜欢通过观看可汗学院的视频短片来学习知识，另一些则可能喜欢知识能够直截了当地呈现出来——电脑游戏在表达信息时通常会采用这种方法。不论是哪种情况，既然教学内容已经实现了数字化传输，那就意味着教育不能再"以不变应万变"了。学生们现在能够学他们自己想学的东西，并决定如何学习，以及何时学习，而且，随着信息科技的指数型增长，像尼葛洛庞帝的平板电脑、诺基亚的智能手机等产品不断涌现，个性化的学习方式将变得人人随手可得——无论他或她身在世界的哪个角落。

但是，要想真正落实数字化普及教育，使之发挥实效，还需要改变衡量进步的方法。"除非改变了考试的方式，不然就难以实现更深度的学习，"詹姆斯·吉说，"因为考试是整个教育系统的指挥棒。"在这方面，电脑游戏也为我们推进变革提供了一个解决方案。"电脑游戏就是一个评估系统，"詹姆斯·吉说，"在玩游戏时，你每时每刻都在尝试解题，并接受评估。如果你没能解决问题，游戏会说你失败了，要你再试一次。而你也会再试一次，为什么呢？因为在电脑游戏中，游戏取代了考试，让它变得很有趣，而在现实世界里，考试却是学校生活中最荒谬可笑、最令人痛苦的一部分。"更妙的是，电脑游戏拥有极强的数据捕获能力。如果能够像电脑游戏那样，把学生每时每刻的进步的每一个细节的有关数据都收集起来，那么就能够精确地衡量学生的每一步成长。随着这项技术的发展，未来我们将可以把每个学生的每一个进步都记录下来。与目前所用的一体适用的通过考试来评估学生的方法相比，两者实有天壤之别。

当然，我们并不认为，这些发展方向意味着教师这个行业将走向终结。无数研究都表明，当自己的进步随时受到他人的关注时，学生们的表现会更好。这也就意味着，在教师人手紧缺的那些地方，我们还需要继续推广米特拉的"老奶奶云端教学"方法。不过，发展潜力更大的可能是学友相互辅导网络（peer-to-peer tutoring networks），这也是麦克阿瑟基金会目前正在测试的一种教育模式。最关键的是，既然所有新的教育模式都旨在把传统的教师转变成教练，那么我们就还需要进一步拓展研究，即找到一些使这些"教练"的工作更有效的方法。目前，大多数教育研究依然着眼于课堂（教室）管理，但是这种技巧在数字传输技术普及之后就不再是必不可少的东西了。在一对一教育即将取代"满堂灌"之际，我们需要的是这方面的数据。

最后，对于那些更"喜欢"接受机器指导的人来说，好消息是，随着人工智能技术日新月异的发展，随时可用、永远在线的人工智能导师很快就会问世。事实上，这种人工智能系统的一些早期版本，例如 Apangea Learning 公司的数学家教系统，已经使学生的成绩得到了极大的提高。例如，得克萨斯州大草原城的比尔·阿诺德中学，很早以前就用 Apangea Math 来帮助很有可能不及格的学生准备期末考试，从而使合格率从 20% 提高到了 91%。不过，这种学习辅助系统只能涉及一些皮毛。在小说《钻石时代》（*The Diamond Age*）中，作者尼尔·斯蒂芬森（Neal Stephenson）描绘了人工智能专家所说的"终身学习伴侣"，它能够跟踪你一辈子的学习过程，保证你完全掌握所学习的东西，并且可以为你提供只适合你自己的个性化建议，告诉你下一阶段应该学些什么。

奇点大学人工智能及机器人部联合主任尼尔·雅各布斯坦（Neil Jacob-stein）告诉我们："未来的人工智能家庭教师能到处'走动'，而且无处不在。这两个特性意味着，每一名成人或儿童都可以配备一名专属'教师'，从而随时随地都能够得到辅导。这样一来，实时性的、一有需求就能得到相应指导的学习模式就会成为现实，学习也将会嵌入到日常生活的结构当中。当然，孩子们仍会聚集在一起，人类教师将会帮助他们学会团队合作和社交技巧。但是，毫无疑问，教育的整个范式将会发生根本性的改变。"

这种转变的意义不但是显而易见的，而且也是深刻久远的。最近，有研究者试图探索健康和教育之间的关系，他们在研究中发现，受过良好教育的人往往更长寿、更健康。这些饱学之士往往不容易得心脏病，也比较少受肥胖和糖尿病的困扰。我们还知道，在民众的受教育程度与社会的稳定和自由之间存在着直接的联系：民众所受的教育越良好，民主制度就越稳固、越长久，但是，除非我们现在就开始行动，为明天的女性和男性提供良好的教育，否则知道这些也是枉然——为女孩提供与男孩相当的教育尤其紧迫。

在今天，在全世界 1.3 亿名失学儿童当中，超过 2/3 是女孩。联合国教科文组织认为，为这些女孩提供教育是"实现健康目标和营养目标的关键，也是全面改善国民生活水平、优化农业和改善环境，以及提高国民生产总值的关键，还是提高女性在所有层次的决策过程中的参与程度、保证性别平衡的关键"。一言以蔽之，让女孩受到良好教育是我们立即可以付诸实施的最大的减贫战略。

既然让女孩接受教育就可以产生如此深远的影响，那么请想象一下，如果让每个人都接受教育，情况又会怎样！无限的计算能力、日新月异的人工智能、覆盖了所有地方的宽带网络……将保证我们能够随时随地为每个人提供几乎免费的量身订制的个性化教育。到那时，教育将成为实现富足目标的强大力量。试想象一下这样一个画面吧：全世界数十亿个头脑都重获新生，而且在无尽的发现之旅中不断得到强化和激励，然后用新获得的知识和技能改善自己的生活。

15

健康

未来，医生短缺将无法避免，而且，再好的医生也有其局限性。IBM 的超级计算机"沃森"已经进入了医院为病人诊疗。机器人充当的"外科医生"和"护士"将越来越普及。零诊断成本，让发展中国家的医疗保健提升到一个崭新的层次。干细胞与 3D 打印技术的交融，将为我们提供充足的医疗保健资源。

THE FUTURE
IS BETTER THAN
YOU THINK

ABUNDANCE

75 岁，今日人类的平均寿命

在漫长的历史演化过程中，我们的健康究竟改善了多少？这是一个非常难以度量的问题。真要度量的话，寿命应该是一个相当不错的指标。在演化的压力下形成的智人的预期平均寿命大约为 30 岁。这个现象所包含的进化论逻辑并不难理解，麻省理工学院的马文·明斯基是这样解释的："自然选择有利于那些拥有更多后代的基因。因此，个体的数量往往随着繁殖代数量的增加而以指数形式增长，所以自然选择倾向于选择那些在'年纪很轻'时就繁殖的基因。如果有些基因的寿命很长，'成年'后的生存时间超过了'抚育'它们的后代所需的时间，那么这些基因通常不会在演化过程中存活下来。"因此，在人类演化的大部分历史阶段，男性和女性在 10 岁出头时就会进入青春期，然后他们就会生儿育女。接下来，父母会抚养自己的子女，直到他们也进入生育年龄。而到了这个时候，这些家长——即 30 来岁的爷爷奶奶，就变成了一种非常昂贵的奢侈品。在早期人类社会中，生存艰难、食物匮乏，养活爷爷奶奶就意味着孩子只能得到较少的食物。因此，演化之神在智人身上内置了一个自动故障防范装置：人的寿命只有 30 岁左右。

不过，从更近的人类历史来看，随着生活条件的不断改善，人类的预期寿命一直在增加。在新石器时代，人类的生存状况非常凄惨，一般人通常只能在忙碌中匆匆忙忙地活上短短的 20 年。到了青铜时代和铁器时代，人类的预期寿命延长到了 26 岁。在古希腊和古罗马时期则是 28 岁，苏格拉底于公元前399 年以 70 岁高龄逝世，这在当时是一件非常罕见的事情。到了中世纪早期，人类的预期寿命又提高到了 40 岁，但是寿命延长给我们带来的优势仍然被高得惊人的婴儿死亡率大大抵消了。在 17 世纪早期的英国，2/3 的儿童都活不到4 周岁，因此人类平均寿命仍然只有 35 岁。

最终引领我们走上了长寿之路的是工业革命。更稳定的食物供给，再加上简单的公共卫生设施，就足以导致巨大差异，这些方面的例子包括：排水管道的铺设、垃圾的收集和统一处理、清洁的生活用水，以及孳生蚊虫的沼泽积水的排干，等等。因此，到了 20 世纪初，与整个人类历史的平均水平相比，人类的平均寿命又增加了 15 年，从而使这一指标上升到了 40 岁多一些。随着现代医疗技术的发展与现代医院的普及，人类的平均寿命到现在已经进一步跃升到了 75 岁左右。一个极端是，在各发达国家，百岁老人，甚至年龄在 110 岁以上的老人已经变得越来越普遍了（迄今，已证实的人类寿命的最高纪录为122 岁）。不过，另一个极端是，在这个星球的另一个角落，非洲撒哈拉以南地区，由于下呼吸道感染、艾滋病、腹泻、疟疾、肺结核等疾病的肆虐，再加上战争和贫困等因素的作祟，那里的大部分人仍然无法活过 40 周岁。

要想创造一个医疗保健资源充足的世界，我们就得同时回应上面这两个极端的需求，当然，还有介于这两个极端之间的大量需求。在不发达国家，我们必须提供干净的用水、充足的营养、没有烟尘和雾霾的空气。我们还必须保证疟疾等现在已经能完全治愈的疾病彻底销声匿迹，同时还得监测和预防那些越来越频繁地对生命造成威胁的恼人的流行病。在各发达国家，我们需要找到新的方法来提高越来越长寿的人口的生活品质。总而言之，创造一个医疗保健资源充足的世界，这在富足金字塔中位于相当高的层级。但是，这并不是遥不可及的，因为医疗保健行业的每一个要素现在几乎都可以纳入信息科技的范畴，因此它们也是呈指数型增长的。我的朋友们，相信你们现在已经知道了，光凭这一点，就可以使情势变得完全不一样。

再好的医生也有局限性

"蓝色警戒，贝克5！"扩音器里传来急迫的声音，把我从浅睡中惊醒。那是多年前某一天的凌晨4点，我正躺在美国马萨诸塞州总医院走廊内的一个担架上打瞌睡。当时，我是医学院一名三年级的学生，充足的睡眠是最大的奢侈品，我已经学会只要有机会就随时随地补上一觉。然而，"蓝色警戒"的意思是心跳停止，"贝克5"的意思是贝克大楼5楼，而我自己就在贝克大楼6楼。等我肾上腺素急升、完全清醒过来时，人已经身在楼梯间，飞奔赶往5楼。我是第二个到达这位60岁男病人所在病房的人。他刚刚在不足24小时前进行了冠状动脉搭桥手术。正在为他进行心肺复苏术的住院医生咆哮着要我尽快上前帮忙，紧接着我就发现自己正在为他进行胸腔按压。我现在记得最清楚的是，由于我不断地用力按压他的胸口而导致他的胸骨断裂时发出的声音。就在这一刻，我明白，不管我在课堂上学到了什么、学到了多少，都无法让我完全准备好面对现实中的惨烈情况。我也明白了人体的脆弱。

从那个时候再往前倒推两年，我踏进了哈佛大学医学院的教室，开始学习当一名医生。在第一个学年，我们要学的是一些标准的课程——基本解剖学和生理学，以及如何把这些相关知识结合起来，还有它们对未来的工作有什么意义。到了第二学年，我们开始集中钻研病理生理学——身体的病患到底发生在什么地方？是如何发病的？致病的根源是什么？人体有10万亿个细胞，因此出问题的机会比比皆是。也正因为如此，医学学生要熟记的资料实在多得令人眼花缭乱。我至今还清楚地记得，在第二学年临近结束的时候，当我忙于准备国家医师考试时，曾经有那么一刻，我觉得自己已经成功地将所有概念、系统和专有名词都塞进自己脑袋里了。但是，这一刻稍纵即逝，特别是当我站在医院病房里，直面现实中脆弱不堪的人的血肉之躯时，就像那天清晨，当我冲进贝克大楼 5 楼那个病房的时候。在那种情况下，我很快就意识到，自己需要学习的东西仍有很多，而且，我们未知的东西也仍有很多。

而这正是我们必须面对的第一个问题：学习需要时间，也需要实践。我们的大脑处理信息的速度很有限，但是医学知识却是以指数形式增长的，因此我们根本不可能完全跟上知识更新的步伐。我们面临的第二个问题是在医学院经常会听到的一个问题：从医学院毕业 5 年后，你之前所学的大半部分知识可能都会变成错的，而且，没有人知道哪些是错的。我们的第三个问题是，尽管过去数百年来医学取得了很大进步，但是我们从来没有对我们的医疗保健系统真正满意过。我们设定的标准越来越高，但是医疗保健工作归根到底都是需要以人为媒介或工具去完成的，任何一个医生所能了解的信息总是有限的，更遑论精通所有医学信息了。

兰德公司最近发布的一份报告清晰而准确地阐述了上面这些问题。这份报告指出，在美国，发生在医院的可预防的医疗过失每年都造成了数以万计人员死亡，同时，可预防的用药错误则每年发生至少 150 万次。平均来说，医生给出的诊疗建议中，只有 55% 被成年病人接受。这也就意味着，其他的 45% 都可能是我们的医生弄错了。

尽管这些数字令人沮丧，但是医生诊断不完全准确还是比完全没有医生要好得多。目前，全世界共有 57 个国家缺乏足够的医疗保健工作者，医生和护士的缺口总共高达 240 万名。在非洲，每 1 000 人只有 2.3 名医护人员。而在美洲，每 1 000 人则有 24.8 名。换句话说，在非洲，全球 1.3% 的医护人员，扛起了照顾全球 25% 的人的重担。

然而，就算是在各发达国家，情况也不容乐观。美国医学院协会最近发出了一个警告，如果现行的训练医学生的方式没有变化，如果医学学生的毕业率不能提高，那么到 2025 年，美国将可能出现短缺 15 万名医生的糟糕情况。如果连美国都无法培育出足够多的、能够应付国民医疗需求的医护人员，我们又怎么可能找到使医护人员增加 10 倍的方法（以便照顾那崛起中的 10 亿人）呢？

"沃森"进入医院

"IBM 的'沃森'超级电脑在《危险边缘！》（*Jeopardy*）节目中击败了人类对手！"这是《个人电脑世界》杂志 2011 年 2 月 26 日的重磅新闻。在深蓝击败了国际象棋世界冠军加里·卡斯帕罗夫大约 14 年后，IBM 的新型电脑再次在新战场上向人类提出了新挑战。这一次比赛发生在智力竞赛节目《危险边缘！》中，最终胜出者最多可以获得 150 万美元奖金。这次的胜利者是超级电脑"沃森"。它取名于 IBM 第一任总裁托马斯·沃森一世（Thomas Watson Sr.）。在为期 3 天的比试中，"沃森"击败了《危险边缘！》节目最高奖金得主布莱德·鲁特（Brad Rutter）以及该节目的常胜冠军纪录保持者肯·詹宁斯（Ken Jennings）。这两名男士同时加入战局，但胜出的却是电脑。

事实上，人类在这场竞赛中落败几乎是不可避免的。在竞赛中，"沃森"能够随时从 2 亿页的资料库中提取信息，其中包括维基百科全文。为了保证公平，竞赛中"沃森"不能连上互联网，而只能使用储存在其 16 太字节的"大脑"里的信息。资料显示，"沃森"的"大脑"是一个巨大的并联系统，包含了 90 个 IBM power750 服务器。这个终极型产品每秒可处理 500 吉字节的数据，这相当于每小时阅读 36 亿本书。

这还只是"沃森"的硬件能力。"沃森"更大的突破在于它所使用的"深层问答软件"（DeepQA）。有了这个软件，"沃森"就"听得懂"自然语言了——例如，主持人在《危险边缘！》节目中提出的各种问题和其他选手给出的答案！为了使这一切变成可能，"沃森"除了必须理解上下文、俚语、比喻和双关语之外，还需要收集证据、分析数据，并提出假设。

当然，并不是所有好东西都是一出现就身轻体巧的。就目前而言，要放下

"沃森",就需要一个中等大小的房间。但是,变化很快就会发生。如果说摩尔定律和指数型的思维方式教会了我们什么,那就是:今天要整个房子才能装得下的东西,不久就只需要口袋大小的空间了。再者,如此优越的运算能力很快就会被挂在目前飞速发展的云端上,因而只需要花费极低的费用,甚至完全不需花费任何费用就可以随时随地加以利用。

那么,我们可以用这样的一台超级电脑来做些什么呢?微电通信公司(Nuance Communications)——它过去名叫库兹韦尔电脑产品公司(Kurzweil Computer Products),是库兹韦尔本人成立的第一家公司,已经与IBM公司、美国马里兰大学医学院,以及哥伦比亚大学展开合作,把"沃森"送进了医院。

"在帮助医生节省对病人进行评估、做出正确诊断所需的时间这方面,'沃森'有非常大的潜力。"哥伦比亚大学临床医学教授赫伯特·切斯(Herbert Chase)博士如是说。"沃森"也有能力量身订做地为每位患者制定最适合病人情况的治疗方案。马里兰大学医学影像系副系主任、教授艾略特·西格尔(Eliot Siegel)博士是这样描述"沃森"的这种能力的:"试想象一下这个场景:一台超级电脑不但可以储存和分类整理病人的资料,并且可以在几秒内解读完病人的病历记录,还能够分析其他额外的信息、搜寻医学文献资料,进而在精确计算出各种可能结果的概率的前提下,提供可能的诊断和治疗建议。"

其实,要做出准确的诊断,就得依赖准确的资料,但这些资料不一定能通过与病人交谈的途径获得。就连最杰出的诊断医生也需要通过X光片、电脑断层扫描结果和血液化验报告,才能给出准确的诊断建议。然而,今天大多数高科技医疗设备都是体型庞大、价格昂贵、耗电量极高的,即使在发达国家,任何一个在意费用的消费者都很难适应这种设备,更不要说在发展中国家了。现在,请读者问自己一个经典的"DIY"问题:如果电视连续剧《百战天龙》(MacGyver)中的主角马盖先碰到了这种情况,他会怎么做?

马盖先将会掏空他的口袋,然后靠一卷思高牌胶带、一张餐巾纸、一口痰来完成一切工作。事实证明,这也正是我们所需要的解决方案。

零诊断成本

一卷思高牌胶带？真的吗？你没开玩笑吧。当卡洛斯·卡马拉（Carlos Camara）刚刚开始在美国加利福尼亚大学洛杉矶分校攻读博士学位课程，研究高能量高密度物理学时，他从来没有想到过，自己不久之后就会在暗房内使用思高牌胶带来做实验——或者更准确地说，研究怎样利用一卷思高牌胶带大幅降低世界各地的医疗成本。一开始他只知道，某些材料碰撞在一起时会发光，这也就是为什么你在咀嚼救命牌冬青糖果的时候，嘴里会出现一点点闪光的原因。这种现象被称为"摩擦发光"。卡马拉在适度真空的条件下进行了一系列摩擦发光实验，他发现某些材料不但会发出可见光，而且还会释放出 X 射线。所以接下来的问题就变成，哪些材料比较好？他开始广泛试验许多种不同的材料。最后，奇妙的事情发生了。当卡马拉在黑暗中拉开一卷思高牌胶带的时候，他发现："它不仅是我测试过的所有材料中光线最明亮的材料，而且它还产生了 X 射线。这令我非常震惊。"

这可是一个大新闻。卡马拉的发现登上《自然》杂志封面，然后在电视连续剧《识骨追踪》（Bones）中又被数次提及。这个电视连续剧播出之后不久，卡马拉与创业投资企业家戴尔·福克斯（Dale Fox）合作，成立了摩擦遗传因子公司（Tribogenics），它的目标是制造出全世界最小、最便宜的 X 光机。与现有的这些造价高达 25 万美元、与洗碗机差不多大小，而且严重依赖于 18 世纪的技术的 X 光发生装置不同（从根本上说，也就是将真空管与电源连接起来而已），摩擦遗传因子公司制造的 X 光机（卡马拉称之为"X 光像素阵列机"）的核心部件的成本不到 1 美元，体积则只有半个 U 盘大小，它的原理是利用摩擦发光来产生 X 射线。这些 X 光像素阵列机可以被组合成各种各样的大小或形状。例如，组合成 14×17 英寸的大小就能用来做胸腔透视；组合成一长条就能用来进行大脑断层扫描。而且这种 X 光像素阵列机的耗电量非常低（不到传统 X 光机的 1%），所以光靠一块太阳能发电板或手摇式发电机提供的动力就能使它运转起来。福克斯说："请你想象一下这个能够装进一个小小的公文包里的'成套'放射线扫描仪器吧。它能靠电池或太阳能供电，携带方便，能够诊断从手臂骨折到腹部肠梗阻等多种病症。它将把医学以及发展中国家的医疗保健提升到一个崭新的层次。"

福克斯认为，这种装置在乳房 X 光检查领域有非常大的潜力。他说："今天，你在做乳房 X 光检查的时候，需要利用一个昂贵的、庞大的、固定的机组，才能拍到一张粗糙的 2D 画面。但是请你想象一下这样一种'胸罩'吧：它的顶部设有微小的 X 光射出器，底部则设有 X 光传感器。它能够自行充电、供电，拥有 3G 或无线上网功能，而且能够装在联邦快递的盒子里送到病人手上。病人只要戴上胸罩，按下按钮，医生便会上线并对病人说：'你好。准备好为你的乳房进行 X 光检查了吗？请保持不动。'接着 X 光射出，传感器收集并传送影像，再由医生当场读取。病人再把包裹寄回，整个检查手续就完成了。既省时又省钱。"

X 光像素阵列机，是实现"零诊断成本"的第一步。零诊断成本这个概念是由曾经在哈佛大学担任过化学教授、现在已经成了一位超级企业家的乔治·怀特赛兹首先提出的。就像这个术语的字面意义所表达的一样，怀特赛兹希望疾病诊断的成本降得越低越好（当然，在马盖先生活的那个世界里，诊断成本确实是相当低的）。为了实现这个目标，怀特赛兹最近把注意力转移到了折磨着崛起中的 10 亿人的那些疾病上。要对抗艾滋病、疟疾和结核病，就必须先找到一种准确的、廉价的，而且适用于大规模人群的疾病诊断和监测技术。但是，我们无法只依靠今天的技术做到这一点。

正因为如此，怀特赛兹才去参考了普拉哈拉德的金字塔底端发展模型。不过，他并没有选择这样一种方式，即先挑出某种成本为 10 万美元的机器，然后尽可能地降低它的成本。他决定直接从现有的最便宜的材料做起：一张大约宽 1 厘米、能够吸附液体的试纸。在怀特赛兹所造试纸的边缘滴上一滴针眼大小的血液或尿液，液体渗入试纸后便会沿着试纸纤维移动；预先印好在纸上的疏水聚合物引导液体沿预定的管道流进一组测试井，这些待测样本在测试井中与特定试剂发生反应,使试纸变色。其中一个测试井检测尿液中的葡萄糖浓度,如果有糖分出现,试纸就会变成褐色。另一个测试井则检测蛋白质,如果有蛋白质出现,试纸就会变成蓝色。因为这样的试纸并不昂贵,所以要达到怀特赛兹所要求的零诊断成本(成本足够低)并非遥不可及。"这种技术的主要成本在于热蜡打印机的成本,"怀特赛兹说,"这种打印机的价格大约为每台 800 美元。如果你让它们每天工作 24 小时,那么每年每台打印机可以生产出 1 000 万张试纸。因此,我们确实能够实现零诊断成本的目标。"

我们已经叙述了马盖先诊断三部曲的前两个部曲(拿出一卷思高牌胶带、取出一张纸)。不过,就目前来说,他的最后一个部曲——吐一口痰——的前景似乎更明朗一些。我们在前面已经提到过,安妮塔·戈埃尔博士组建的纳米生物系统公司开发出了芯片实验室技术。在戈埃尔的纳米技术平台上,只要滴上一滴唾液(或血液),你身体内的任何致病源的"DNA 签名"和"RNA 签名"就都能被检测出来,并会被报给一台中央超级计算机——它又名"沃森医生"。这种芯片不仅是迈向零成本诊断的重要一步,而且也是解决医疗保健领域三大最严峻的挑战的解决方案的关键组成部分。这三大挑战是:消灭传染病、遏制生物恐怖主义、治愈像艾滋病这样的广泛流行的恶性疾病。一个好消息是,哥伦比亚大学已经开发出了检验艾滋病毒的 m 芯片(mChip)。这种芯片在真正意义上实现了艾滋病毒检验程序的去货币化和去物质化。在以往,要想检测艾滋病毒,必须花很多的时间去预约就诊、还要抽一小瓶血,并焦虑不安地等上好几天或好几个星期,才能获得检测结果。现在,有了这个体积比信用卡还要小的微流控光学芯片之后,只需要一滴血,再等上 15 分钟就行了。整个过程只需花费不到 1 美元的成本。

不久之后,我们只要拥有一个移动设备,就可以访问"沃森医生",而且,由于移动设备都具有 GPS 定位功能,因此超级电脑"沃森医生"不仅能够诊断出个人是否感染了某种传染病,而且可以监控疾病的感染和传播,比如说,如果它发现内罗毕流感发病率异常高,它就会提醒世界卫生组织注意流感大流行的可能性。更妙的是，因为"沃森医生"多诊断一个病人所增加的成本无非就是增加一点计算能力的费用（事实上，就是一点电费），所以价格也将会降低到微不足道的程度。为了加快这一进程，2011 年 5 月 10 日，无线服务设备供应商高通公司与 X 大奖基金会联合宣布，将举行一届高通三度仪 X 大奖赛。（三度仪是一种最先出现在《星际迷航》中的医疗扫描技术。）赢得冠军的参赛队将获得总额高达 1 000 万美元的大奖，前提是，他们能够清楚地证明，他们制造的低成本的、简单易用的移动医学诊断设备对一个病人的诊断比一群注册医生的诊断还要准确。

然而，话又说回来，即使所有人都学会了上述马盖先式的思维方法，并有了相应的检测手段，我们预先确定的医疗保健的最终目标仍然没有完全实现，因为知道病人出了什么问题最多只能算打赢了一半的战役。我们必须知道怎样去治疗病人并要争取把病人治愈。我们已经战胜了许多能够"预防"的疾病，采取的方法是使用清洁的水、清洁的能源、加强基础营养、安装室内冲水马桶，等等。但是，还得考虑另一类疾病，即容易治疗和可以治愈的疾病。这些病症中有许多是使用简单的药物就可以控制的，还有一些则需要动手术才能治愈。科技已经使疾病诊断方式发生了革命性的变革，它必定也能对医疗手术方式产生同样的影响，那又会给我们带来什么呢？

传呼"达文西医生"到手术室

根据世界卫生组织的统计结果，随年龄增长而产生的白内障是世界上最常见的致盲眼病，每年的发病数高达 1 800 万例，而且主要发生在非洲、亚洲各国，其中也包括中国。白内障的病因是眼睛内原本透明的水晶体变混浊了。尽管混浊的水晶体很容易切除（从而根治白内障导致的失明），但是对于发展中国家大多数饱受白内障之苦的病人来说，由于外科医生短缺，要做这项简单的手术并不容易，而且费用也过于高昂。

这些病人最大的希望是一个名为"国际奥比斯"（ORBIS International）的非营利人道主义救援组织。该组织在各发展中国家指导医生做白内障手术，同时还经营奥比斯眼科飞行医院。国际奥比斯组织翻新了一架道格拉斯 DC-10 飞机，随机搭载医生、护士和技术人员到有需要的发展中国家去做手术。每到达一个地方，他们都会组织几次治疗手术，并借机培训当地医生。然而，通过这种方法培训的医生数量毕竟非常有限。不过，既是医生又是机器人专家的凯瑟琳·莫尔（Catherine Mohr）相信，这种限制在未来应该不会再存在。她说："不难想象，这类简单的、重复性的手术完全可以由专业的机器人来完成，它们可以非常精确地进行这类手术，而且成本几乎为零。"

这类外科手术机器人已经出现了。事实上，莫尔创办的直觉手术公司（Intuitive Surgical）制造的"达文西手术系统"（da Vinci Surgical System）就是最早的外科手术机器人。"达文西"这个名字是从美国国防高等研究计划署的简称变化而来的。美国国防高等研究计划署（简称 DARPA）希望，在将外科医生撤出最前线的前提下，仍然能够保证士兵在受伤后的第一个"黄金小时"内，伤口就得到有效的处理。在这种情况下，最好的方法是让机器人去照顾受伤的士兵，而身在远处安全地带的医生们则通过视频远程主持手术。近年来，这项技术已经得到了迅速发展，并从战场推广到了医院的手术室。最初，这项技术只应用于心脏外科医生希望在不切开胸腔的情况下进行心脏手术，随后，它又被用于简单的、重复性的前列腺切除手术和胃旁路手术。现在，更新一代的手术机器人，例如 MAKO 手术机器人，已经拥有了熟练的外科手术技能，可以协助骨科医生进行置换膝关节这一类非常细致的手术。

当然，今天的科技并不会完全取代外科医生。事实恰恰相反，这些技术不仅可以提高外科医生的能力，而且使他们能够方便地进行远程手术。"由于正在修复的损伤部位要用数字化的图像呈现出来，"莫尔解释道，"这样你就在人体组织和外科医生的眼睛之间放进了一个数字化图层，这个图层可以增强被覆盖的信息或者放大某个细部的信息。同时，通过数字化手部动作，并在医生和机器人仪器之间放进一个数字化图层，也可以使医生不会过分紧张，从而使得他们的手术动作更加精确。此外，由于能够远距离传送手术指令，因此洛杉矶的外科专家可以利用空闲时间，主持在阿尔及利亚首都进行的手术，而不用花上 20 个小时乘坐飞机千里迢迢地赶到现场。"

莫尔预测，在未来的 5~10 年内，更小巧玲珑的、有专门用途的手术机器人将会大量涌现出来，它们所能进行的手术也将远远超出白内障切除手术的范围。它们有的会进行青光眼手术，有的会进行胃部搭桥手术，还有的则能够协助修补牙齿。莫尔还认为，15~20 年后的前景将更加令人兴奋。他说："在未来，我们将能够通过测试血液、尿液或者呼出的气体来检测癌症，一旦检测到，就可以利用手术机器人将其切除。手术机器人还能够及时发现微小的癌性病变组织，然后将它清除，就像今天割掉含有癌细胞的痣一样。"

机器人护士

步入老龄化社会后，癌症是我们不得不面对的一个问题。事实上，既然谈到了医疗费用和生活品质的问题，最好要有个心理准备，因为照顾好老人往往意味着每年数万亿美元的开支。大约在 2011 年前后，婴儿潮中出生的那些人，年龄最大的一批已经年满 65 周岁了。预计到 2030 年的时候，老龄化趋势将达到高峰——仅仅在美国，超过 65 岁的人口就会飙升至 7 150 万。在各发达国家，百岁老人的数量每 10 年就会增加一倍，2009 年时百岁老人的总数为 45.5 万人，到 2050 年将增加到 410 万人。80 岁以上人口的年增长率是 60 岁以上人口的年增长率的两倍。到 2050 年，全球介于 80~90 岁之间的人口将达到 3.11 亿。根据美国国家卫生统计中心的一项调查结果，由于丧失了照顾自己的能力，许多老人都被送到了养老院，这些老人平均每人每年需花费 4 万 ~8.5 万美元的看护支出。数以亿计的人都将走上这条路，我们应该怎样做，才能承担得起这样的重负？

对于丹·巴里（Dan Barry）博士来说，答案却很简单：让机器人来承担看护老人的工作就行了。巴里拥有医学与哲学两个博士学位、三次太空飞行经验，还拥有一家机器人公司，他也是电视真人秀节目《我要活下去》（Survivor）的明星参赛者。这些经历和身份是他考虑以这种方式养老的背景。另外，巴里还是奇点大学人工智能及机器人部的联合主任。他花费了大量时间去思考如何将机器人应用于未来的健康护理领域。"机器人对医疗保健最大的贡献将是照顾老龄化人口——特别是丧偶或丧失自理能力的那些老人。"巴里说，"通过为老人提供情感上的支持、帮助老人参加社交活动、在开门关门等最基本的日常起居活动中协助老人、在老人们跌倒时扶起他们，或者是在浴室里为老人提供协助，这些护士机器人能够大幅延长老人们独立生活的时间。老人的故事即使重复讲上 25 遍，机器人也愿意一直倾听下去，并且每次都能做出适当的回应。对于有性功能障碍或者性需求无法得到满足的老人，这些机器人也能发挥巨大的作用。"

那么，我们什么时候能用上这些机器人？它们的成本又会有多高呢？"5年，"巴里肯定地说，"最多只要再过 5 年，就能在市场上找到这样的机器人：它认你为主人，能够以适当的、可辨识的情感反应来回应你的动作和面部表情。当然，它还会完成日常的家务，例如在你睡觉时打扫卫生，等等。如果再让时间快进到 15~20 年后，我们会推出机器人伙伴，你可以与它们进行真实的、贴心的对答，它们能够成为我们的朋友、护士，甚至心理医生。"

这些机器人的预期生产成本几乎与它们的工作能力一样令人震惊。巴里说："我预计，这些机器人的成本将在 1 000 美元上下。"他接着解释道，这是因为科技的快速发展，以及微软的 Xbox Kinect 已经可以大规模生产。现在，3D 激光测距仪的价格已经由原先的 5 000 美元下降至 150 美元左右。"机器人要在极其复杂而且没有规律的日常生活环境中行走，激光测距仪是必不可少的部件，以往一个激光测距仪的价格通常高达 5 000 美元，"巴里说，"现在，这些测距仪的功能已经变得更加强大了，但是价格却反而变得低廉得令人难以置信。这样一来，不但促使有关的新代码和新应用程序爆炸性地涌现出来，而且也使得自己动手制造机器人的发烧友的数量急剧增加。一旦价格下降到足够低的水平，大学生'军团'就会开始投入试玩、实验，并且带来令人惊叹的新应用程序。"

就像激光测距仪一样，护士机器人的其他所有零部件也都符合类似的性价比曲线。很快地，制造机器人必需的传感器以及运算能力就会变成几乎完全免费。于是，唯一需要用钱购买的，就是机器人的身躯。这就是为什么巴里认定这些机器人的成本在 1 000 美元上下的原因。因此，我们就面临一个抉择。在未来，既然绝大多数 80~89 岁的耄耋老人生活中都需要某种形式的辅助性护理，那么我们是不是可以不选择把这数万亿美元（按今天的成本计）花在养老院上。或许，就像巴里所建议的：也可以选择让机器人来承担这些工作。

万能的干细胞

在 20 世纪 90 年代初，杰出的神经创伤医生罗伯特·哈里里（Robert Hariri）越来越因自己的专业领域一直停滞不前而觉得失望，他对手术作用的局限性尤其觉得不满。"现在可以做到的非常有限，我们只是在人们不幸遭遇了事故后做些修补，让他们活得更久一些，"哈里里说，"外科手术并不能使他们完全恢复正常。"因此，哈里里开始着手寻找各种方法来恢复神经发育的自然过程，以便让大脑重新生长并重建神经连接。早在 20 世纪 90 年代后期，他就已经意识到或许可以将干细胞注入患者体内，来治愈病人，就像现在注射普通的药物可以治疗并治愈某些疾病一样。不过，哈里里知道，要想利用细胞药物来治病并充分发挥其潜力，就必须确保治疗所需的干细胞有一个稳定的来源，为此他创办了他的第一家公司——生命库与人类创造公司，它的主要业务是储存提取自胎盘的干细胞和新生儿脐带血。仅仅 4 年后，市值高达 300 亿美元的医药行业巨头新基公司（Celgene Corporation）因为看中了这项技术重塑整个医学面貌的巨大潜力，花巨资收购了生命库与人类创造公司。

不过，在这个领域积极行动的并非只有新基公司。"每个人的生命都是从一颗小小的受精卵开始的，它逐渐发育成了拥有 10 万亿个细胞的复杂生命体。这个有机体内有 200 多种组织，每种组织都是全天 24 小时从不间断地发挥着自己的特定功能。"骨髓移植专家（骨髓移植是干细胞治疗的其中一种形式）、奇点大学医学部主任丹尼尔·克拉夫特（Daniel Kraft）博士说："干细胞驱动了令人难以置信的细胞分裂、生长和修复的过程。干细胞所拥有的能力，能够使医疗保健领域的许多方面出现革命性的变化，这是目前几乎所有其他医学技术都无法比拟的。"

哈里里也同意这种观点，他说：

> 这项技术确实潜力无限。我认为，在接下来的 5~10 年里，我们就将能够利用干细胞来矫正、治疗各种慢性自身免疫性疾病，例如类风湿关节炎、多发性硬化症、溃疡性结肠炎、克隆氏症、硬皮症，等等。除了这类疾病之外，我相信下一个出现突破的大领域是神经退化性疾病。到了那个时候，我们就可以逆转帕金森症、阿尔茨海默病，甚至中风，而且，届时人们也将能够负担得起医疗费用。细胞制造技术在过去 10 年里已出现了巨大的进步。举例来说吧，我们一度认为干细胞疗法的费用会超过 10 万美元，但是不久之后就转而认为大约只要 1 万美元就能实施治疗了。我认为，在未来的 10 年内，完全可以更大幅度地降低成本。所以，现在谈论的是这样一种可能性：未来我们很有希望治愈各种慢性疾病并使人体各关键器官重现活力，而且所需的费用低于一台笔记本电脑的价格。

不过，你可能会想，在肝脏或肾脏有机会得到治疗恢复生机之前，它们就可能完全衰竭了。不用害怕，还有另一种解决方案。在哈里里获得的多项专利当中，其中之一就是"利用干细胞修复或重建尸体器官与组织母体技术"。这项技术是在实验室内培育全新的、可移植的器官的基础。人体组织工程领域的先驱、维克弗斯特大学医学中心的安东尼·阿塔拉（Anthony Atala）已经成功地展示了这种技术路线的可行性。

"对于可移植的器官，世界各地都有庞大的需求。"阿塔拉说，"在过去 10 年，器官移植等候名单上的人数增加了 1 倍，但是最终能够成功进行器官移植的人数却一直没有上升。好消息是，到目前为止，我们已经能够在实验室里培育出人耳、手指、尿道、心脏瓣膜，甚至整个膀胱了。"

阿塔拉面临的下一个重大挑战，是培育人类体内最复杂的器官之一，肾脏。在器官移植清单上，大约有 80% 的患者都是在等待一个健康的肾脏。2008 年，仅仅在美国进行的肾脏移植手术数量就超过了 16 000 例。为了完成人工培育肾脏这个壮举，他和他的团队决定超越原来的利用尸体器官和组织母体来培育器官的技术，转而利用 3D 打印技术打印可移植的肾脏。"在一开始的时候，我们使用的是普通的桌面型喷墨式打印机，每次都能够粗略地打印一层细胞。"阿塔拉解释道，"只要几小时，我们就能打印出一颗真的迷你型肾脏。"虽然要做出一颗完整的肾脏可能得再花上 10 年的时间，但是阿塔拉却仍然持谨慎乐观的态度，因为他们打印出来的部分肾脏组织已经能够排出类似尿液的物质。

"病人们通常是因年龄变老、受到创伤或某些疾病的影响而需要进行器官再生或组织修复治疗的，"克拉夫特博士说，"但是无论如何，这个快速发展的领域肯定会影响几乎所有医学临床领域。最新的一项发明是诱导性多功能干细胞（这种干细胞可以通过对患者自身的皮肤细胞进行重新编程来生成），它为我们提供了通往这种强大技术的无可争议的坚固平台。随着干细胞、组织工程、3D 打印技术的交融，我们很快就可以拥有一个无比强大的'兵工厂'了，它将为我们生产富足的医疗保健资源。"

4P 医疗模式

尽管许多人都认为，不久之后干细胞技术就能帮助我们修复或取代已衰竭的器官，但是退一步说，如果人们所说的 4P 医疗模式确实发挥了作用，那么整个情况就很可能不会发展到如此危急的地步。4P是四个英文单词的首字母缩写，指"预见性、个性化、预防性和参与性"（predictive, personalized, preventative and participatory），这是医疗保健的发展方向。只要将价格低、速度快的医疗级的基因组测序技术和大规模运算能力结合起来，我们就能踏上实现预见性的、个性化医疗的康庄大道。

在过去 10 年里，在准确度保持不变的前提下，基因组测序的成本已由 2001 年克莱格·凡特基因组创造的空前绝后的 1 亿美元，下降到了大约 1 000 美元左右。伊如米娜公司（Illumina）、生命科技公司（Life Technologies），以及翡翠鸟分子公司（Halcyon Molecular）等一大批生物技术公司，都在市场容量高达数十万亿美元的基因组测序市场上激烈竞争。在不久的将来，以下 3 个方面的基因组测序工作将会率先开展起来：每个新生儿都会做基因组测序；遗传数据将会纳入标准的病人护理流程；每个癌症患者的肿瘤 DNA 序列都会进行细致的分析，而且所得到的结果则会被连接到一个庞大的数据库，以分析其相关性。如果处理得当，上述 3 个方面都会产生大量有用的预测，从而使医学治疗从过去那种被动的、一体适用的模式，转变为一种可预见的、个性化的模式。简单地说，每个人不仅知道自己的基因里隐藏着哪些疾病，而且还知道应该怎样做才能防止发病。当然，如果我们真的生病了，我们也知道哪些药物对我们特有的遗传性疾病最有效。

不过，快速 DNA 测序只是今天生物科技复兴的开端。我们同时也在揭示疾病的分子基础，而且还在试图控制体内的基因表达。这些都有助于创建一个全新的个性化、可预防的医学时代。对于这些技术的潜力，我们不妨以肥胖病的治疗为例来说明。肥胖被世界卫生组织视为一种全球性流行病，在基因的层面，导致这种疾病的罪魁祸首是脂肪胰岛素受体基因，这种基因指示人的身体保存好我们吃下的所有卡路里。在全食超市和麦当劳尚未出现的年代，这种基因是一种非常有益的基因，因为早期原始人永远无法确定下一次收获是在什么时候——他们甚至不知道自己的下一顿饭在哪里。但是，在今天这个到处充斥着垃圾食品的世界里，这样一个遗传基因却成了一个足以致命的缺陷。

不过幸运的是，一项被称为核糖核酸干扰（RNA interference）的新技术已经问世了。这种技术的原理是，通过截断核糖核酸所产生的信息来关闭某些特定的基因。哈佛大学的研究人员发现，在利用核糖核酸干扰技术关闭了老鼠的脂肪胰岛素受体基因之后，这些小东西即使吃进了大量高热量食物，也依旧能够保持纤瘦的身材和健康的体魄。更加可喜的是，在无需挣扎着限制卡路里的摄取、无需痛苦地进行节食这两大好处之外，它们还得到了一个重大的额外奖赏，那就是，它们的寿命延长了将近20%。

参与性医疗是未来的医疗保健体制的第四大目标。拥有了科技赋予我们的强大力量之后，每个人都有机会主宰自己的健康。移动电话正在演变为一个任务控制中心，它可以实时记录、显示和分析身体的全部数据，从而保证每个人都能随时做出重要的健康决策。与此同时，许多个人基因公司——例如23andMe公司和基因导航公司（Navigenics），也可以让用户更深入地了解自己的基因组成及其对健康的意义。但是同样重要的是，我们的环境、日常决策可能带来的影响。而这个方面，正是新一代的传感技术可以大显身手的舞台。

《连线》杂志执行编辑、《决策树》（*The Decision Tree*）作者托马斯·戈茨（Thomas Goetz）说："现在，传感器的成本、尺寸和耗电量全都已经大幅下降了。在20世纪60年代，一枚洲际导弹所用的导航传感器的成本高达10万美元，重量也有好几千克。而现在，同样的功能已经被集成到一块芯片上，成本则不到1美元。"利用这些技术突破，许多参加了诸如"量化生活运动"（Quantified Self）这样的运动的人士，都已经通过自我追踪加深了对自我的认识。今天，他们正在追踪记录自身的一切数据——睡眠周期、热量消耗、即时心电图信号等。很快地，只要大家都选择走这条路，我们就能够量度、记录和评估生活的每个方面：从血液成分，到锻炼计划，再到都吃了、喝了、呼吸了什么。从此以后，"我不了解自己的情况"就再也不能成为我们不好好照顾自己的借口了。

大有希望的健康富足

现在，医疗保健领域正进入一个爆炸性的转型时期。这一点应该是显而易见的。然而，这种变革的主要驱动力却不仅仅源于科学技术的迅猛发展。随着婴儿潮一代逐渐进入老年，他们当中最富有的那个群体为了多享受一刻与他们所爱的人共处的美好时光，肯定愿意付出大量的金钱。因此，在这些较年长、较富有、较积极的人的推动下，每一项新技术都必定会应用到健康服务上。

20 世纪 70 年代，手里拎着像公文包那样大小的移动电话到处晃荡的华尔街大亨们开启了手机行业大发展的大门，使得今天撒哈拉以南非洲地区的人们也用上了数百万部诺基亚手机；同样地，数十亿美元的医疗保健研究经费支出，以及我们在本章前面介绍过那些创业型企业的发明创造，很快就能令全球 90 亿人受惠。由于第一世界的发达国家的医疗保健监管体系普遍偏向保守，甚至趋于僵化，我们有充分的理由相信，前面提到过的这些突破性技术，很有可能会率先在发展中国家，尤其是那些官僚作风不严重的发展中国家中投入应用（而美国民众则还要等监管机构做出决定）。

虽然发展中国家肯定能够受益于这些高科技的治疗方法，但是，我们更应该看到，这些国家的主要医疗需求仍然集中在最基本的那些方面。它们最需要的无非是这样一些东西：蚊帐、抗疟疾药物、防治支气管炎和腹泻的抗生素、以艾滋病的真实信息和避孕必要性为主要内容的教育。在许多情况下，发展中国家的现实困难在于，先进的医疗方法已经是现成的了，但是必要的基础设施却不具备。不过，好消息是，现在出现了一系列以移动电话为基础的教育计划，可以助那里的人们一臂之力。例如，在南非实施的"热情的忠告"计划（Masiluleke），它的主要工作之一，就是通过手机短信传播关于如何预防艾滋病的信息。而由强生公司发起的"宝宝短信"计划（Text4Baby），则已经推广到了中国、印度、墨西哥、孟加拉、南非、尼日利亚等国家和地区，让超过 2 000 万名孕妇与初为人父人母的人受益。又如，比尔和梅琳达·盖茨基金会所发起的消灭疟疾的运动证明,科技慈善家也可以给第三世界带来巨大的变化。归根到底，要满足全世界的医疗需求，就意味着不仅必须让崛起中的 10 亿人获得粮食、饮水、能源、教育等基本资源，而且还必须推动本章前面所描述过的各种医疗技术的突破。如果能够做到这一点，我们就能创造出一个医疗保健资源富足的时代。

16

自由

在迈向富足的道路上，经济自由、言论自由都应该得到解放。各种指数型技术，已经在很大程度上消除了"不自由"的根源。互联网已成为实现自由的重要力量。信息通信技术，构筑了一个极为广阔的合作平台。国家与企业、企业与公民、公民与公民都可结成合作伙伴，共同促进民主与平等。

THE FUTURE
IS BETTER THAN
YOU THINK

ABUNDANCE

权力归于人民

本章的主题是"自由"。自由处于富足金字塔的顶端，同时，"自由"一词也给本书带来了一丝哲学气息。在前面各章节中，我们已经探讨过，合作和指数型科技的结合，将会在未来的几十年里给人类带来更美好的生活。但是，我们在前面几章中所提到的是粮食、饮用水、教育、医疗保健和能源这样一些商品和服务，自由则属于另外一个不同的类别。自由是一种想法，同时也是实现想法的途径。自由既是一种存在的状态，也是一种意识的状态，更是一种生活方式。

能纳入本书讨论范围的是经济自由、人权、政治自由、透明度、信息的自由流通、言论自由和自我赋权。所有这些，都直接受本书所强调的变革力量的影响。

没有足够的食物和饮用水，染上了很容易治愈的疾病却无法及时得到医治，缺乏获得衣物、栖身之所、负担得起的医疗保健、教育与卫生设施的途径……所有这些，用诺贝尔经济学奖得主阿马蒂亚·森的话来说，全都是"不自由的根源"。不过，正如我们在本书前面各章中已经阐明的，各种指数型技术已经在很大程度上扭转了这种趋势。无论是可汗学院的代数视频课程，还是迪恩·卡门的"弹弓"水源净化器，所有类似的可以极大地促进繁荣的工具，在促进自由方面，也发挥了双倍于传统的十字军东征式的人为运动的作用。这些工具使人们节省了大量的时间和金钱，提高了人们的生活质量，并创造了更大的机会。这种势头必定会一直延续下去。我们向富足金字塔攀登的每一步（例如清洁的饮用水、廉价的能源），都会使基本的自由权利直接受益。

人权，也因指数型技术的发展而受益匪浅。例如，"目击者"网站（Ushahidi）最初是为了汇集有关发生在肯尼亚的暴力事件的信息而创建的，但是，它的巨大成功，很快就导致一大批"社会活动家"的出现。结合了社会行动主义和公民新闻主义的众包精神，再加上地理空间映射技术的支持，全世界各个国家都涌现了许多社会活动家，他们积极投身于各种捍卫人权的活动中。发生在纳米比亚的性少数（sexual minorities）抗议运动、发生在肯尼亚捍卫少数民族权益的运动、发生在哥伦比亚的拯救军人滥权的潜在受害者的行动，全都在第一时间反映到了网络世界。一大批像"世界在见证"（World Is Witness）这样的网站记录下了种族灭绝的故事；而像维基解密这样的网站则致力于揭露一切侵犯人权的丑恶行径。

维基解密网站为我们提供了一个极佳的例子，足以说明信息通信技术如何促进了更高的透明度和更大的政治自由。当然，它绝不是唯一的一个例子。2009 年，"目击者"网站修改了自己的技术平台，从而使墨西哥公民能够监督他们国家举行的选举。奥米迪亚网络提供给尼日利亚社会活动家的 130 000 美元"适可而止吧！尼日利亚"（Enough Is Enough Nigeria）津贴，使得他们利用 Twitter、Facebook 以及当地的社交网络工具建立了一个不偏向任何党派的一站式选举"门户网站"，有效地完成了帮助选民进行选举登记、发布候选人信息、监督选举过程等工作。有人认为，信息通信技术能够发挥最大影响的领域，恰恰就在透明度和社会政治自由的交集上。在互联网出现之前，一个住在巴基斯坦的害羞的同性恋男子，注定一生的命运都会坎坷不平。而到了今天，虽然他的人生之路依然不可能一帆风顺，但是至少有一点可以给他带来莫大的安慰：只需要轻轻地点一下鼠标，他就可以收到几百万"同道中人"的建议和鼓励。

毫无疑问，移动通信和互联网的崛起极大地促进了信息的自由流动。正如本书前文已经提到过的，现在全世界大多数人包括发展中国家最贫穷的那些人，每天都在使用的移动通信网络的质量，比25年前美国总统所使用的还要高得多。对我们所有人来说，信息的自由流动已经变得极其重要，也正因为如此，联合国在2011年宣布"使用互联网"是一项基本人权。

在信息时代，言论自由和表达自由也可以找到很多盟友。谷歌公司董事会执行主席埃里克·施密特说："我们已经脱离了原先的信息传播等级体系。在以往，普通大众只能被动地接收别人广播的信息，而且通常只能接收到当地的信息。但是现在，我们已经进入了一个新时代，每个人都可以身兼组织者、广播者和通信者多个角色。"虽然遗憾的是，在许多情况下，我们不得不面对棘手的网络审查问题，但是不可否认，更重要的一个事实是，现在，即使是一个最普通的市民，也拥有接触到全球观（听）众的途径，也能够向公众发出自己的声音，这在人类历史上是从来没有过的事情，尽管这种接触也不无风险。在接受《基督教科学箴言报》采访时，美国前国务卿希拉里·克林顿的创新政策顾问本·斯科特（Ben Scott）指出："互联网往往会导致权力从中央集权机构转移到代表不同团体的一大批领袖的手上。而政府如果想坚持审查制度，就等于是展开了一场对抗技术本质的战争。"

但是，在上面提到过的所有自由权利中，受富足浪潮兴起影响最大的无疑是"自我赋权"——无论过去还是未来都是如此。"自我赋权"方面的变革极其重要，所造成的后果也影响深远，因此，在接下来的几节中，我们将对此展开深入探讨。

互联网的力量

2004年，一直埋首攻读研究生课程的牛津大学罗德奖学金获得者贾里德·科恩（Jared Cohen）突然决定要去伊朗看看。伊朗秉持反对美国的立场，部分是因为美国支持以色列，而科恩本人又恰好是美裔犹太人，所以他并不认为自己有太大的机会可以获得签证。他的朋友们劝他不用提出无谓的申请，专家也跟他说，他只是在浪费时间。但是科恩并没有泄气，在 4 个月内，他连续 16 次来到伊朗驻伦敦大使馆提交申请，最终获准前往伊朗旅行。

科恩此行的目的是为了丰富自己在国际关系领域的知识。他希望采访伊朗的反对派领导人、政府官员，以及其他改革者。然而，在成功地与伊朗副总统和几位反对派成员会谈之后，伊朗政府的革命卫队突然在一个深夜里闯入他的旅馆房间，搜出他拟定的采访目标名单，令他的计划落了空。面对这个重大挫折，科恩并没有选择空手离开伊朗返回英国，相反，他决定留下来继续探索这个国家，看看他可以认识一些什么样的新朋友。

他确实结交了许多朋友，其中大多是年轻人。在伊朗，2/3 的人都未满30 周岁，科恩尊称这些伊朗人是"真正的反对党"。像科恩这样的年轻人为数众多，他们没有任何宗教信仰，而且对西方文化异常渴求，对现行制度则感到窒息。他还发现，科技进步使反对派运动有了蓬勃发展的机会，他是在伊朗设拉子市中心的一个繁忙的十字路口深刻地意识到了这一点的。当时，他注意到那里大约有 10 多名儿童和青年靠在建筑物的两侧，目不转睛地盯着自己的手机看。

他问其中一个男孩发生了什么事，对方说，大家都来这个地点使用蓝牙连接网络。

"你不担心吗？"科恩问，"你站在公共场合这样做，不担心会被抓吗？"

男孩摇摇头说："超过 30 岁的人没有一个人知道什么是蓝牙。"

就在那一刻，科恩茅塞顿开。数字落差（因使用数字产品的机会和能力的不同而产生的落差）已经在两代人之间出现了一条鸿沟。科恩明白，这就开启了机会之窗。在言论自由只是一种美好的意愿的这个国家，掌握了基本科技知识的这些年轻人，突然之间就进入了自己专用的通信网络。在穆斯林世界里，

30 岁以下的年轻人占了绝大多数。科恩开始认识到，科技可以帮助他们培养出一种不以激进暴力为基础的自我认同。

科恩这个想法得到了美国国务院的积极支持。当时科恩还只是一个年仅 24 岁的青年，但是时任美国国务卿的赖斯却毫不犹豫地雇用了他，使他成为她的政策规划班子里最年轻里一名成员。几年后，世界各地都出现了反对哥伦比亚革命军的大规模抗议行动，当关于这些活动的报告送回美国国内时，科恩仍然是赖斯的幕僚。哥伦比亚革命军是 40 多年前成立的，它是一个以哥伦比亚为基地的叛乱组织，长期以来一直从事恐怖袭击、贩毒、军火交易和绑架等活动。他们炸毁桥梁、击落飞机，用机枪扫射城镇，使人间变成血腥的地狱。在 1999—2007 年间，哥伦比亚有 40% 的区域被这支所谓的革命军控制，他们把挟持人质勒索钱财当成一种正常的业务。截至 2008 年年初，他们一共挟持了 700 多名人质，其中就包括哥伦比亚总统候选人英格丽德·贝当古（Íngrid Betancourt）——她是在参加 2002 年总统竞选的过程中遭到绑架的。但是，2008 年 2 月 5 日，突然之间，全世界各大城市共有 1 200 万人涌上街头抗议哥伦比亚革命军，要求他们释放人质。

在美国国务院内部，几乎没有人能够理解到底发生了什么事。示威者似乎是突然间就自发地涌上了街头的，而且看起来似乎没有人在领导。不过，有迹象表明，示威者的聚集行动似乎是通过互联网进行协调的。由于科恩是赖斯的幕僚班子中最年轻的成员（这往往也就意味着，涉及科技问题时，要由他来"讲解"），所以他被委派调查清楚这个事件的来龙去脉。科恩在追查这个事件时，发现一名哥伦比亚电脑工程师奥斯卡·莫瑞尔斯（Oscar Morales）很可能是幕后推手。"所以，我就直接打电话给这个陌生人，"科恩后来回忆道，"你好！可以告诉我，你是怎样做成这件事情的吗？"

几十年来，在哥伦比亚，任何人只要说出任何反对哥伦比亚革命军的言论，就会遭到绑架、杀害或者面临更悲惨的命运。那么，莫瑞尔斯究竟做了些什么，以至于这个国家的几百万人突然一起走上街头大声进行抗议？原来，莫瑞尔斯在 Facebook 上建了群，群的名字就是"反对哥伦比亚革命军的百万之声"。在这个群的主页上，他以大写字体表达了 4 个非常直接、非常简洁的诉求："不再有绑架！不再有谎言！不再有死亡！不再有哥伦比亚革命军！"

"那时，我丝毫不在意会不会只有 5 个人加入我这个群，"莫瑞尔斯说，"我真正想做的是挺身而出，创造一个先例：我们年轻人不能再容忍恐怖主义和绑架了。"

莫瑞尔斯是在 2008 年 1 月 4 日大约凌晨 3 点建好了他在 Facebook 上的这个群主页的，然后他便去睡觉了。当他在 12 个小时后醒来时，这个群已经有了 1 500 名成员。一天之后，群的成员达到 4 000 人。3 天后又增加到了 8 000 人。群的规模显然走上了指数型增长的道路。短短一个星期之后，这个群的成员人数达到了 10 万名。也正是在那个时候，莫瑞尔斯和他的朋友们认定，从虚拟世界进入现实世界的时机已经成熟了。

仅仅一个月之后，在 40 万名志愿者的帮助下，"反对哥伦比亚革命军的百万之声"在全球 40 个国家中的 200 个城市成功地动员了 1 200 万人走上街头，一起进行抗议。仅仅在哥伦比亚的波哥大城，就有 150 万人走上了街头。这些抗议者的行动引起了极大的关注，并且成功地使有关的信息突破了封锁，广泛地传播到了哥伦比亚革命军所控制的地区——在以往，几乎没有什么外界消息可以进入这些地区。"当哥伦比亚革命军听到有这么多人反对他们时，"科恩说，"他们意识到战争形势已经完全逆转了。最后的结果是，他们大规模地解除了武装。"

这个事件深深地吸引了科恩，为此，他专程飞到哥伦比亚与莫瑞尔斯见面。最让他惊讶的是这个组织的结构。他说："我看到的一切都表明，它已经具备一个真正意义上的非政府组织的架构，但是它确实不是一个非政府组织。事实上，根本没有组织，而只有互联网。你所拥有的是跟帖者，而不是会员；为你工作的是志愿者，而不是员工。但是，就是这个家伙和他的一帮朋友搞垮了哥伦比亚革命军。"对于科恩和美国国务院的其他官员来说，这是一个分水岭式的事件，具有划时代的意义。他说："它使我们第一次认识到了像 Facebook 这样的社交网站的重要性，也使我们明白这些网站对于青年自我赋权的深远意义。"

也正是在那个时候，科恩开始认定，科技必须成为美国外交政策的一个基本组成部分。在奥巴马政府内部，科恩找到了许多拥有共同信念的同僚。奥巴马总统的前任国务卿希拉里·克林顿认为，科学技术手段的运用是重中之重，她还把这称为"21 世纪的治国方略"。希拉里说："我们发现自己生活在人类历史上的这样一个特殊时刻：我们有机会以创新的方式从事外交工作，而且可以运用科技力量帮助个人实现自我赋权。"

怀着这个目标，科恩越来越关注发展中国家面临的地方性挑战与那些制造 21 世纪的高科技工具的人之间的鸿沟。科恩利用自己在美国国务院任职的便利条件，不断地邀请高科技公司的管理人员和技术人员到中东地区访问，尤其是伊拉克。在这些接受他的邀请的人中，就有 Twitter 的创始人杰克·多西。在那次旅行结束 6 个月后，伊朗选举结束之后发生了抗议活动，示威者占领了德黑兰街头，伊朗政府则封锁新闻，关闭了所有传统的通信线路，在这紧要关头，科恩打电话给多西，请他推迟 Twitter 服务器关机维护的时间。历史就这样变得完全不同了。

很快，Twitter 就成了伊朗与外界联系的唯一途径。尽管"Twitter 革命"并没有推翻伊朗政府，但是很显然，伊朗发生的故事与莫瑞尔斯的努力以及其他基于互联网的行动，为"阿拉伯之春"的出现埋下了伏笔（对此，我们将在后面进行详细讨论）。

"科技发展导致的这一切事件并非有意为之，"科恩说，"蓝牙技术的出现，使人们能够相互对话、交换信息，但是，开发这种技术的人从来没有预料到这会成为反抗极权政府压迫的重要力量。不过，过去几年发生的这些事件带给我们的信息却是非常明确的：现代信息通信科技是我们所见过的最伟大的个人自我赋权工具。"

要比特，不要炸弹

2009 年，埃里克·施密特仍然是谷歌的首席执行官（之后，他成了谷歌的董事会执行主席），他应贾里德·科恩和美国国务院的邀请来到了伊拉克。施密特和科恩在旅途中成了好朋友。他们促膝长谈，讨论应该如何重构伊拉克这个国家，如何让科学技术尽早在重建过程中发挥作用。伊拉克在独裁者萨达姆统治时期，并未建设任何移动通信基础设施。美国为了使伊拉克改朝换代，花费了 8 000 多亿美元。但是一切才刚刚开始，正如施密特所说的："我们应该做的是铺设光纤网络，并建设好无线网络的基础设施，以此来加强伊拉克公民的权力。"

这个设想也让科恩和施密特达成了一个共识：科技似乎有利于个人的自我赋权，或者，至少目前看来是这样。对此，施密特还进一步解释道："个人可以决定要做什么，这与传统的体系是背道而驰的。不过，这种趋势会带来一连串的后果。科技不仅仅会增强好人的能力，它也会增强坏人的能力。每个人都有成为圣人的可能，同样，每个人也都有成为恐怖分子的可能。"

这可不是一件可以等闲视之的事情。有证据表明，互联网已经成为恐怖组织最重要的招募工具。2011 年，恐怖分子使用卫星导航系统导航，从卡拉奇一路航行至印度孟买，他们还以卫星电话为通信工具，利用谷歌地图来锁定袭击目标。2007 年，当肯尼亚那次极具争议性的选举结束之后，有人利用恶意短信来挑起种族间的暴力冲突。但是另一方面，"目击者"这个网站也是在肯尼亚创办的。施密特认为，像"目击者"这样的网站是重要的抗衡力量。"当大多数人都被赋予了权力时，我们所有人才能变得更安全。"他说，"科技赋予人们力量，使人们能报道事件，也能拍下照片。"

2010 年 11 月，也就是科恩从美国国务院离职、加入谷歌担任创意总监的前几个月，他与施密特合作，为《外交事务》杂志（*Foreign Affairs*）撰写了一篇标题为《数字化破坏》的文章。他们在这篇文章里探讨的问题是，信息通信技术在未来 10 年左右的时间里会对国际关系造成什么影响。他们两人对每个国家的现行政治制度和通信技术的现状进行了综合分析，并在此基础上做出了预测。科恩和施密特认为，美国、亚欧两洲的部分大国，以及其他几个强大的国家，是有能力根据自己的"国家价值"控制"互相联网资产"的。但是，除了这些国家之外，很多腐败的或不稳定的国家（政府）其实都是极其脆弱的。"在许多情况下，"他们在文章中写道，"唯一能够让反对派或异议分子裹足不前的是他们缺乏组织和沟通的工具，而互联网技术成全了他们——不但非常便宜，而且随手可得。"

这正是我们在"阿拉伯之春"中所看到的东西。2011 年年初，一场革命席卷了整个中东地区，革命者对通信科技的运用成了这场革命的关键特征。在埃及，开罗街头的抗议运动迫使总统穆巴拉克下台，对于这场革命所使用的工具，一位积极参与者在 Twitter 上做了一个漂亮的总结："我们利用 Facebook 来筹划抗议活动，利用 Twitter 来协调行动，然后再通过 YouTube 将一切告诉全世界。"

然而，事情有利就有弊，互联网也是一把双刃剑。在埃及，为了平息抗议风潮，政府关闭了互联网。在苏丹，示威者被逮捕和严刑拷打，政府逼迫他们供出在 Facebook 上的密码。在叙利亚，亲政府的消息突然在反政府的异议分子的 Facebook 上跳了出来，而在 Twitter 上，以 # Syria 为标签的无数示威者的账号，也惨遭灌水，充斥着体育竞赛成绩和其他的废话。时任美国主管民主、人权与劳工事务的副助理国务卿丹尼尔·贝尔（Daniel B. Baer）在接受《华盛顿邮报》的采访时说："在几年前，'第二代网络'（Web 2.0）是大家经常谈论的话题；但是，我们现在却看到了'第二代网络镇压'（Repression 2.0）。"事实上。"第二代网络镇压"可能很快就会演变成"第三代网络镇压"，因为各国政府对科技也越来越熟悉了，因而也更加擅长利用这些科技去进行镇压。对此，《外交政策》杂志特约编辑、新美国基金会施瓦茨研究员叶夫根尼·莫罗佐夫（Evgeny Morozov）也深有体会。在他的著作《网络错觉》（*The Net Delusion*）中，莫罗佐夫这样写道：

> 谷歌已经以我们在搜索时输入的关键字和我们的电子邮件中的文本为基础，来选择显示给我们看的广告。Facebook 更是极力要使自己的广告投放更加精准，它会参考我们过去在其他网站上对什么内容按下了"赞"按钮、我们的朋友喜欢什么、在网络上购买了什么来显示广告。这些在线广告系统，每天 24 小时都在巨细靡遗地精心搜寻着用户们的信息，并针对用户需求进行细部调整，以便把最有效的行为广告推送给用户。那么，请再想深一点，网络审查系统会不会也这样做？"第二代网络"与"第二代网络镇压"之间的区别仅在于：一个系统是在了解到关于我们的一切后，向我们展示出与我们更加相关的广告；而另一个系统则在了解到关于我们的一切后，禁止我们浏览与我们最相关的网页。独裁者过去其实有点迟钝，他们没有意识到那些作为第二代网络支柱的特定机制，其实很容易就可以转化为比行为广告更穷凶极恶的网络镇压工具。但是，他们确实学得非常快。

信息通信技术无疑是我们见到过的最重要的自我赋权工具，但是，它仍然只是一个工具，而且与所有其他工具一样，本质上也是中性的。锤子既可以用来建筑桥梁，也可以用来敲打脑袋。网络技术也没有什么不同。虽然这些科技明显有利于自我赋权，但是仅靠它们并不保证肯定能创造出一个更安全、更自由的世界。信息通信技术所能保证的只是一个极为广阔的合作平台。国家可以与企业结成合作伙伴，企业也可以与公民结成合作伙伴，一个公民也可以与其他公民结成合作伙伴，共同利用这些工具积极推动个人自我赋权，从而促进民主、平等和人权状况的改善。事实上，考虑到当今世界的复杂性，这种合作在某种意义上已经变成强制性的了，这正如施密特和科恩所指出的："在当今这个权力分散化的新时代，没有人能够独自取得进步。"

但是，我们确实可以携手共同进步。而且，这正是关键所在。

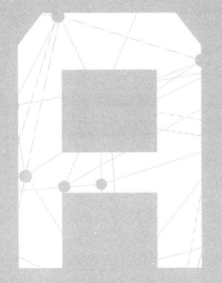

THE
FUTURE
IS BETTER THAN
YOU
THINK

ABUNDANCE

| 第六部分 |
奔向富足

17

让创新与突破来得更猛烈些

好奇、恐惧、创造财富的欲望以及追求人生的意义，是人类创新的 4 大推动力。25 000 美元奖金的奥泰格大奖赛，成功激励林德伯格驾驶飞机从纽约起飞，经过 33.5 小时的不间断飞行安全地在巴黎降落。X 大奖的设立，也巧妙地利用了人们的风险偏好，极大地促进了创新与突破。

THE FUTURE
IS BETTER THAN
YOU THINK

BUNDANCE

人类创新的 4 大推动力

行文至此，本书已经探索过富足金字塔的顶层了。现在这个时代，科技创新的速度之快是前所未有的，同时人类可以利用的工具也前所未有地强大。然而，有了这些就足够了吗？尽管"富足"的目标真的非常可能成为现实，但是我们仍然必须与时间赛跑。现在这个地球还有什么方法可以养活 90 亿人口吗？如果没有在本书前面各章中已经描述过的那些根本性变革，我们还能够为全世界所有人提供足够的粮食、宽敞的栖身之地和丰富的教育资源吗？如果在走向富足世界的途中，那些悲观的预言家针对石油、水或其他任何资源的极限的预测被现实证明是正确的（而能够证实这些预测是错误的科技突破却迟迟未能出现），那么世界又会变成什么样子呢？在科技创新尚未结出丰硕的果实之前，资源匮乏仍然是必须密切关注的问题。而与资源匮乏同样糟糕的是，它所带来的持续威胁及其引发的严重暴力事件。

在很多情况下，我们很清楚目的地在哪里，但是却不知道怎样才能到达那里。在另外一些情况下，我们知道怎样到达目的地，但是又希望能够更快到达那里。本章就来集中讨论怎样才能引领创新潮流并且把油门踩到底全速前进。此外还将讨论，当碰到了瓶颈需要突破、当加速前进成了核心命令时，要怎样做才能在比赛中胜出？

如下 4 个重要动机是推动人类进行创新的推动力。第一个动机，也是其中最弱的一个动机是"好奇心"，即那种希望找出原因、打开黑箱、到下一个转角四处张望的欲望。好奇心对科技的发展有强大的推动力。但是，与下一个动机"恐惧"相比，好奇心的作用就小巫见大巫了。无比巨大的恐惧感往往会促成非凡的冒险精神。例如，肯尼迪总统耗资巨大的"阿波罗计划"之所以能够克服重重障碍获得成功，就是因为它是出于对苏联前期在太空领域取得的成就的恐惧而提出来的。（在 2011 年，美国的国防预算大约为 7 000 亿美元，而科学预算则为 300 亿美元。从国防预算与科学预算之间的比率，我们就可以粗略估算出人类的恐惧与好奇心对科技创新的推动力之间的比率。）"创造财富的欲望"是第三个重要动机，在这方面，最好的例子莫过于风险投资基金的做法：投资 10 个项目，预期 9 个项目会失败，但是希望有一个项目会成为一个大满贯。第四个动机，也就是最后一个动机是"追求人生的意义"，即使自己的人生有价值，使世界变得有所不同。

有一种工具，它可以进一步强化上述 4 个动机，这种工具就是激励性的大奖赛。如果你想加速特定领域的变革，尤其是当目标很明确、可以精确度量的时候，激励性大奖赛确实具有很大的优势——生物学上的优势。人类天生就喜欢彼此竞争，天生就喜欢向难度很高的目标冲击。事实已经证明，激励性的大奖赛可以吸引全球最聪明的头脑来帮忙解决某个特定问题，不论他们身在何方、不论他们是否有职在身。就像雷蒙德·奥泰格（Raymond Orteig）在 20 世纪初所发现的那样，这种竞赛可以改变整个世界。

圣路易斯的新精神

雷蒙德·奥泰格小时候是一个牧童，整天在法国比利牛斯山山麓上放牧。12 岁那年，他跟随叔叔移民到了美国。来到美国之后，奥泰格身无分文，他能够找到的唯一一份工作就是在曼哈顿的马丁酒店打杂。在历经 10 年的艰苦奋斗过程中，他先是晋升为咖啡厅经理，然后又成了酒店经理，到最后，他用自己的积蓄买下了马丁酒店，并把它易名为拉法叶酒店，并且又在几个月后买下了附近的百福酒店。

第一次世界大战结束后的那几年，来自法国的飞行员经常入住这两家酒店，奥泰格很喜欢听他们讲战斗故事，并因此而产生了对航空事业的高度热情。奥泰格憧憬着航空旅行所能带来的巨大好处，并且希望找到加速航空业发展的方法。1919 年初，两个英国飞行员约翰·阿尔科克（John Alcock）和阿瑟·惠顿·布朗（Arthur Whitten Brown）在人类历史上第一次成功地从新西兰不间断直飞到了爱尔兰。这件事给了奥泰格很大的启发。1919 年 5 月 22 日，奥泰格给身在纽约市的美国航空俱乐部主席艾伦·霍利（Alan Hawley）写了一封短信，提出了一个计划："先生，为了激励勇敢的飞行员，我愿意按照美国航空俱乐部的规则，提供 25 000 美元的奖金，并在美国航空俱乐部的主持下，将这笔奖金颁发给联盟国家第一位成功地从巴黎跨越大西洋不间断直飞纽约或者从纽约直飞巴黎的飞行员。至于其他细节，则全都由你们决定。"

奥泰格规定，这个大奖的有效期为 5 年。不过，巴黎和纽约之间的距离长达 5 800 千米，这个距离大约相当于当时不间断飞行纪录的两倍。日子一天一天地过去，没有任何人成功地摘得大奖，奥泰格并不气馁。他又把这个大奖的有效期延长了 5 年。但是很不幸，在这个"新赛季"中出现了人员伤亡。在 1926 年夏天，查尔斯·克拉维耶（Charles W. Clavier）和雅各布·伊斯拉莫夫（Jacob Islamoff）驾驶的飞机因严重超载，在起飞时散了架，他们两人一起遇难。在 1927 年春天，指挥官诺埃尔·戴维斯（Noel Davis）和中尉斯坦顿·伍斯特（Stanton H. Wooster）在最后一次进行飞行测试时丧生。仅仅几个星期之后，1927 年 5 月 8 日，法国飞行员查尔斯·南热塞（Charles Nungesser）和弗朗索瓦·科利（Francois Coli）在破晓时分从法国巴黎郊外的勒布尔热机场起飞，向西飞去，但是从此再没有出现过。接下来的一位挑战者是查尔斯·林德伯格（Charles A. Lindbergh）。

那时，在奥泰格大奖赛的所有参赛者当中，林德伯格是资历最浅的一位飞行员。事实上，他在决定参赛时，甚至没有任何一个飞机制造商愿意把飞机发动机和机体卖给他，他们认为他不可能成功，担心他若遇难会给自己的产品带来不好的名声。媒体则轻蔑地把他叫作"飞行傻瓜"，完全无视他的努力。但是，林德伯格的参赛恰恰体现了激励型竞赛的一个重要优点：这种竞争是对所有人开放的，任何人都可以参加比赛，包括像林德伯格这样的毫不起眼的"黑马"。有的时候，最后胜出的恰恰是黑马。林德伯格正是这样一匹黑马。1927年5月20日，在奥泰格设立这个大奖8年之后，林德伯格从纽约罗斯福机场起飞，一个人驾驶着飞机，经过33小时30分钟的不间断飞行，安全地降落在了巴黎郊外的勒布尔热机场。

林德伯格飞行成功的影响是再怎么强调也不会过分的。奥泰格大奖吸引了全世界的关注，拉开了一个伟大的变革时代的序幕。自此之后，飞机从冒险者的玩具和巡回表演的道具，变成了乘客的交通工具，飞行员也成了一个真正意义上的职业。仅仅在美国，在短短的18个月内，付费乘坐飞机的乘客人数就增加了30倍，即从大约6 000人增加到了180 000人。美国的飞行员人数也增加了两倍，飞机的数量则增加了3倍。格雷格·马里亚克（Gregg Maryniak）是一名飞行员，也是麦克唐纳天文馆的一名主管，对于林德伯格的贡献，他是这样说的："林德伯格的飞行非常富有戏剧性，而且它从根本上改变了全世界对于航空业的看法。他使消费者和投资者熟悉了这个行业。他当年赢得奥泰格大奖这个事件，直接促进了航空业的发展；到今天，这个行业的总产值已经高达3 000亿美元了。"

1993年，格雷格·马里亚克还送给我一本林德伯格写的书《圣路易斯精神》（*The Spirit of St. Louis*），该书曾经荣获1954年普利策奖。格雷格·马里亚克送我这本书的原意是，希望能激励我考下飞行员执照。我成功了，但是这本书带给我的激励不止于此。在读这本书之前，我对林德伯格的事迹也有所了解，不过，以前我一直误以为，林德伯格所做的无非是，他在某一天早上醒来后，决定向东，凭借他个人的特技，飞越大西洋。我并不知道，他是为了赢得大奖而进行这次飞行的。我更加不知道,原来这种比赛可以发挥如此之大的杠杆作用。参加奥泰格大奖赛的 9 支队伍累计花费了 40 万美元,而他们想争取得到的大奖不过区区 25 000 美元。这是一个 16 倍的杠杆。要知道,奥泰格没有向失败者支付一分钱,支持赢家的是这种大奖赛内含的激励机制。更妙的是,媒体非常关注这个竞赛,它们对有关新闻的炒作,极大地激发了公众的兴趣,进而导致了一个行业的起飞。

受此启发,我也想推出另一个大奖赛。从小,我就梦想:要是有朝一日,任何一个普通市民能购票频繁往返太空,那该多好啊。我一直耐心地等待着,等待美国航空航天局来帮助我们实现这个梦想。但是,30 多年过去了,毫无动静。我这才明白这并不是该机构的目标——甚至可能根本不是他们的责任。让普通大众进入太空是我们的使命,而且很可能是我本人的使命。当我读完了《圣路易斯精神》这本书后,一个清晰的大奖赛的设想就在我的脑海里形成了:我要设立一个大奖,奖励给最先制造出能够在亚轨道飞行且完全可重复使用的私人太空船的人。

因为当时我不知道谁会成为我设想的这个大奖中的"奥泰格",所以我把它叫作 X 大奖。字母 X 是一个变量,或者说,只是一个点位符,一旦有什么人或者哪家公司愿意投入 1 000 万美元的资金时,他(或它)的名字就会取代这里的"X"。我原本以为筹集这笔资金很容易,但是,在我形成这个想法之后的 5 年里,我向超过 200 名慈善家和公司首席执行官"推销"过这个奖项,但他们每个人都用以下 3 个同样的问题作为回应:"真的有人能够做到吗?为什么不是美国航空航天局来做这件事情呢?会不会有人死于冒险尝试?"他们全都把我拒之门外。到了 2001 年,我终于遇到了捐助人,阿努什·安萨里、哈米德·安萨里(Hamid Ansari)和阿米尔·安萨里(Amir Ansari)。他们不在意这个竞赛涉及的风险,当场就答应了我。不过,由于"X"一字沿用已久,大家都习惯了,所以我们决定将比赛定名为"安萨里 X 大奖"。

大奖赛的力量

不过，大奖赛并不是奥泰格首先发明的。在林德伯格驾驶飞机横越大西洋3 个世纪以前，英国议会为了帮助人们乘船横渡大西洋，决定向社会广征贤能，于是在 1714 年悬赏 20 000 英镑，授予第一个提出在大海中准确测量经度的方法的人。这个大奖因而被称为"经度奖"（Longitude Prize）。它不但帮助英国议会解决了导航问题，还直接引出了其后的一系列大奖赛。1795 年，为了保证他的军队可以远征俄罗斯，拿破仑一世设立大奖，提供了 12 000 法郎的奖金，公开征求长期保存食物的方法，获奖人是法国糖果师尼古拉·阿佩尔（Nicolas Appert），他提出了制作罐头的基本方法，而且他的方法一直沿用至今。1823 年，法国政府又设立了一个大奖，悬赏 6 000 法郎，征求发展大规模商用液态涡轮机的方案，这一次，获奖的设计成了推动纺织工业蓬勃发展的强劲动力。其他的一些奖项则分别在交通运输、化学和医疗保健等领域引起了重大突破。关于大奖赛的作用，麦肯锡公司在最后发布的一份报告中说："大奖赛可以带来革命性的解决方案……过去几个世纪以来，各主权国家、王室、私人捐助者在解决紧迫的社会问题和某些特殊的科技挑战时，全都不约而同地将它当成一种核心工具来使用。"

总结这些大奖赛的成功原因，我们可以归纳出以下几个基本原则。首先，也是最重要的，大奖赛可以提高某个特定的挑战的"可见度"，同时还会营造出一种有利于完成这一挑战的"心态"。正如我们都知道的，我们存在着许多认知偏差，因此上述"可见度"和"心态"绝对不是微不足道的细节。在"安萨里 X 大奖"推出之前，几乎没有投资者会认真考虑商业载人太空飞行的市场，因为探索和开发太空通常被认为是完全属于政府的事情。但是，等到"安萨里 X 大奖"名花有主之后，马上就出现了 6 家太空公司，它们总共投入了差不多10 亿美元，而且还售出了几亿美元的太空飞行机票。

其次，在某些领域，由于市场失灵，投资者的投资热情可能会受到影响；

规划当局的故步自封也可能阻碍技术进步。大奖赛可以突破这些瓶颈。2010年春天，英国石油公司一个名叫"深水地平线"（BP Deepwater Horizon）的石油钻井平台发生了事故，使整个墨西哥湾地区都遭受了深重的灾难。包括我在内的许多人，都想确保这类灾难不会再次发生。为此，X 大奖基金会奖项开发部副总裁弗朗西斯·贝兰德（Francis Béland）与伍兹·霍尔海洋地理研究院（Woods Hole Oceanographic Institution）的大卫·盖洛（David Gallo），以及 X 大奖基金会的新董事、电影制片人詹姆斯·卡梅隆（James Cameron）3 人商量了很久，最后决定设立一个"闪光大奖"，奖励能够提出有效处理类似紧急情况的解决方案的人。

这个奖项的着眼点是十分明确的。2010 年英国石油公司泄漏事件中所使用的清理油污的技术，与 1989 年埃克森公司瓦尔迪兹石油泄漏事件中所用的技术完全相同。事实上，在这两次事件中，不但清理时所用的技术完全相同，甚至连使用的设备也完全相同。很显然，是时候更新换代了。要想激励人们去努力寻找更好的清理海面油污的方法，设置一个奖项似乎是较好的选择。慈善家温迪·施密特（Wendy Schmidt）也认同这一思路。施密特不仅是施密特家族基金会的掌舵人，还是"第十一个小时项目"（11th Hour Project）的负责人，在我们发出了筹办这样一个大奖赛的通告后不到 24 小时，她就决定为大奖赛提供奖金。"去年，当我亲眼目睹发生在墨西哥海湾地区的那场大灾难时，"她说，"我觉得难以置信——这场大灾难是如此恐怖，它对人和野生动物的生活、对自然系统的影响是如此之巨。我知道，为了未来，我们必须做些什么，以减少这种人为灾难的影响。大奖赛似乎是最佳捷径，它能帮助我们在最短的时间内找到解决方法。"事实正是如此。这个大奖赛的结果令人叹为观止。最终胜出的参赛队提供的技术比油污清理行业现有技术的效果整整好了 3 倍。

除了使最关键的问题获得更高的曝光率和更多的公众关注，并使问题迅速得到解决这两大优点之外，大奖赛的第三个关键优点体现在它们"广撒网"这个特点上。任何一个人，无论是初学者还是专业人士，无论是大型企业还是个体户，如果不甘寂寞，都可以参加大奖赛。这个领域的专家跳到了另一个领域，带去了非传统的思想观念。边缘人士有可能一跃成为主角。例如，当英国议会设立"经度奖"时，许多人都认为得奖的应该会是某个天文学家，但是，最终的赢家却是一个自学成才的钟表匠约翰·哈里森（John Harrison），他因发明了航海天文钟而获得了这项大奖。我们举办的"温迪·施密特石油清理 X 挑战赛"也类似，在开放注册的前两个月，就有来自 20 多个国家的大约 350 支参赛队伍注册参赛。

当然，大奖赛的好处还有很多。在大奖赛提供的激烈竞争的氛围中，人们的风险偏好迅速上升，而这又进一步促进了创新（对此，我们将在后面章节进行详细讨论）。因为要想参加这类大奖赛，每支参赛队伍都必须先筹集到相当可观的资金（换句话说，没有钱，就没有太空 007 巴克·罗杰斯[①]）。幸运的是，大奖赛拥有一般不亚于体育大赛的氛围，这就吸引了一大批渴求留下传奇名声的富裕的赞助人和试图在这个媒体爆炸的世界里使自己凸显出来的企业。最后，比赛激发出了数百种不同的技术方案，这也就意味着，他们贡献的不仅是一个个单独的解决方案，而是创造了整个行业。

小型组织可以改变世界

美国人类学家玛格丽特·米德（Margaret Mead）曾经说过："一小群有自己想法的执着公民可以改变世界，这是毋庸置疑的。事实上，古往今来都是如此。"历史经验表明，这种情况的出现绝非偶然。大型组织，甚至中型组织——例如公司、运动团体等，成立时并没有考虑行动的灵活性，而且它们也不愿意承担重大风险。这些组织的设计都是着眼于稳定发展的，而重大的突破往往需要下很大的赌注，这对它们来说风险太大，难以承担。

不过幸运的是，小团体或小型组织就不是这样了。小型组织没有官僚作风，

---

① 巴克·罗杰斯（Buck Rogers）是《巴克·罗杰斯在 25 世纪》（*Buck Rogers in the 25th Century*）等一系列科幻漫画、小说和电影所描述的一位太空英雄，是一位太空 007。——译者注

也没有多少可以失去的，不仅如此，它们还拥有证明自己的激情，因此在创新这个方面，小型组织的表现总是比大型机构更加优秀。而大奖赛则是使小型组织的能量能完全发挥出来的完美设计。这方面最好的一个例子是，2009 年举办的诺斯罗普·格鲁曼公司的"月球着陆器 X 挑战赛"。这个挑战赛是美国航空航天局"百年挑战计划"的一部分，由 X 大奖基金会管理主办，总奖金高达 200 万美元（由美国航空航天局赞助）。这个竞赛要求每支参赛队伍制造一个能够垂直起飞、垂直降落的动力火箭，以此来模拟着陆在月球表面上的过程。这是继国防部于 15 年前推出 DC-X 计划之后，美国政府首次展示这样的实力——而且，当年的那个装置最终在测试中坠毁，花掉了纳税人大约 8 000 万美元。

最后，两支参赛队伍分享了这笔奖金（它们都达到了美国航空航天局的所有要求），但是，这两支参赛队伍看起来与传统的航空航天承包商没有任何相似之处。这两支队伍分别来自两个由软件企业家创办的小型公司，这两个小公司的雇员不过是几个没有任何航空航天工业经验的兼职工程师。工程师约翰·卡马克（John Carmack）是电脑游戏《毁灭战士》（*Doom*）和《雷神之槌》（*Quake*）的设计者，他出资创立了犰狳航空航天公司（Armadillo Aerospace），并资助这家公司组队参加了这个大奖赛（并最终获得了第二名）。卡马克对这个大奖赛的评论非常到位，他说："我认为，美国航空航天局在这个竞赛中获得的最大好处，大概就是亲眼见证了，像我们这样的小规模公司，在不到 6 个月的时间内，依靠区区 8 名兼职员工，总共只花费了 20 万美元，就能够从一个概念起步，最终实现了（几乎完全）成功的飞行。这对于那些正在为航空航天局执行其他计划、动辄就要花上几十亿美元的承包商来说，无异于当头棒喝。"

2007 年也出现了同样的结果。在那一年，X 大奖基金会与进步保险公司（Progressive Insurance Company）合作推出了一个汽车设计大奖赛，规定奖金将颁发给每加仑汽油至少能跑 100 英里、价格实惠且能立即投入生产的速度最快的汽车设计者。这个大奖赛共有来自全球 20 个国家的 130 多个团队报名参加。最后，3 支参赛队伍平分了 1 000 万美元奖金（他们的汽车每加仑汽油能跑 102.5～187 英里）。这 3 支参赛队伍全都来自只有几十名员工的小公司。

"目前 X 大奖基金会还有两个 X 大奖赛正在进行中，"X 大奖基金会总裁及副主席罗伯特·韦斯（Robert K. Weiss）说，"一个是奖金高达 3 000 万美元的'谷歌月球 X 大奖'（Google Lunar X Prize），另一个是由美可保健公司（Medco）赞助的奖金为 1 000 万美元的'阿坎基因组学 X 大奖'（Archon Genomics X Prize）。要想赢得第一个大奖，你要满足以下要求：制造出一个机器人并将它送到月球表面，这个机器人要能传回月球照片和视频，还要能行走或小跳前进 500 米左右，然后再把更多的照片和视频传送回地球。而赢得第二个大奖的条件是：参赛队伍要在 10 天之内，完成 100 名健康的百岁老人的基因测序。"在 10 年以前，要完成上述两项任务中任何一项，都需要投入几千名科技人员，花费数十亿美元的资金。我不知道最终谁能够赢得奖项，但是我可以保证，不论赢家是谁，必定是一小群执着且有想法的公民。正如玛格丽特·米德所指出的、也正如以往历次大奖赛所证明的：他们是改变世界的力量。

限制的力量

我们常常被告知，所谓创造性，就是一种天马行空、无边无际、"什么都可以"的"胡思乱想"。我们还被告知，有创意的想法只有在没有任何阻碍的情况下才能涌现出来。大量论述"超越常规"（think-outside-the-box）的商业策略的著作和论文也都遵循着这样一种思路。但是，如果创新是真正的目标，那么就像畅销书《粘住》（*Made to Stick*）的作者丹·希思（Dan Heath）和奇普·希思（Chip Heath）在《快公司》杂志中所指出的："我们在思考时，无需超越常规，恰恰相反，我们要走进常规。要一个接一个不断尝试，直到找到可以催化自己想法的那个常规。好的常规就像高速公路上车道之间的标志，是迈向自由之路必不可少的一种限制。"

在一个没有任何限制的世界里，大多数人都会慢条斯理地推进自己的计划，他们往往低估风险，因此会浪费金钱，从而总是想用更舒适的传统方法去实现他们的目标。这样当然不可能带来任何新意，但是，这恰恰是大奖赛之所以能够导致改变的另一个原因：究其本质，这种奖项无非就是一个集中注意力的机制安排，再加上一系列的限制。

奖金金额在一开始就决定了参赛者会投入的金额。"安萨里 X 大奖"的奖金为 1 000 万美元。大多数的队伍也许都会抱着乐观的态度（如果不是一个乐观主义者，怎么会追求这种太空奖呢），因此会对他们的赞助人说，赢得的奖金将大大超过支出。但是在现实世界中，参赛队伍的支出其实往往会超出预算，花在解决问题上的经费通常会比奖金多得多（因为，这种大奖赛的设计原理就是，通过后端经营的方法来帮助他们回收投资成本）。对于这种上限的明确意识，往往可以把不喜欢承担风险的传统参赛者排除在大奖赛之外。例如，就 X 大奖赛而言，我的目标就是要劝阻像波音公司、洛克希德·马丁公司和空中客车这样的大公司参加竞赛。相反地，我希望新一代企业家能够重塑航空行业的面貌，使普通大众都能够到太空旅行——而且这正是目前正在发生的事情。

大奖赛在时间期限方面的限制也是另外一种迈向自由之路的限制。在竞赛中，参赛者时刻都被笼罩在巨大的压力下，越来越逼近的最后期限使团队成员迅速明白"过去那些传统的方法都没有用"这个事实。因此，他们被迫去尝试新的东西。无论是对是错，他们都必须先选定一条路，试着走下去，然后再观察会发生什么。当然大多数参赛队伍都可能会失败，但那又有什么关系呢？参加比赛的团队往往有数十个甚至几百个，只要一个团队在这些限制下取得了成功，也就实现了真正的突破。

每一个大奖赛都有一个明确且大胆的目标，这也是一个非常重要的限制。当克雷格·文特尔完成了人类基因组测序后，许多公司都开始提供全套基因组测序服务，但是他们的产品的精确度都不符合医疗标准。这就是我们创设"阿坎基因组学 X 大奖"的原因。各支参赛队伍面临的挑战是：完成 100 个百岁老人的基因组测序，而且必须要做到准确（100 万个碱基对中只容许有一个错误）、完整（完成 98% 的人类基因组）、迅速（10 天内）、成本低廉（每个基因组的测序成本低于 1 000 美元）。与文特尔在 2001 年完成人类基因组测序相比，如果以上 4 个方面的要求都达到了，那么效率将整整提高 3.65 亿倍（综合考虑了价格、时间、绩效 3 个因素）。另外，由于要测序的基因组属于 100 位健康的百岁老人，所以这个大奖赛的结果将有助于我们进一步揭开长寿的秘密，从而推动我们向实现医疗保健资源富足的目标稳步前进。

大奖赛是创造未来的好方法

当然，大奖赛也不是万试万灵的灵丹妙药，不可能解决人类面临的所有问题。但是，在通往富足的道路上，如果恰好缺少某项关键技术，又或者，某个特定的最终目标已经确定只是尚未实现，那么大奖赛就是一种非常有效、杠杆效应极强的方法，可以让我们迅速地从 A 点到达 B 点。当然，这也正是 X 大奖基金会正在做的事情。迄今，我们已经推出了 6 项竞赛，其中 4 项已有冠军得主。另外，我们也在筹划其他 80 多项竞赛，我们等待有识之士赞助这些竞赛的奖金。不过，在这里我还必须指出一点，本章的重点并不是讨论 X 大奖本身。之所以引用这些与 X 大奖有关的例子，是想进一步说明上面已经强调过的一个要点：300 多年来，激励性大奖赛有力地推动了进步、加速了变革。它们能够引导人类走向真正想要的未来。因此，创设你自己的大奖赛吧，或者帮助我们继续推进 X 大奖赛。不管怎样，立即行动起来！

乍眼一看，在慢性疾病的预防和治疗这个领域（政府每年都要花费数十亿美元在这上面），创立一个巨大的激励性奖项的提议似乎是一个没有脑子的人才会有的想法。为了防治艾滋病，美国政府每年都要花费 200 多亿美元，如果以 5 年计，总支出将超过 1 000 亿美元。那么，试想一下，如果创设一个大奖赛，向第一个治愈艾滋病或研制出有效疫苗的团队颁发 10 亿美元的大奖，那么将会发生什么情况？当然，这是一个巨大的市场，发现这种疗法的公司将获得巨大的回报。但是，如果政府直接把这 10 亿美元奖励给做出这个发现的科学家，那么情况又将会怎样？创设了这个大奖，会有多少杰出的头脑转而钻研这个问题？会有多少研究生开始幻想自己或许也能提供解决方案？

对于阿尔茨海默病、帕金森症，或者任何一种癌症，也都可以立即实施上述方法。这样做的优点是，全世界最杰出的头脑都会来思考你要解决的问题，他们会利用自己的优势来尝试提出解决方案。如果操作得当，这种机制几乎潜力无限。在此基础上，固定价科学、固定价工程和固定价解决方案等都可能成为现实。我一直相信，预测未来的最好办法就是你自己去创造未来——计算机科学家艾伦·凯（Alan Kay）也曾经说过类似的话。而根据本人 50 年的经验，要想创造未来，没有比大奖赛更好的办法了。

18

风险与失败

好点子的进化可分为三个阶段：不可能成功的疯狂想法；有可能成功但不值得去做的主意；自始至终都是一个了不起的创意。有重量级支持者助阵，人们就会相信你的想法，并且会以它为"锚"，决定未来的行动策略。要想改变世界，你就得有几分疯狂，并且敢于承担风险。

THE FUTURE

IS BETTER THAN

YOU THINK

BUNDANCE

好点子的进化

阿瑟·克拉克爵士不但是地球同步通信卫星的发明者，还是数十本畅销科幻小说的作者，他非常了解好点子的进化过程。根据他的描述，好点子的进化过程可以分为 3 个阶段。"一开始，"克拉克说，"有人会告诉你，这点子太疯狂了，它永远都不会成功。接下来，人们会说你的想法虽然可能会奏效，但是并不值得去做。而到最后，人们却会说，我不是一直跟你说这是个伟大的想法了吗？！"

托尼·斯皮尔（Tony Spear）的工作职责是让无人驾驶的探测器安全降落在火星表面，当他刚刚接受这份工作时，并没有料到克拉克所说的上述 3 个阶段都会一一应验。现在的斯皮尔满头白发，非常乐观，犹如爱因斯坦和阿尔奇·邦克（Archie Bunker）[①]的综合体。从 1962 年开始，斯皮尔就在美国航空航天局的喷气推进实验室工作。在接下来的 40 多年里，他先后参加了"水手号"（Mariner）以及"维京号"（Viking）无人宇宙飞船计划。最后，斯皮尔又接受委派，担任了"火星探路者"（Mars Pathfinder）计划的负责人。他把这个计划形容为一个"前所未有的巨大挑战"。

① 美国情景电视剧《四海一家》（*All in Family*）及其衍生剧《阿尔奇·邦克之家》（*Archie Bunker's Place*）的主角。——译者注

　　"火星探路者"计划是在1997年实施的。要知道，美国在1976年7月之后就再也没有向火星发射过可以着陆在火星表面的探测器了。1976年7月那次任务就是"维京号"计划，那是一个极其复杂和昂贵的计划，总耗资约35亿美元（以1997年美元币值计）。斯皮尔的任务是找到一种方法以便"更快速、更好、更省钱"地完成上一次任务所完成的一切。这里所说的"更省钱"，是指只花费上一次的1/15，准确地说，这一次任务的固定成本和开发成本的总额要控制在1.5亿美元之内。因此，所有最贵的东西、传统的东西、已经得到了证明的东西，包括"维京号"登陆火星时所用的那种制动火箭，全都不能再用。

　　"要在这些近乎不可能的限制条件下完成这个任务，我们不得不另辟蹊径，"斯皮尔回忆道，"从我的管理方式到探测器着陆火星表面的方法，一切都与以前截然不同。说实在的，这种情况真是让人后怕。在美国航空航天局总部，有关方面先后给我配备了6个项目经理，前5个都很快就找了个借口开溜了。最后分配给我的是这样一个人，他很快就要退休了，因而并不介意和我一起结束他自己的职业生涯。即使是时任美国航空航天局局长的丹尼尔·戈尔登（Daniel Golden），在第一次听我们汇报时，也几乎要崩溃了，因为他实在搞不清楚我们到底尝试了多少全新的东西。"

　　在斯皮尔尝试过的所有方案中，最令人觉得滑稽的可能是以下这一个了，最后成功的也恰恰是这一个！他打算用安全气囊来减轻着陆时的最初冲击，并让探测器在火星表面像一个沙滩球一样蹦来跳去，直到它找到一个安全的着陆点为止。关键是，气囊很便宜，而且也不会给着陆点造成外来化学物质污染。斯皮尔坚信，这个方案是可行的。但是，前几次测试的结果简直是一场灾难。因此，美国航空航天局决定邀请一些专家们来论证。

　　专家们提出的意见可以分为两类。第一类意见是：不要使用安全气囊。第二类意见是：我们非常认真地说，根本不应该考虑使用安全气囊。斯皮尔说："其中两个专家直截了当地告诉我，我是在浪费政府的钱，应该马上取消这个项目。不过到了最后，当他们意识到我绝对不会放弃的时候，他们决定再深入探讨一下这个方案，尽力帮我一把。"

斯皮尔他们一共测试了十几种设计。他们让这些气囊装置在崎岖不平的人造火星表面上滑行弹跳，看哪一种能够生存下来，不会解体成为碎片。最后，在发射前8个月，斯皮尔和他的团队完成了测试，找到了一个符合质量要求的装置，它由24个相互连接起来的球状气囊组成。斯皮尔他们把这个装置装上"火星探路者"，然后将其送入太空。但是焦虑并没有就此结束。火星之旅要历时8个月，在此期间，有足够的时间来担心这个任务的命运。"在准备着陆前的几个星期，"斯皮尔回忆道，"每个人都很紧张，猜测在探测器着陆时会不会出现一个大碰撞，戈尔登本人也有点不知所措，犹豫要不要亲自到喷气推进实验室的总控制室来指挥'火星探路者'的着陆。7月4日是预定着陆的日子，就在着陆日的前几天，戈尔登采取了一个大胆的行动，他举行了一个新闻发布会，并宣布：'这次火星探测任务展示了美国航空航天局一种全新的运行模式，无论探测器能否成功着陆，它都是一次成功的尝试。'"

不过，我们的担心都多余了。"火星探路者"的着陆过程完全按计划完成了。斯皮尔他们仅仅花费了相当于"维京号"计划1/15的费用，就把一切都做得非常完美了。最突出的当然是那个气囊。斯皮尔成了英雄。戈尔登对此印象极其深刻，以至于他坚持认为，未来几年的火星任务在着陆这个环节，也必须采用气囊技术。他说："托尼·斯皮尔是喷气推进实验室的传奇性人物，他使'火星探路者'计划获得了巨大的成功。"

我们在这里举这个例子的目的是想说明，克拉克提出的好点子进化"3阶段论"是正确的。要想证明一个非常好的点子，往往必须承担相当大的风险，并且总是会出现反对者。一般人通常都会抵制突破性的创新思想，直到他们把新思想当作新的常规接受下来那一刻为止。在迈向富足的道路上，需要大量的重大创新，因此也就需要我们具备强大的风险承受能力。即使创新失败了，即使创新被绝大多数人当作荒谬绝顶的东西，也得经受住打击。正如伯特·鲁坦所指出的那样:"革命性的思想往往来自普通人眼中的胡言乱语。如果某个想法是一个真正意义上的突破,那么,即使它再过一天就被广泛接受了,在今天它也还是会被认为是疯狂的或无用的,甚至两者兼备。如果不是这样,那么它就算不上是真正的突破。"

失败是成功之母

鲁坦没有说错,但是,他说的并不全面。在许多情况下,疯狂的想法确实就只是疯狂的想法而已。在另外一些情况下,疯狂的想法甚至可能是一个很糟糕的想法。还有一些想法过分超前于自己所处的时代,或者不符合市场需求,或者从经济上看是完全不可行的。无论是哪种情况,这些想法都注定难逃失败的命运。但是,失败并不像许多人所认为的那样一定是一场灾难。对此,在《斯坦福大学商学院新闻》的一篇文章中,巴巴·西夫(Baba Shiv)教授这样解释道:"对于大多数商界人士来说,失败是一个可怕的概念。但是,失败其实是一个巨大的创新引擎。诀窍在于,我们必须用正确的态度对待失败,使失败成为一个祝福,而不是成为一个诅咒。"

巴巴·西夫研究过大脑内部的喜好系统(liking system)和需要系统(wanting system)在决策过程中发挥的作用。这个领域现在被称为"神经经济学"(neuroeconomics)。他根据人们对待风险的态度,区分出了以下两种思维模式。第一类人害怕犯错误。对于他们来说,失败是可耻的、灾难性的,因此,他们是风险厌恶者,无论他们做出了什么改进,都不可能是突破性的,而最多只能算作是一种增量。与第一类人相反,第二类人却害怕失去机会。像硅谷这样的地方肯定充斥着属于第二类人的创业企业家。"对于这些硅谷企业家来说,最可耻的莫过于,"西夫说,"坐在场边,看着别人怀抱着一个极佳的点子快速起跑。失败并不是坏事,其实,失败也可能是激动人心的。从所谓的失败出发,往往可以挖掘出宝贵的金块。从你恍然大悟的那些时刻开始,洞察力就会引导你走向下一个创新。"

在这方面，最有名的例子是爱迪生发明电灯的故事。他整整尝试了1 000次才最终取得了成功。当记者问他，连续失败1 000次给他带来了什么样的感受时，爱迪生的回答是："我并没有失败1 000次。我只是发现了1 000种不奏效的东西。"我们还可以举苹果公司生产的"牛顿"为例。这个产品被认为是苹果公司最失败的产品之一。作为全世界第一台掌上电脑（PDA），"牛顿"严重地超越了时代、脱离了市场，它的定价高得离谱，而且作为其核心功能的手写识别的准确率也相当低。为了开发这个产品，苹果耗资15亿美元（以2010年美元币值计），然而上市不到一个季度就不得不召回所有产品。这个产品遭到评论家的严厉批评。但是，在彻底退出市场的整整10年后，"牛顿"的开发理念却在苹果公司的另一个产品中借尸还魂了，这个产品就是iPhone。众所周知,iPhone获得了史诗般的成功——在推出后的短短90天内就售出了140万台，并众望所归地登上了《时代》杂志2007年最佳发明榜。

《赫芬顿邮报》网站创办人兼首席执行官阿里安娜·赫芬顿（Arianna Huffington）也持相同的看法。她认为：

> 如果不想承担巨大的失败风险，你就永远无法取得巨大的成功。如果你想收获巨大的成功，你就必须挺身而出，这是唯一的选择，你决不能做缩头乌龟。当然，没有人喜欢失败，但是，如果我们因为恐惧失败而不去冒险或者干脆放弃追求梦想，那么我们就永远无法向前迈进。无畏精神就像肌肉，我们越锻炼它，它就会变得越强壮。我们越愿意冒着失败的风险采取行动去实现自己梦想和愿望，我们就会变得越英勇无畏，而且下一次尝试时就会变得更容易。因此，底线是我们必须把承担风险视为任何创造性行动的不可或缺的一部分。

是的，如果斯皮尔当初只知道循规蹈矩、按部就班采取传统的方法，他就永远无法实现突破了。斯皮尔直面自己的恐惧，而且没有被一直都在劝阻他的专家们左右。所以，如果你有兴趣解决重大挑战，推动突破，改变世界，那么你就要做好准备了。现在就走进健身房，开始锻炼你的无畏肌肉，同时，还要把你的脸皮练厚一点，这样才能面对来自四面八方、如雨点般扑面而来的批评。当然，最重要的是，除非你真的下定决心要改变世界，否则就不要去尝试改变世界。在这里，我想引用 19 世纪印度神秘主义者室利·罗摩克里希（Sri Ramakrishna）的一句话："一个头发着火的人自然就会去寻找池塘。"归根到底，要想说服全世界相信任何一件事情，说服者自己先得充满激情，而且目的明确，而说服他人只是改变世界的第一步。

重量级支持者令你的想法超级可信

如果你的目标是重塑世界，那么，就必须让世界了解你的计划的每个细节，这项工作与计划的内容本身同样重要。1996 年 5 月，我面临的挑战是：如何让全世界相信 X 大奖是一个开辟太空新疆域的可行方法（尽管当时我连竞赛的奖金都没有准备好，至于参赛队伍，则更加连影子也看不到）。在那之前 4 个月，我受到林德伯格自传的启发，并且遇到了一批有远见的圣路易斯人，他们令我相信这个拥有一个大拱门的城市是一个好地方，我可以在这里建立一个基地，发展我的事业。我们的下一个目标是说服当地的慈善家，让他们相信这个奖金总额为 1 000 万美元的大奖赛可能会促成私人太空产业的诞生，同时使圣路易斯市重现 1927 年的辉煌。最后，我们总共募集到了大约 50 万美元。虽然要举办一个大奖赛，这笔钱根本不够，但是，要用它办一个大胆的、极具说服力的发布会和说明会却绰绰有余。到了后来，我把上述过程称为构建"超级可信性界线"。

我们每个人的心里都内在地嵌入了一条"可信性界线"。当我们听到一个位于这条界线之下的主意时，就会随手抛弃它。如果住在你隔壁的那个少年宣布他打算飞往火星，你会轻笑一声，然后继续做你自己的事情。除了"可信性界线"，我们还内置了一条"超级可信性界线"。如果杰夫·贝佐斯（Jeff Bezos）、埃隆·马斯克以及拉里·佩奇等人都已经承诺为私人登陆火星任务提供赞助，那么，"我们什么时候可以登陆火星"就成了合情合理的后续问题了。

当我们听到一个在"超级可信性界线"之上的主意后,我们马上就会相信它,并且会以它为"锚",决定未来的行动策略。

回到 1996 年 5 月 18 日,在那个时候,我给自己定下的目标是,绝对不能低于"超级可信性界线"。与我一同上台的是埃里克·林德伯格(Erik Lindbergh)和摩根·林德伯格(Morgan Lindbergh),他们两人都是查尔斯·林德伯格的孙子,而且都是拥有 20 多年丰富经验的受雇于美国航空航天局的太空人。当时,站在我右边的是美国联邦航空管理局负责太空飞行事务的联合指挥官帕蒂·格雷斯·史密斯(Patti Grace Smith),而站在我左边的则是时任美国航空航天局局长的丹尼尔·戈尔登。这是一个世界顶尖太空专家云集的盛会。当然,我自己只不过是一个拥有疯狂想法的人。但是,有了这群人的支持,我这个想法听起来还会那么疯狂吗?

显而易见地,让这帮人为我站台的最大好处是,他们为这场发布会带来了耀眼的光环。但是幕后的工作也同样重要。对于他们每个人,我都花费了无数个小时与他们讨论,我向他们介绍了 X 大奖的概念,解释每一个具体的设想,回答他们关心的每一个问题。

这些举措确实奏效了。发布会结束后,世界各地的媒体纷纷刊登了这样的头条新闻:"用以刺激私人太空船发展的 1 000 万美元大奖宣告设立。"随后又出现了几百篇报道,但是它们都从未提及我们不但没有筹集到所需的奖金,而且也没有参赛团队,甚至连用来维持运转的资金也所剩无几了。然而,因为我们是从"超级可信性界线"之上开始启动的,因此许多人都挺身而出,与我们共享这个梦想。接下来,资金陆续到位了,参赛队伍也逐渐组建起来了。虽然我们一直未能筹集到所需的 1 000 万美元奖金——直到 5 年后,当我遇到了安萨里一家后,我们才筹集到这 1 000 万美元奖金,不过在这 5 年间,我们确实筹集到了支持我们这个组织运转、筹办大奖赛所需的足够资金。

在发布会那天,我深刻地认识到,让全世界留下强烈的第一印象是发布一个突破性概念的基本要求（换句话说，就是必须以"超级可信"的方式宣布你的想法）。但是，我也看到了心态的重要性。是的，我自己的心态在这里发挥了重要的作用。虽然，从幼年时代开始，我就梦想着打开广袤太空的大门。但是，我真的确信这样的方法确实行得通吗？为了达到"超级可信性界线"，我必须向航空航天业最优秀、最聪明的人详细阐述我的想法，让他们检验我的假设，并回答很多不容易回答的问题。正是在这样做的过程中，我自己曾经有过的所有疑虑全都消失得无影无踪了。到了那一天，当我与这些业界明星和重要官员一起站在台上时，我已经认定，X 大奖肯定能实现预想的目标，它不再只是一个有希望成为现实的幻想了。而且我也很确信，那一天很快就会到来。这就是我在那一天学到的第二件事：正确心态的力量是极其强大的。

不同凡"想"

1997 年，苹果公司发动了一个以"不同凡'想'"为主题的广告攻势。那段以一句"致那些离经叛道者"（Here's to the crazy ones）开头的广告词今天已经变得非常著名了：

> 致那些离经叛道者，他们特立独行、不合时宜，他们叛逆成性、桀骜不驯，他们惹是生非、麻烦不断……他们异想天开，总是用与众不同的眼光看待所有事物——他们就是不喜欢墨守成规……你可以认同他们，也可以反对他们；你可以颂扬他们，也可以诋毁他们；唯一不能做的事情就是漠视他们，因为他们将会改变世界……他们推动人类向前迈进。或许有人会视他们为疯子，但是，在我们的眼中，他们却是真正的天才。因为只有那些疯狂到认为自己能够改变世界的人，才能真正改变世界。

对于这段广告词，如果你只是随便听听，可能会觉得他们只是在虚张声势——就像一家不懂市场营销的公司却对市场营销振振有词地乱说一通一样。但是，苹果的广告除了这番蛊惑人心的说辞之外，还配上动人心魄的影像。鲍勃·迪伦（Bob Dylan）被当成了社会叛逆者，马丁·路德·金被当成了麻烦制造者，爱迪生则被当成了不满现状者。突然之间，一切全都改变了。后来发生的事实证明，这个广告攻势绝对不是无的放矢、大吹法螺。事实上，恰恰相反，它似乎相当准确地重述了一系列历史事件。

要想改变世界，你就得有些疯狂；而你既然有些疯狂，你就无法完全隐瞒。这一观察结论虽然是显而易见的，但是却揭示了一个最基本的要素。如果你不相信某件事真的会发生，那么你永远都不会付出为达成功所需的百分之两百的努力。这种情况可能把专家们推进一个棘手的两难处境。许多人的职业生涯都是建立在安于现状，不断重复强化很久以前就实现的成就的基础上的，他们抗拒任何足以颠覆传统的激进思想，但是，当你想推动创新时，这恰恰不能是你应该有的态度。

对此，亨利·福特如果泉下有知，肯定也会同意。他说："在我们的团队中，没有一个人是'专家'。事实上，对于所谓的专家来说，不幸的是，一旦有人自认为是专家，我们就必须请他离开，这是因为，只要真的理解自己所从事的工作的性质，就从来没有人敢自认为专家……不断地思考未来、不断地想着怎样才能多做些事，就会给我们带来这样一种精神状态——'没有什么是不可能的'。"所以，如果你立志迎接重大挑战，专家很可能不是你最好的合作伙伴。

事实上，如果你需要的是这样一群人：喜欢承担风险、满脑子都是疯狂的想法、从来不知道什么是"错误的做事方式"，那么，还真有这样一个地方。在20世纪60年代初，当约翰·肯尼迪总统宣布"阿波罗计划"时，许多必需的技术还都是一片空白。当时，我们不得不发明几乎一切东西。结果，我们真的发明了几乎一切东西。之所以能够做到这一点，最主要的一个原因是，当时参与其事的那些工程师根本不知道他们是在试图做一些不可能做到的事，因为他们还太年轻，不懂得什么是不可能。把我们送上月球的那些工程师们，大多数人都只有20多岁，很少有超过30岁的。再往后30年，驾驶"革命"的又是一群20多岁的人，只不过这次革命发生在互联网世界。这绝不是巧合，总是青年（以及青年人的心态）在推动着创新，以前是这样，以后也会是这样。

因此，如果我们真心想创造一个富足的时代，那么就必须学会不同凡"想"，学会像青年人那样思考。我们必须敢于下赌注，不过，更重要的也许是，必须坦然面对失败。

坦然面对失败

几乎每一次演讲，我都喜欢问听众一个问题：对于失败带来的后果，你最担心的是什么？以下 3 个答案几乎总会出现：名誉损失、金钱损失以及时间损失。一个人的名誉源于他持续不断的成功和成就。一次稍大的失败，就可能使几十年辛苦努力建立起来的名誉毁于一旦。而金钱，对于大多数人来说，都是一种稀缺资源，保持了良好的成功记录的人更容易赚到钱。时间则是完全不可替代的。如果报纸的头版刊登了毁坏你名誉的新闻，如果你不得不申请破产，如果你在耗费了多年时间追逐一个"坏"梦想后一事无成，这样的事情经历多了之后，你很有可能会变成一个风险规避者。

实现富足目标需要科技创新，而科技创新则需要我们勇于承担风险，所以，把巴巴·西夫所称的风险厌恶者（第一类人）转变为风险偏好者（第二类人），对于实现目标来说，无疑是至关重要的一环。好消息是，在这个方面，现在已经出现了一些受到人们青睐的方法。

有些公司致力于创造一个更能容忍失败的工作环境，例如本能财务软件公司（Intuit）。如果某个市场营销活动的成绩惨不忍睹，必须为此承担责任的那个团队反而会从公司董事长史科特·库克（Scott Cook）那里获得鼓励，库克会对他们说："只有当我们无法从失败中学习的时候，失败才是真正的失败。"类似地，在向《经济学人》杂志解释他的公司为什么要设立一个最佳失败创意奖时，印度综合企业塔塔集团的首席执行官拉丹·塔塔也说"失败是金矿"，因为失败给他的公司上了宝贵的一课。

另一些公司则采取了另一种方法来强化自身的"无畏肌肉"。他们把这种方法称为"快速原型化",其步骤是:先以头脑风暴的形式让员工提出各种各样的天马行空的创意,然后马上根据创意开发出实物模型或者提出模拟解决方案。"通过这个过程,"西夫说,"人们能够迅速从抽象的想法转移到具体的产品上来,从而让他们亲眼目睹创意的实效。由于不是所有原型最后都会发展成为最好或最终的解决方案,所以'快速原型化'这种方法也是在告诉大家,失败确实是通往成功的过程中必不可少的一步。"

麻省理工学院数字商务中心、创业中心研究员迈克尔·施拉格(Michael Schrage)开发出了"5×5×5快速创新方法",这是将西夫理念贯彻到实践中的具体方式之一。"我们的想法非常简单、非常直接,"施拉格说,"如果某家公司希望在某个特定领域有所突破,那么就组建5个小组,每个小组都有5个成员,然后让每个小组用5天的时间交出一份包括5个'商业实验'的计划书。所有'商业实验'的测试时间都不得超过5个星期,同时每个'商业实验的'运作成本不得超过5 000美元。这些小组都很清楚,他们正在与同事'竞赛',只有最好的计划书才能呈交给老板,才有机会赢得将这个最佳创意付诸实践的机会。"

施拉格的方法发挥了我们在前面讨论过的两种力量:限制的力量和小型组织的力量。如果处在一个热爱风险的友善环境中——每个人都很清楚,大多数的创意最终都会失败,那么,参与者都不会担心名誉受损这个后果。在这种情况下,提出一个疯狂的想法都不会带来任何不利之处;而且,如果那个疯狂的想法真的具有革命性,那么就只会给提出者带来极大的好处,所以人们会更愿意承担风险。因为每个想法的实施最多只要花5天的时间、只需要付出5 000美元的费用,所以没有人担心会出现时间上或金钱上的重大损失。

当然,有人可能会问,这样的过程一直都能导致突破吗?也许值得怀疑。但是它确实创造了一个安全的环境:不仅可以让人们在那里得到训练,学会如何扩展自己的想象力,勇于承担更大的风险;而且还可以使他们深刻地领会到,失败与其说是一个诅咒,还不如说是构建创新的其中一块积木。

19

下一条路在哪里

当科技更多样化、影响范围更广泛时，我们的选择也在不断增加。"相邻可能"让我们更快地走向富足。幸福并不总是跟收入正相关。在美国，年收入 75 000 美元是幸福的门槛。就全球来说，幸福的门槛是年收入 10 000 美元。跨过这道门槛，幸福跟收入就没什么关系了。

THE FUTURE
IS BETTER THAN
YOU THINK

BUNDANCE

"相邻可能"引领我们走向富足

在这本书的一开头，我们就已经指出过，富足的真正承诺是创造一个拥有无限可能性的世界。在这样一个世界里，每个人都能忙于自己的梦想和事业，每个人都生活得很充实。在以往，人类从未收到过这样的承诺。在人类历史的绝大多数时间内，人的生命受到了重重约束。仅仅是为了想办法生存下去，就耗费了大部分的精力。每个人日常生活的实际情况，与人之为人的真正潜力之间的差距无比巨大。但是，到了现在，在这个不同寻常的年代里，上述鸿沟逐渐开始弥合了。

在某种程度上，这种变革是由技术本身的一个根本属性所决定的，那就是，技术进步必然会延伸到相邻的领域。理论生物学家斯图尔特·考夫曼（Stuart Kauffman）把这一事实称为"相邻可能"（adjacent possible）。在轮子被发明之前，手推车、马车、汽车、独轮车、滚轮溜冰鞋，以及其他千百万种由轮子衍生而来的东西都是不可想象的。在轮子出现之前，所有这些东西都存在于"禁地"中，但是，一旦轮子被发明了，制造这些东西的路线就变得很清晰了。这就是"相邻可能"。"相邻可能"是一个很长的一阶可能性的清单。任何一个新的发现，任何一个新的发明，都会造就新的"相邻可能"。

在一篇发表于《华尔街日报》的文章中，史蒂文·约翰逊写道："关于'相邻可能'，最奇怪、最美妙的一个事实是，随着你的不断探索，它的边界也会不断扩张。每一个新组合都会为你打开其他新组合的可能性。你可以把它想象为一幢神奇的房子，你每打开一扇门，房子就会扩大很多。假设你一开始站在一个有四扇门的房间内，每扇门都通往你从来没有去过的另一个房间。一旦你打开其中的一扇门，漫步走到另一个房间，这个房间就会出现三扇新的门，每扇门分别通向一个你不可能从最初的起始房间到达的房间。不断打开新的门，最终你会建造出一座宫殿。"

"相邻可能"之间的路径，已经把我们带到了一个特殊的历史时刻。不知不觉中，我们已经走进了一个全新的世界，在这里，技术无限扩张的性质开始与内心欲望连成一体。对此，在《科技想要什么》一书中，凯文·凯利是这样解释的："在人类历史的大多数时期，虽然每个人的才华、技能、洞察力和经验的组合都是独一无二的，但是却没有什么出路。如果你的父亲是一位面包师，那么你也会成为一位面包师。随着技术的进步，可能性空间扩大了，个人找到一个能够发挥自己特殊禀赋的舞台的机会也更多了……当科技更多样化、影响范围更广泛时，我们的选择也在不断增加——不仅仅是为自己以及同一时代的他人，而且还要为所有的子孙后代。"

早在半个世纪之前，亚伯拉罕·马斯洛就曾经指出过，在人的基本需要没有得到满足之前，他很少有时间去追求自我实现。如果你一天到晚忙于生计，或者为了保证孩子或其他亲人能够活下去，而不得不到处寻医问药，那么你就不怎么可能过上一种拥有无限可能性的生活。然而，正是在这种地方，"相邻可能"将为我们打开通往富足之路，并发挥出令人叹为观止的杠杆作用。对于这一点，经济学家丹尼尔·卡尼曼深有体会。

10 000 美元是幸福的门槛

几年前，卡尼曼暂且放下了他一直关注的认知偏差问题，将自己的注意力转向了收入水平和幸福之间的关系。通过对盖洛普－健康生活幸福指数（Gallup-Healthways Well-Being Index）调查结果的分析（这个调查要求大约 45 万美国人回答令他们感到喜悦的东西是什么），卡尼曼发现，正如《纽约时报》的一篇报道的标题所说的："也许金钱能为你买到幸福。"

在这句话里面，"也许"是最重要的一个词。

调查数据表明，一个人在情感上的满足程度随着他的收入上升而提高，但是，这个规律只在一定范围内有效。在收入达到美国人的年平均收入（75 000 美元）之前，金钱与幸福之间有直接的相关性。而在超过了这个数字之后，这种相关性就不复存在了。这个结果告诉我们一件相当有意思的事情：在美国享受自由自在的生活，即真正过上一种拥有各种可能性的生活的成本大约为每年 75 000 美元（以 2008 年美元币值计）。不过，对我们来说，真正重要的是，用这些钱可以买到什么。

观察一个典型的美国人的消费明细单，可以看到：美国人每年收入的 75%~80% 是用来满足基本需求的，包括水、食物、衣服、住房、医疗保健和教育，等等。而在大多数发展中国家，这方面的支出占总收入的 90% 以上。不过，在本书中考查过的许多技术都具有去物质化的性质，即它们既能满足我们的基本需求，又不用花费多少除了上网成本之外的支出。以医疗保健为例。在当今世界，所有高质量的医疗服务都与可获得性有关：前往医院就诊的交通条件、获得适当的人（医生、护士、专家等）的服务和照料的机会、医生利用最先进的实验室测试技术和检验设备的便利性，所有这些因素都是至关重要的。但是，根据设想，在不久的未来，这一切限制都将消失。你将不再需要依赖交通系统，因为医疗服务将无处不在；你想享受最好的医疗保健服务，只需访问在云端的"沃森医生"就行了；而且，世界上最好的实验室都已经内置到手机当中。还有，更重要的是，这种实现了去物质化的医疗保健体系，在未来将与去货币化的传感器阵列结合起来，把重点转移到预防上来，因此能够做到从一开始就保证民众的健康。

在未来，当实现富足的时候，同样数量的美元将会发挥更大的作用。日元、比索、欧元，以及其他货币也是一样。这是因为去物质化和去货币化趋势，因为性价曲线指数型改善，因为登上加速繁荣的每一级阶梯都会帮我们节省大量时间，因为这些额外的时间加起来就是额外的收益，因为我们的富足金字塔中的各个类别之间的紧密联系产生的正反馈循环、自给自足的潜力和多米诺骨牌效应，以及其他千千万万的原因。所以，你必定会想知道：到底要多少钱才能带来真正的不同？

其实，并不需要太多。丹尼尔·卡尼曼最近已经把他的推测扩展到了整个世界。从全世界平均水平来看，图表上的分界点（幸福感受与金钱不再呈正相关关系的那一点）的金额大约为 10 000 美元。这就是全球公民为了满足自己的基本需求，并且获得一个据以争取更多、更大的可能性的立足点，需要赚得的平均收入。

毋庸置疑，在过去的 40 年里，最底层的人们生活水平已经得到了相当程度的提高。在这段时间里，在各发展中国家，平均寿命延长了，婴儿死亡率降低了，信息更容易获得了，通信设施改善了；人们拥有了一定的受教育机会，他们摆脱贫困的潜在出路也更多了，许多人甚至还能享受到一些高质量的医疗保健服务，并且在一定程度上拥有了政治自由、经济自由、性自由与人权；他们也节省了很多时间。然而，10 000 美元这个数字告诉我们，除了上述方面，我们其实还走了更远的路。

20 年前，富裕的美国公民基本上都会拥有一台照相机、一台摄影机、一台 CD 播放机、一台立体音响、一台游戏机、一部手机、一只手表、一个闹钟、一套百科全书、一张世界地图、一本《托马斯指南》（*Thomas*），以及其他一些资产（它们的价值相加一下肯定会超过 10 000 美元）。但是到了今天，上面列出来的这些物品已经成为智能手机的标准配置，或者换一个角度，你也可以在手机应用程序商店用低于一杯咖啡的价格购买到其中任何一种。因此，生活在一个技术以指数型进步为基础的世界里，我们很快就能省下 10 000 美元的支出。

更重要的是，所有这些东西，都不需要太多的外界干预就会自行消失。从来没有人曾经试图使上述 20 多种商品的成本下降到零，恰恰相反，发明家们只需要努力发明更好的手机，然后"相邻可能"就会完成其他的一切。

当然，在当前这个时刻，我们仍然可以在必然性的方程里挤出一点随机性。我们不必干巴巴地等待历史来拯救，可以自己帮自己。我们已经设定了实现富足的坚定的目标，已经知道哪些科学技术需要进一步发展；同时，如果我们可以变得更愿意承担风险，并且能够有效利用大奖赛的杠杆力量的话，那么我们还知道如何以前所未有的高速度从 A 点到达 B 点。与过去任何一个时代都不同，我们不需要等待企业来提出解决方案，也不需要等待政府来解决问题，我们可以把未来掌握在自己的手里。今天的科技慈善家群体似乎已经下定决心提供所需的种子资金（而且实际提供的数额通常远多于必需的数额），而且，今天"DIY"型的创新者也已经证明他们确实有能力完成任务。同时，过去长期以来一直被拒之门外的占全世界人口 1/4 的那部分人——崛起中的 10 亿人，终于也加入了竞赛。

最重要的是，这场竞赛本身也不再是一个零和游戏。这是有史以来的第一次，不再需要去计算如何将饼切成更多块，因为我们现在已经知道如何做出更大的饼。因此，每个人都将成为赢家。

《旧约·箴言》第 29 章第 18 节说："没有异象，民就放肆。"这句话也许并没有错，但是它可能囿于短视了。富足不仅是一个计划，也是一个视野，而且后者才是关键。有一个重要的信念贯穿本书始终，那就是：视野塑造了现实。预测未来的最好的方式是：自己亲手去创造未来。因此，虽然《圣经》已经提出了警告，但是请记住，这个警告的反面也是正确的，而且牢记这一点对我们大有裨益：有异象，民就繁兴。唯有于不可能之处才能造就可能，全人类的富足系于人们对未来的想象。

THE FUTURE

IS BETTER THAN

YOU THINK

ABUNDANCE

图表 1 富足金字塔

富足金字塔模型概括了能够随科学技术的发展而在层次上不断得到提升的各种需要。总体来讲,这个模型建立在马斯洛的需求层次理论基础上。

图表 2 世界人口增长趋势和技术发展史

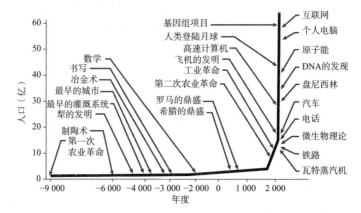

本图表明,在人口增加的同时,技术创新的速度也在不断加快。(注:对技术进步标志的选择是作者主观决定的。)

资料来源: Robert Fogel, University of Chicago.

水与卫生设施

图表 **3**

水资源在地球上的分布状况

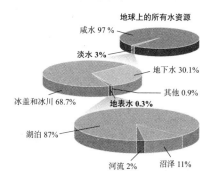

人类生存所依赖的淡水在地球全部水资源的占比还不到1%。地球上的水中，97%是咸水，2%则留存在冰盖和冰川中。

资料来源： World Fresh Water Resources via USGS.

图表 **4**

每天用于从室外水源取水的时间

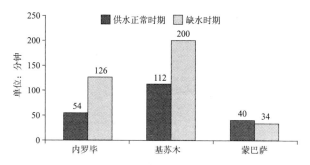

在城市地区，大部分家庭都能获得自来水；不过，仍然有许多家庭不得不依赖取水亭（在内罗毕，这样的家庭占全部家庭的15%；在基苏木和蒙巴萨，则占45%）。在依赖取水亭的情况下，取水所消耗的时间会给这些家庭带来沉重的负担。通常，1个家庭每天要取水4~6次。例如，在供水正常时期，内罗毕1个家庭每天要花54分钟取水；而在缺水时期，则要花两倍以上的时间（大约126分钟）。

资料来源： Citizen Report Card, 2007; www.twaweza.org/uploads/files/Its%20our%20 water%20too_English.pdf.

图表 5 非洲最大的 15 个城市的供水服务的平均价格（按服务类别统计）

	室内自来水管道供水	小型管网供水	消防龙头供水	家庭分销商供水	水罐消防车供水	饮用水出售器供水
平均价格（美元／立方米）	0.49	1.04	1.93	1.63	4.67	4.00
与室内自来水管道供水价格之比（%）	100	214	336	402	1 103	811

非自来水供水服务的价格是室内自来水管道供水服务价格的 200%~1 100%（根据对非洲 15 个大城市的研究）。

资料来源：Keener, Luengo, and Banerjee 2009;www.infrastructureafrica.org/system/files/Africa%27s%20Water%20and%20Sanitation%20Infrastructure.pdf.

图表 6 1900 年以来全世界每年消耗的水资源（估计值）

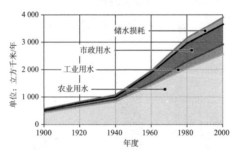

资料来源：http://blogs.princeton.edu/chm333/f2006/water/2006/11/how_does_water_ use_in_ developing_countries_differ.html.

图表7 各种产品的虚拟水足迹（2007年）

产品	虚拟水足迹（升）
• 1 张 A4 纸（80 克 / 平方米）	10
• 1 个番茄（70 克）	13
• 1 个土豆（100 克）	25
• 1 只微芯片（2 克）	32
• 1 杯茶（250 毫升）	35
• 1 片面包片（30 克）	40
• 1 个橘子（100 克）	50
• 1 个苹果（100 克）	70
• 1 杯啤酒（250 毫升）	75
• 1 片面包片（30 克）涂乳酪（10 克）	90
• 1 杯酒（125 毫升）	120
• 1 个鸡蛋（40 克）	135
• 1 杯咖啡（125 毫升）	140
• 1 杯橙汁（200 毫升）	170
• 1 袋油炸薯片（200 克）	185
• 1 杯苹果汁（200 毫升）	190
• 1 杯牛奶（200 毫升）	200
• 1 件纯棉 T 恤衫（250 克）	2 000
• 1 个汉堡包（150 克）	2 400
• 1 双鞋（用牛皮制成）	8 000

资料来源：http://www.waterfootprint.org/Reports/Hoekstra_and_Chapagain_2007.pdf.

图表 8
因水资源匮乏和卫生条件恶劣而导致的损失

问题	具体情况
儿童死亡人数	每天都有 4 900 名儿童死于腹泻，每年死于腹泻的儿童高达 180 万名——这相当于伦敦和纽约的所有 5 岁以下人口的总和。不洁净的饮用水和恶劣的卫生条件是全世界第二大"儿童杀手"。2004 年因腹泻而死亡的儿童人数比 20 世纪 90 年代平均每年因武装冲突而死亡的儿童人数多出 6 倍。
损失的学习日	每年，与水有关的疾病致使全球损失了 4.43 亿个学习日。
整体健康水平	在发展中国家，接近一半的人因为饮用水不清洁和卫生条件差而出现了各种各样的健康问题。
损失的时间	数以百万计的妇女每天都不得不花上好几个小时的时间去取水。
丧失的机会	数以百万计的人"输在了起跑线上"，他们在成长过程中因为患病和其他原因而无法接受教育，成年后又陷入了长期的贫困。
经济影响	最贫穷的那些国家，经济方面受到的影响最大。撒哈拉以南的非洲地区每年的损失高达 GDP 的 5% 以上，或者说达 284 亿美元之巨，这个数字超过了 2003 年这个地区所有国际援助和债务减免之和。如果仅仅看经济损失总量，那么就会掩盖如下这个关键的问题：绝大部分损失都是由生活在贫困线以下的贫困家庭承担的，这严重阻碍了他们摆脱贫困的进程。

资料来源：http://hdr.undp.org/en/media/HDR06-complete.pdf.

C图表 9 HART
非洲和亚洲地区先进卫生设施的普及情况（2008 年）

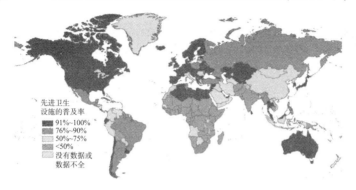

先进卫生
设施的普及率
- 91%~100%
- 76%~90%
- 50%~75%
- <50%
- 没有数据或
  数据不全

全世界只有不到 2/3 的人在使用先进的卫生设施。目前全球仍有 12 亿人在露天粪坑排便（或干脆随地排泄）。

资料来源： http://www.unicef.org/wash/files/JMP_report_2010.pdf and http://is662ict4sd
14.blogspot.com.

图表 10 非洲的卫生设施覆盖率

单位：%

	1990	2000	2008
人口总数	517 618 000	674 693 000	822 436 000
城市人口占总人口比例	28	33	37
城市			
先进的卫生设施	43	43	44
共用的卫生设施	29	30	31
落后的卫生设施	17	17	17
农村			
先进的卫生设施	21	23	24
共用的卫生设施	10	11	13
落后的卫生设施	22	23	25
露天粪坑排便或随地排泄	47	43	38
城市与农村合计			
先进的卫生设施	28	29	31
共用的卫生设施	16	18	20
落后的卫生设施	20	21	22
露天粪坑排便或随地排泄	36	32	27

资料来源： http://www.unhabitat.org/pmss/getElectronicVersion.aspx? nr= 3074&alt=1; compilation from WHO/UNICEF (2010) Progress on Water and Sanitation: 2010.

食物与农业

 图表**11** 1996—2010 年转基因作物全球种植面积

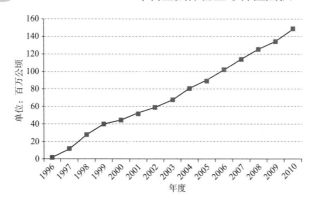

2010 年，全球转基因作物的市场价值达到了 112 亿美元，这相当于当年全球 518 亿美元的全球保护性作物的市场价值的 22%、340 亿美元的全球商业种子市场价值的 33%。在这总价值为 112 亿美元的转基因作物市场中，发达工业化国家占了 89 亿美元（比例高达 80%），发展中国家只占 23 亿美元（比例仅为 20%）。

资料来源：Clive James, 2010; http://www.isaaa.org/resources/publications/pocketk/16/default.asp.

图表 **12**
2008 年全球主要农作物中转基因作物的种植面积及其所占百分比

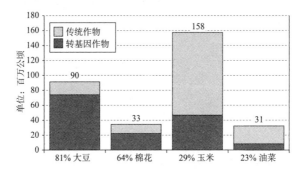

转基因作物的未来前景看起来令人鼓舞。耐旱玉米预计在 2012 年实现商业化；黄金大米预计在 2013 年实现商业化；转 Bt 基因水稻预计在 2015 年实现商业化。全都早于新千年发展目标的预测。仅仅在亚洲，可能受益的穷人就将高达 10 亿。

资料来源： http://www.isaaa.org/resources/publications/pocketk/16/default.asp.

图表 **13**
发展中国家、发达国家肉类和牛奶消费的历史情况及未来趋势

发展中国家					
	1980	1990	2002	2015	2030
食物需求					
年人均肉类消费量（千克）	14	18	28	32	37
年人均牛奶消费量（千克）	34	38	46	55	66
肉类总消费量（百万吨）	47	73	137	184	252
牛奶总消费量（百万吨）	114	152	222	323	452

续前表

发达国家					
	1980	1990	2002	2015	2030
食物需求					
年人均肉类消费量（千克）	73	80	78	83	89
年人均牛奶消费量（千克）	195	200	202	203	209
肉类总消费量（百万吨）	86	100	102	112	121
牛奶总消费量（百万吨）	228	251	265	273	284

无论发展中国家还是发达国家，对肉类和牛奶的需求都在持续增长。

资料来源：FAO 2006, "Livestock's Long Shadows: Environmental Issues and Options";
ftp://ftp.fao.org/docrep/fao/010/a0701e/a0701e.pdf.

图表14 禽畜类食品消费的过去情况和未来预测（1960—2050 年）

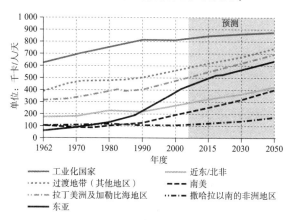

全世界对禽畜食品的需求都在持续增长。

资料来源：FAO 2006, "Livestock's Long Shadows: Environmental Issues and Options";
ftp://ftp.fao.org/docrep/fao/010/a0701e/a0701e.pdf.

图表15 全世界各国各地区的家庭食物支出

美国人用于购买食物的支出占总支出的比例低于 7%，是全世界有这类数据的国家和地区中最低的一个。在上图中，地图上的每个数字都代表一个国家和地区的民众花在食物上的支出占该国和地区总支出的百分比。

资料来源： http://civileats.2011/03/29/mapping-global-food-spending-infographic/data;http://www.ers.usda.gov/briefing/cpifoodandexpenditures/Data/Table_97/2009 table97.htm.

图表16 全世界所有发展中国家营养不良的人占总人口的百分比（1969—2010 年）

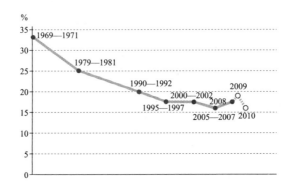

自 1969 年以来，全世界所有发展中国家营养不良的人占总人口的百分比已经下降了 50% 以上。

资料来源： http://www.fao.org/docrep/013/i1683e/i1683e00.htm.

全世界各地区营养不良的人占总人口的百分比

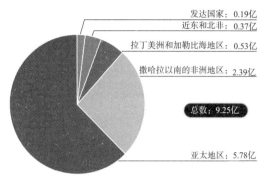

今天，全世界还有 9.25 亿人处于营养不良状态。这意味着全球有 1/7 的人无法得到足够的食物来维持健康而富有活力的生活。

资料来源： http://www.fao.org/docrep/012/al390e/al390e00.pdf http://www.wfp.org/hunger.

图表18 与营养相关的各种致病风险因素所导致的负担

人口/致病风险因素	非洲	美洲	欧洲	中东和地中海地区	东南亚	西太平洋	全世界
总人口（亿）	6.4	8.3	4.8	8.7	15.4	16.9	60.5
按残疾调整生命年（DALYs）计算占总人口的百分比							
与儿童和孕产妇的营养不良有关的疾病							
体重过轻	9.82	0.24	3.58	0.09	3.06	0.48	2.28
铁缺乏症	1.59	0.24	0.77	0.12	0.91	0.26	0.58
维生素 A 缺乏症	2.57	0.04	0.61	0	0.42	0.03	0.44
锌缺乏症	2.15	0.06	0.67	0.01	0.35	0.03	0.46
疟疾							0.74
艾滋病							1.49
呼吸道感染							1.67
碘缺乏病							0.04
麻疹							0.4
腹泻							1.19
其他与营养相关的风险因素							
高血压	0.69	0.78	1.02	2.22	0.98	0.83	1.06
高胆固醇	0.31	0.55	0.67	1.51	0.8	0.31	0.67
体重过高	0.23	0.89	0.6	1.35	0.27	0.35	0.55
水果和蔬菜摄入量过低	0.24	0.36	0.34	0.76	0.57	0.3	0.44
糖尿病							0.25

　　表中给出了每个风险因素所导致的疾病负担的估计值。这些风险因素既可以单独发挥作用，也可以与其他风险因素共同发挥作用。因此，一组风险因素所导致的总疾病负担通常小于各个风险因素所导致的疾病负担的加总值。"残疾调整生命年"是一个用来衡量疾病负担的指标，它反映了因为各种原因而损失掉的健康人生的总年数。

资料来源： http://www.millenniumassessment.org/documents/document.277.aspx.pdf; adapted from Ezzati et al. 2002; Ollila n.d. ; and WHO 2002a.

图表19 食物中的能量损失（从田野到餐桌）

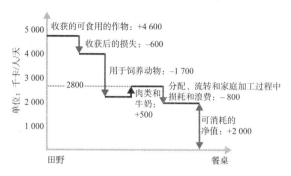

上图是一个简略的示意图，给出全世界食物自生产出来后在食物链上转化、损耗和浪费掉的能量的估计值。本图可以作为论证垂直农场可行性的一个论据。

资料来源： "From Field to Fork: Curbing Losses and Wastage in the Food Chain," Stockholm International Water Institute; http://www.siwi.org/documents/Resources/Papers/Paper_13_Field_to_Fork.pdf.

图表20 食物中的能量损失（从田野到餐桌）

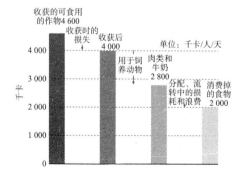

在收获的食物到达你餐桌之前，有超过50%卡路里（能量）都白白损失掉了。本图可以作为论证垂直农场的可行性的一个论据。

资料来源： http://maps.grida.no/go/graphic/losses-in-the-food-chain-from-field-to-household-consumption.

图表21 垂直农场

太阳能电池板
能源由一块能够随着太阳旋转的太阳能面板
提供，用于垂直农场内部的降温或取暖。
玻璃面板
有二氧化钛的透明涂层，能够收集污染物，并可以
让雨水顺畅地沿着玻璃流下，收集起来用于灌溉。
建筑结构
圆形设计保证了最大的采光率。
经济性
把农场与办公楼和住宅楼集成在一栋大楼内。
灌溉
经污水处理系统过滤、消毒的废水可以用于灌溉。

©2008 MCT

上图其实只给出了垂直农场所利用的其中几种技术，不过已经足以展现将这种生态系统整合进城市环境中的潜力。

资料来源： Vertical Farm Project; http://www.the-edison-lightbulb.com/2011/03/09/vertical-farms-the-21st-century-agricultural-revolution.

图表22 过度捕捞的证据（1950—2003 年）

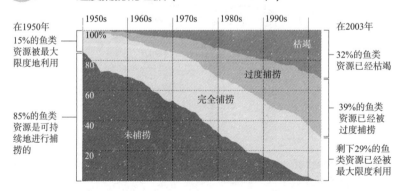

世界各地的渔场状况因过度捕捞而急剧恶化。今天，所有渔场都已经处于枯竭的临界点上。

资料来源： http://simondonner.blogspot.com/2008/11/farming-oceans.html.

图表23
水产养殖提供的食物与野生捕获提供的食物之对比（1950—2008 年）

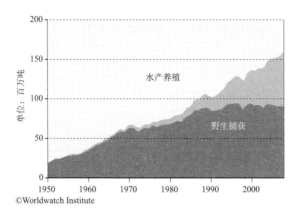

©Worldwatch Institute

从 1950—2008 年之间水产养殖业的发展趋势来看，我们的自然鱼类资源濒临枯竭的状况有望得到改善。

资料来源： FAO; http://peakwatch.typepad.com/.a/6a00d83452403c69e201538f2305b 2970b-pi。

卫生与医疗保健

图表24

全球范围内及加入世界卫生组织的国家和地区 5 岁以下的婴幼儿的死亡率（1980—2010 年）

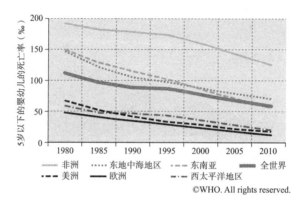

图例：
非洲　　东地中海地区　　东南亚　　全世界
美洲　　欧洲　　西太平洋地区

请注意，上图表明，在全世界许多地区，由于卫生条件的改善，5 岁以下的婴幼儿的死亡率已经下降了将近 50%。

资料来源： http://www.who.int/gho/child_health/mortality/mortality_under_five/en/index.html.

C图表25 HART

导致 5 岁以下婴幼儿死亡的主要原因

全世界 5 岁以下婴幼儿死亡的病因		
	死于某个病因的 5 岁以下的婴幼儿所占的百分比（2002—2003 年）	未满 5 岁就不幸去世的婴幼儿的总数（2006 年）
新生儿疾病致死	37	3 600 000
肺炎	19	1 800 000
腹泻	17	1 600 000
其他	10	970 000
疟疾	8	780 000
艾滋病	3	290 000
麻疹	4	390 000
外伤	3	290 000
合计	100	9 700 000

注释：
a. 合计不一定为 100%，这是因为计算时四舍五入的缘故。
b. 新生儿疾病致死指婴儿出生后 28 天内因各种原因去世，包括：早产、严重感染、生产时窒息、先天性器官畸形、新生儿破伤风、腹泻类疾病和其他导致新生儿死亡的原因。

资料来源： http://www.unicef.org/media/files/Under_five_deaths_by_cause_2006_estimates 3.doc. 53% from World Health Organization, *The World Health Report 2005: Make Every Mother and Child Count*, WHO, Geneva, 2005.

图表26

残疾调整生命年（DALYs）的百分比（按2004年收入水平分组）

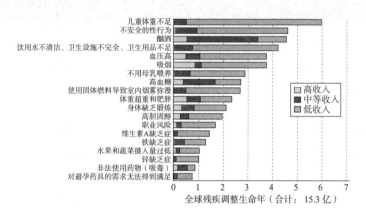

根据上面这个图表，儿童体重不足、不安全的性行为、饮用水不清洁、不用母乳喂养、高血糖、使用固体燃料导致室内烟雾弥漫、维生素A缺乏症、铁缺乏症、锌缺乏症、对避孕药具的需求无法得到满足，所有这些都是导致贫困的原因，也都是近期改进的主要领域。

资料来源：WHO, 2009. Global health risks.

图表27

健康水平与室内空气污染的关系

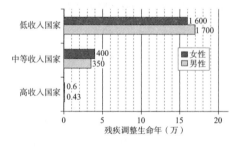

这个图表给出了根据发展水平分组的因室内空气污染导致的疾病负担。2004年，因使用固体燃料而带来的室内空气污染造成全球近200万人死亡，约占全球疾病负担的2.7%（按照残疾调整生命年计算）。因此，它成了健康水平不佳的第二大原因。现在，急性下呼吸道感染，特别是肺炎，仍然是幼年儿童的最大"杀手"，每年致使超过200万名儿童死亡。

资料来源：http://www.who.int/indoorair/health_impacts/burden_global/en.

健康水平与和水有关的疾病的关系（1999 年）

疾病	死亡人数（×1 000）	残疾调整生命年（×1 000）
血吸虫病	14	1 932
沙眼	0	1 239
蛔虫病	3	505
鞭虫病	2	481
钩虫病	7	1 699
合计	26	5 856

上图给出了 1999 年与水有关的若干种疾病的全球疾病负担（图中的数字应乘以 1 000）。安全的供水体系、完善的卫生设施和良好的水源管理对于改善全球健康状况有根本性的重要意义。只要采取以下措施，约 1/10 的全球疾病负担都是可以预防的：(i) 使民众更加容易获得安全的饮用水；(ii) 改善环境卫生和个人卫生；(iii) 改进对水源的管理，降低传染性疾病通过水进行传播的风险。如果有了安全的饮用水，每年死于腹泻的 140 万名儿童、死于疟疾的 50 万名儿童和死于营养不良的 86 万名儿童就可以幸存下来。此外，500 万名因淋巴丝虫病和 500 万名因沙眼而致残的儿童也将得到保护，得以健康长大成人。

资料来源： http://ehp.niehs.nih.gov/realfiles/members/2002/110p537-542pruss/pruss-full.html; http://www.who.int/features/qa/70/en/index.html.

DNA 测序成本呈指数型下降

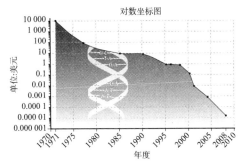

资料来源： Kurzweil, *The Singularity Is Near*.

图表30 全世界预期平均寿命的增长情况

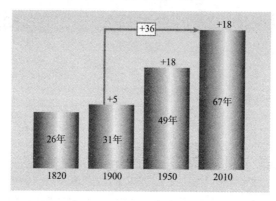

在过去的 190 年间，全球人类的平均寿命大幅增长。

资料来源： United Nations Development Program.

能源

 图表**31**

美国 2009 年的能源来源和用途（能源需求）

（万亿英国热量单位及百分比）
2009年的总量为96.6万亿英国热量单位

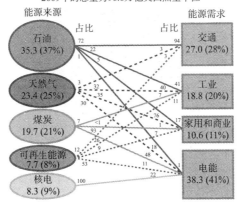

上图说明，美国的能源来源和能源需求之间存在着一个复杂的网络。图中线条旁边的数字为百分比数字。

资料来源： http://www.eia.gov/totalenergy/data/annual/pecss_diagram2.cfm.

图表**32** 美国能源的来源（2009 年）

万亿英国热量单位及百分比

天然气
23.4(25%)

石油
35.3(37%)

煤炭
19.7(21%)

核电
8.3 (9%)

可再生能源
7.7 (8%)

这个饼状图给出了 2009 年美国所使用的能源的来源构成。

资料来源： http://www.eia.gov/energy_in_brief/major_energy_sources_and_users.cfm.

图表**33** 人均 GDP 及能源消费（图中每一个点代表一个国家）

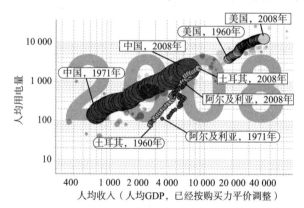

从图中可以清晰地看出一个趋势：国家越富裕（即人均 GDP 越高），消费的能源越多（人均用电量越大）。这是一张可视化动态图，它可以显示一个国家在 1960—2008 年间的进步过程（中国和阿尔及利亚的可得数据始于 1971 年）。圆的面积大小代表人口规模的大小。选择这 4 个国家，只是以它们为例来说明图表的内涵，并没有其他特殊的含义。

资料来源： http://www.inference.phy.cam.ac.uk/withouthotair/c30/page_231.shtml.

图表34

非洲的主要能源构成（2008 年）

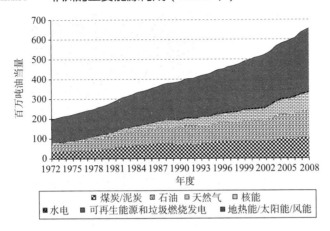

非洲的主要能源构成（单位：百万吨油当量）。

资料来源： http://www.iea.org/stats/pdf_graphs/11TPES.pdf.

图表35

美国平均电价的演变（以 1990 年美元币值计算的每千瓦时价格）

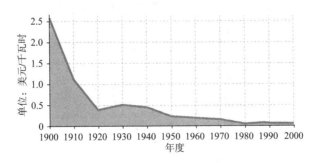

在过去的 100 年里，电力的价格一直在下降。

资料来源： Bill Gates TED Talk, 2010.

用各种发电方法每发电1亿千瓦时的死亡率

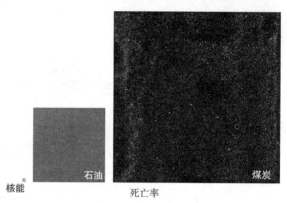

请注意最左边几乎看不见的方块，那代表核能发电的死亡率。核能发电死1个人，煤炭发电要死4 000人。

资料来源：Seth Godin at http://sethgodin.typepad.com/seths_blog/2011/03/the-triumph - of-coal-marketing.html. Using Brian Wang's data: http://nextbigfuture.com/2011/03/deaths-per-twh-by-energy-source.html.

能源储存：特定的电源 VS 特定的能源

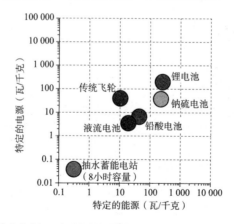

上图对比了特定的电源（电池能够提供的电量）与特定的能源（单位质量的能量）。

资料来源：Professor Don Sadoway, MIT, LMBC.

装机容量 VS 资本成本

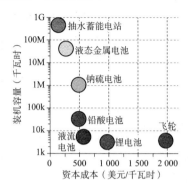

上图根据装机容量和资本成本，比较了各种能源储存方法的优劣。根据唐纳德·萨多伟教授的看法，要实现电网一级的能源储存，必须满足以下关键指标：(i) 成本低（小于 150 美元／千瓦时）；(ii) 寿命长（超过 10 年）；(iii) 能效高（大于 80%）。液态金属电池可以满足这些要求。

资料来源：Professor Don Sadoway, MIT, LMBC.

每瓦太阳能光电产品的成本（1980—2009 年）

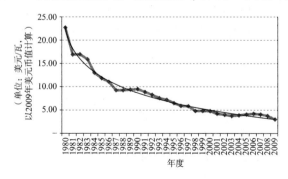

太阳能光电产品的成本呈指数型下降。

资料来源：DOE NREL Solar Technologies Market Report, Jan. 2010. Ramez Naam, "The Exponential Gains in Solar Power per Dollar," http://unbridledspeculation.com/2011/03/17/the-exponential-gains-in-solar-power-per-dollar.

图表 **40**
固定的 100 美元可生产的电量（1980—2010 年）

（成本以2009年美元币值计算）

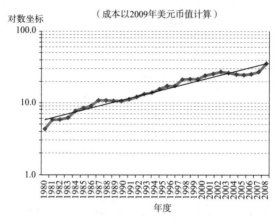

太阳能光电产品的能效（固定的 100 美元可以生产的电量）呈指数型增长。请注意，图中的纵坐标是对数坐标。

资料来源： DOE NREL Solar Technologies Market Report, Jan. 2010. Ramez Naam, "The Exponential Gains in Solar Power per Dollar," http://unbridledspeculation.com/2011/03/17/the-exponential-gains-in-solar-power-per-dollar.

图表 **41**
太阳能光电产品成本下降路径（2007—2014 年）

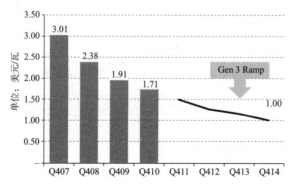

太阳能光电产品（光电板）的成本一直在下降，而且，根据领先的太阳能光电板制造商——日能公司的预计，未来仍然会继续下降。

资料来源： © 2010 SunPower Corporation.

太阳能行业的学习曲线

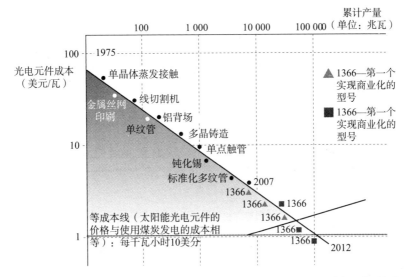

　　如上图所示，太阳能发电成本的下降曲线以及太阳能光电产品累计产量的增加曲线实际上就代表了该行业的学习曲线。

资料来源： Presentation by Frank van Mierlo, CEO, and Ely Sachs, CTO, of 1366 Technologies. Data is from Greg Nemet at UC Berkeley.

43 全球风能发电装机容量的演变

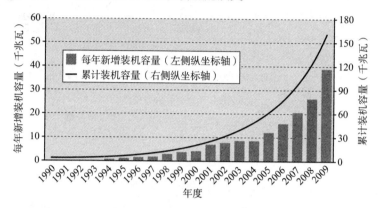

上图给出了全世界风能发电每年新增装机容量和历年累计装机容量。尽管呈现了强劲的增长态势，但是风能发电依然只占全世界电力供应的极小一部分。截止到 2009 年，风能发电总装机容量大约只满足全球电力需求的 1.8%。

资料来源：Special Report on Renewable Energy Sources and Climate Change Mitigation (SRREN). http://srren.ipcc-wg3.de/report/IPCC_SRREN_Ch07.

44 各种可再生能源蕴藏的最大功率

可再生能源类别	最大功率	相当于太阳能的百分比
太阳能	85 000 太瓦	100.000
海洋热能	100 太瓦	0.120
风能	72 太瓦	0.080
地热能	32 太瓦	0.380
河流水能	7 太瓦	0.008
生物质能	6 太瓦	0.008
潮汐能	3 太瓦	0.003
沿海海浪	3 太瓦	0.003

由上表可见，任何一种其他可再生能源都无法与太阳能比拟。太阳能的最高功率相当于仅次于它的海洋热能的 850 倍。

资料来源：Derek Fellow, IEEE, "Keeping the Energy Debate Clean: How Do We Supply the World's Energy Needs?" *Proceedings of the IEEE* 98, no. 1 (January 2010).

图表45
全球能源消费情况（2007年）

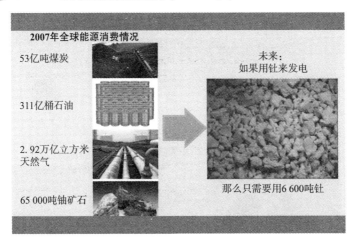

从2007年全球的能源消费量来看，只需6 600吨钍就可以满足全世界的能源需求。

资料来源： Bill Gates, TED Talk, 2010.

图表46
全球能源生产过程中的碳排放

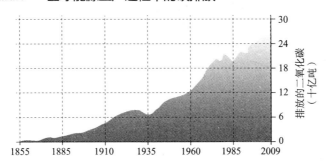

上图给出了过去150年来全球的二氧化碳排放量。

资料来源： Bill Gates, TED Talk, 2010.

教育

联合国《新千年发展目标》所示的小学适龄儿童人口和
失学儿童人数（2007 年）

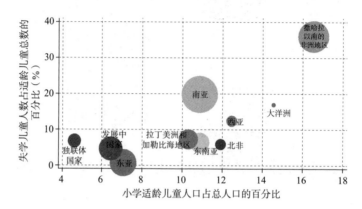

　　如上图所示，人口结构与失学儿童人数之间存在着正向关系。撒哈拉以南的非洲
地区的儿童失学率是全世界最高的。另一方面，撒哈拉以南的非洲地区的绝大多数国
家的人口也在快速增长，同时小学适龄儿童人口在总人口中也占了很高的比例，而且
这一比例还在继续上升。在图中，横坐标轴显示的是某个地区的小学适龄儿童人口在
当地总人口中所占的比例；纵坐标轴显示的是该地区的失学儿童人数占小学适龄儿童
总数的比例。

资料来源：Population structure and children out of school. http://huebler.blogspot.com/
2009/02/coos.html.

图表48 小学净入学率与人均GDP的关系（2002年）

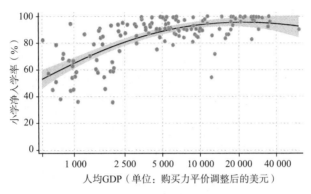

由上图可见，贫困与教育之间存在着非常明显的相关性。绝大多数人均GDP在2 500美元或以下的国家的小学净入学率都低于80%。而几乎所有人均GDP在2 500美元以上的国家的小学净入学率都高于80%。

资料来源：http://huebler.blogspot.com/2005/09/national-wealth-and-school-enrollment.html.

图表49 10～12岁的儿童接触高技术的机会

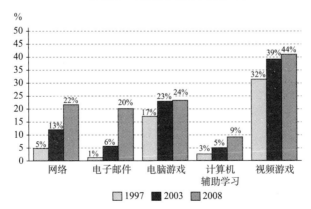

资料来源：http://newsdesk.umd.edu/bigissues/release.cfm?ArticleID=2229; www.popcenter.umd.edu.

民主

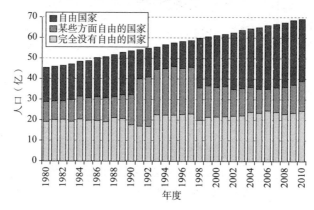

资料来源：http://www.freedomhouse.org/images/File/fiw/historical/PopulationTrendsFIW 1980–2011.pdf.

人口与城市化

图表51 通过对比看一个真实的非洲

国家	面积 （平方千米）	国家	面积 （平方千米）
中国	9 597 000	德国	357 000
美国	9 629 000	挪威	324 000
印度	3 287 000	意大利	301 000
墨西哥	1 964 000	新西兰	270 000
秘鲁	1 285 000	英国	243 000
法国	633 000	尼泊尔	147 000
西班牙	506 000	孟加拉	144 000
巴布亚新几内亚	462 000	希腊	132 000
瑞典	441 000	合计	30 102 000
日本	378 000	非洲	30 221 000

　　"文盲"、"数学盲"这类社会问题已经众所周知了，但是其实还应该增加一个概念：
"地理盲"，意思是"地理知识不足的人"。在一项由一些被随机选中的美国小学生完成
的调查中，调查者让他们猜猜自己国家的人口和国土面积，结果表明，多数小学生都
认为美国人口为"10亿~20亿"，而且相信美国是"世界上面积最大的国家"。这个结
果其实并不完全出乎意料，但是着实令人不安。

　　甚至连亚洲和欧洲的大学生也缺乏必要的地理知识，他们的估计偏差也很大。这
是由制图行业中通常使用的投影方法造成的，这些投影方法会导致相当严重的扭曲（例
如，墨卡托投影法）。

　　一个极端的例子是，几乎全世界的人都会误判非洲的真实大小。上面的表告诉我
们，非洲是一个很大很大的大洲，它的面积相当于美国、中国、印度、日本和欧洲国
家之和！

资料来源： Kai Krause, Creative Commons.

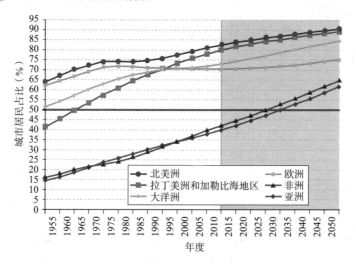

图表 52 全球城市化前景

到 2050 年，全世界 70% 的人都将居住在城市。

资料来源：http://esa.un.org/unpd/wup/Fig_1.htm.

图表 53 印度、越南和坦桑尼亚三国的城市化指标对比

	印度		越南		坦桑尼亚	
	城市	农村	城市	农村	城市	农村
5 岁以下婴幼儿的死亡率（‰）	52	82	108	138	16	36
能够使用充足卫生设施家庭所占的百分比	77	23	53	43	92	50
受教育年限中位值（男性）	8	4	6	3	9	6
用电家庭所占的百分比	93	56	38	1	99	87

城市化率和收入水平散点图

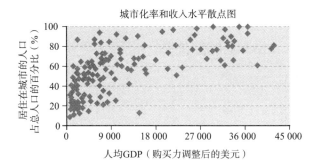

在绝大多数国家，城市居民的生活水平好于农村居民。城市化水平更高的发展中国家的人均国民收入更高。在许多发展中国家，城市居民能够享受更好的教育和卫生服务。

资料来源：http://earthtrends.wri.org/updates/node/287; UN (population) and World Bank (GDP).

图表54

世界人口发展状况（1800—2009 年）

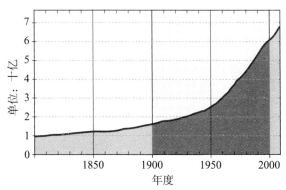

上图给出了过去的 209 年里的全球人口增长状况。

资料来源：Generated on Wolfram Alpha.

图表55 对人口变化情况的估计和预测（1950—2100 年）

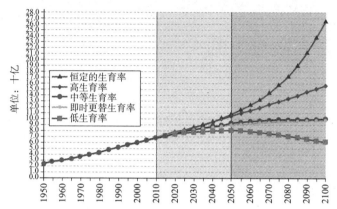

　　根据《世界人口展望：2010 年修订版》（*2010 Revision of World Population Prospects*）给出的中位值，全世界的人口将从 2011 年年中的 69 亿增长到 2050 年的 93 亿，而到 2100 年，则将达到 101 亿。不过，这个预测能否变成现实，取决于各国的生育率的变化：在那些生育率仍然高于更替率的国家里（即平均一名妇女生育不止一个女儿），生育率能否下降；而在那些生育率低于更替率的国家里，生育率能否上升。此外，在所有国家里，死亡率应该都会下降。如果每个国家的生育率都维持在 2005—2010 年的水平上保持不变，那么到 2100 年的时候，全世界的总人口将达到 270 亿。

资料来源： http://esa.un.org/wpp/Analytical-Figures/htm/fig_1.htm.

图表 56

不同总生育率对应的国家数目

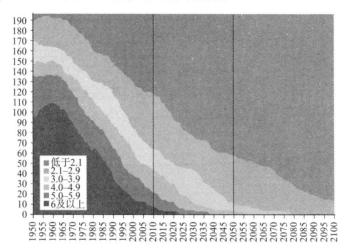

根据预测，到 2100 年，绝大多数国家的总生育率都将低于 2.1（平均每名妇女生育的孩子不会多于 2.1 人）。上图给出了 1950—2100 年按总生育率水平分别汇总的国家数量。

资料来源：http://esa.un.org/unpd/wpp/Analytical-Figures/htm/fig_9.htm.

每位妇女生育孩子的数量及婴幼儿死亡率的演变

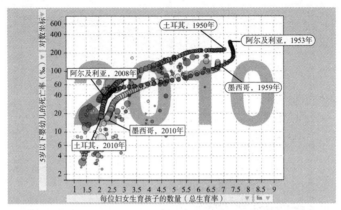

　　这张可视化动态图给出了 5 岁以下婴幼儿的死亡率及每位妇女生育孩子的数量。从图中可见，这两者之间存在着直接的相关性。具体地说，当婴幼儿死亡率下降时，每位妇女生育的孩子数量也在下降。图中描绘出了各国上述指标的演变轨迹。圆的面积代表一个国家的人口规模。选择这三个国家，只是以它们为例来说明图中的标识的内涵，并没有其他特殊的含义。

资料来源： Gapminder，Hans Rosling.

图表 58

每位妇女生育孩子的数量及婴幼儿死亡率（2009 年）

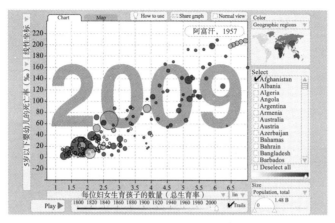

上面这张可视化动态图给出了阿富汗 5 岁以下婴幼儿的死亡率及每位妇女生育的孩子数量。这两者之间存在着直接的相关性。具体地说，当婴幼儿死亡率下降时，每位妇女生育孩子的数量也在下降。

资料来源： Gapminder，Hans Rosling.

图表 59

各主要地区的人口变化（2010—2100 年）

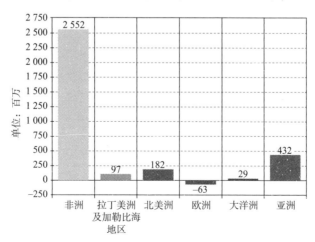

资料来源： http://esa.un.org/unpd/wpp/Analytical-Figures/htm/fig_13.htm.

信息通信技术

 图表60 过去 100 年来计算能力的指数型增长

摩尔定律是第五个描述计算能力呈指数型加速
发展趋势的定律，而不是第一个

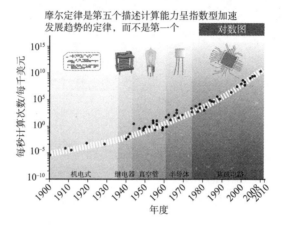

显然，摩尔定律显示了威力。请注意，尽管在过去的 100 年里发生了两次世界大战和无数次经济危机，但是图中的曲线还是显得非常光滑。而且，这条曲线的趋势是越来越向上了（趋于垂直），这表明指数型增长的速度本身也在不断加快。

资料来源：Kurzweil, *The Singularity Is Near.*

图表61　计算能力的指数型增长（对数图）

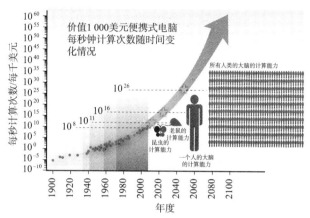

　　这张图摘自库兹韦尔的《奇点临近》，这本书预测摩尔定律在下个世纪仍然有效。《奇点临近》还预测，到2023年，价值1 000美元的便携式电脑的计算能力将与人脑相同；然后再过25年，它的计算能力将与全人类所有人大脑的计算能力的总和相同。

资料来源：Kurzweil, *The Singularity Is Near*.

图表62　1950—2008年内存价格的指数型下跌

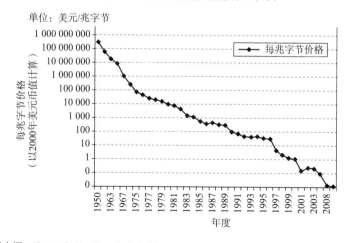

资料来源：Kurzweil, *The Singularity Is Near*.

全球人口及互联网用户总数（2000—2020 年）

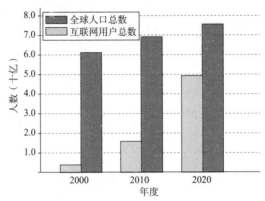

资料来源：http://www.futuretimeline.net/21stcentury/2020-2029.htm#ref3.

每分钟上传到 YouTube 的视频时长

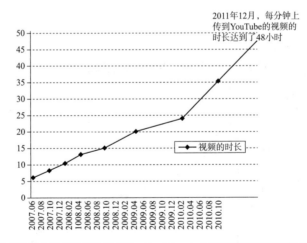

要想说明数字化数据的爆炸型增长，YouTube 上内容的增加速度或许是最佳的例子。2011 年 12 月底，每分钟上传到 YouTube 的视频时长达到了 48 小时。

资料来源：http://www.youtube.com/t/press_statistics; http://youtubeglobal.blogspot.com/2010/11/great-scott-over-35-hours-of-video.html; http://youtubeglobal.blogspot.com/2011/05/thanks-youtube-community-for-two-big.html.

手机等移动设备入网用户增长状况（2000—2010 年）

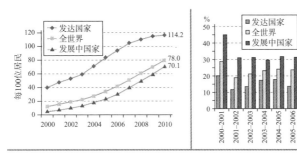

　　上图表明，无论是在发达国家，还是在发展中国家，手机以及其他移动设备入网用户数都在快速增加。在发达国家，每 100 人拥有移动设备数已经超过了 100，这说明许多人都拥有不止一个联网的移动设备。右图则给出了年度增长率。

资料来源： http://www.itu.int/ITU-D/ict/publications/idi/2011/Material/MIS_2011_ without_ annex_5.pdf; http://www.itu.int/ITU-D/ict/publications/idi/2010/Material/ MIS_2010_without_ annex_4-e.pdf.

手机宽带入网用户增长率（2007—2010 年）

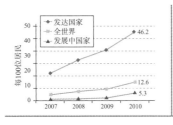
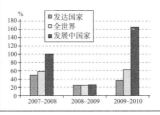

　　这两张图表给出了通过无线宽带接入互联网的用户的增长情况。在最近一年里，手机宽带用户的急剧增加，是信息通信技术领域最引人注目的事件。

资料来源： http://www.itu.int/ITU-D/ict/publications/idi/2011/Material/MIS_2011_ without_ annex_5.pdf.

图表67

2G 手机用户、3G 手机用户的增长情况

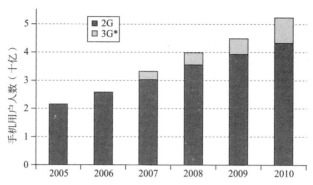

注：3G手机用户包括专用移动数据用户。

资料来源： http://www.itu.int/ITU-D/ict/publications/idi/2011/Material/MIS_2011_without_annex_5.pdf.

图表68

国际互联网总带宽（2000—2010 年）

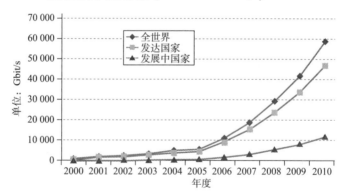

在 2008—2010 年间，非洲的互联网的状况得到了极大的改善。许多非洲国家的国际带宽都翻了一到两番，有的国家甚至增加了 10 倍以上。如果再配套以其他有效的政策措施，以保证宽带接入市场上的竞争，那么全非洲普通人用上宽带的日子将指日可待，而这正是这个地区的一个重要议题。

资料来源： http://www.itu.int/ITU-D/ict/publications/idi/2011/Material/MIS_2011_ without_annex_5. pdf; http://www.itu.int/ITU-D/ict/publications/idi/2010/Material/ MIS_2010_without_annex_4-e.pdf.

非洲 2G 手机和 3G 手机普及率（2011—2015 年）

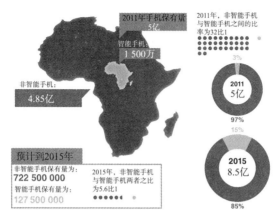

上图是对非洲未来 5 年的手机保有量的预测。请注意，智能手机所占的比重将快速上升。

资料来源： http://afrographique.tumblr.com/post/7087562485/infographicdepicting-smart-and-dumb-mobile.

互联网用户总数（2005—2010 年），以及每 100 人中互联网用户数（2010 年）

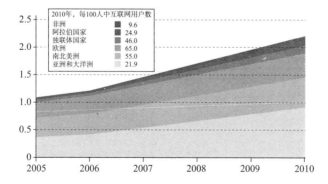

2005—2010 年互联网用户总数（单位：十亿）以及每百人互联网用户数（2010 年）。

· 2005—2010 年之间，互联网用户数目已经增加了一倍。

- 2010 年，互联网用户数将超过 20 亿，其中 12 亿将在发展中国家。
- 许多国家（包括爱沙尼亚、芬兰和西班牙等）已经宣布，自由上网作为一种法定的公民权利。
- 中国拥有超过 4.2 亿互联网用户，是全世界最大的互联网市场。
- 在发达国家，71% 的人都已经接入了互联网；而在发展中国家，只有 21% 的人口接入了互联网。截至 2010 年底，非洲的互联网普及率只达到了 9.6%，远远落后于世界平均水平（30%）和发展中国家平均水平（21%）。

资料来源：http://www.itu.int/ITU-D/ict/material/FactsFigures2010.pdf.

图表71 CHART 只能通过手机上网的用户数

	2010	2011	2012	2013	2014	2015
全世界	13 976 859	31 860 295	78 855 662	188 375 368	487 426 725	783 324 804
亚太地区	2 448 932	6 768 196	20 543 294	67 012 433	240 350 642	420 277 951
拉丁美洲	1 329 853	4 040 217	12 720 259	26 665 349	49 199 321	71 548 055
北美	2 615 787	4 218 310	6 550 322	14 257 565	38 783 886	55 646 710
西欧	5 237 113	10 348 310	21 163 143	33 524 429	58 670 609	83 364 841
日本	441 060	1 021 441	3 322 664	10 780 236	21 462 108	31 876 988
中东欧	1 156 893	3 140 746	8 252 679	20 303 462	38 480 441	58 717 045
中东和非洲	747 221	2 323 065	6 303 302	15 831 895	40 479 719	66 893 204

上表给出了只能通过手机上网的用户人数的增长情况（2012 年、2013 年、2014 年、2015 年为预测数据）。这些用户是通过智能手机上网的。

资料来源：Cisco VNI Mobile, 2011.

慈善事业

图表72 高净值人士的分布

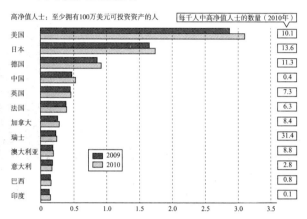

高净值人士：至少拥有100万美元可投资资产的人　每千人中高净值人士的数量（2010年）

美国	10.1
日本	13.6
德国	11.3
中国	0.4
英国	7.3
法国	6.3
加拿大	8.4
瑞士	31.4
澳大利亚	8.8
意大利	2.8
巴西	0.8
印度	0.1

2009
2010

资料来源： http://www.economist.com/blogs/dailychart/2011/06/rich from http://www.capgemini.com/services-and-solutions/by-industry/financial-services/solutions/wealth/worldwealthreport.

图表73 活跃的私人和共同基金会的数量

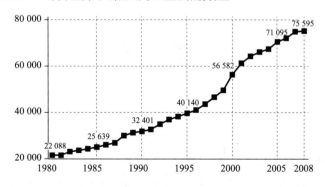

上图表明，过去 20 年来，活跃的私人和共同基金会的数量翻了两番。

资料来源： US Foundation Center (2010), http://foundationcenter.org/findfunders/statistics; http://foundationcenter.org/gainknowledge/research/pdf/fgge10.pdf.

活跃的私人和共同基金会的数量增长情况

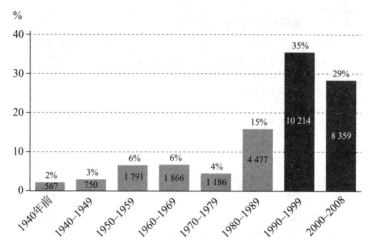

在所有活跃的私人和共同基金会的数量当中,几乎有 2/3 是在 1989 年以后创办的。这张图是根据美国基金会中心的数据制作的,只包括那些已经做出过捐赠并且资产至少达到 100 万美元的基金会。

资料来源: US Foundation Center (2010), http://foundationcenter.org/findfunders/statistics; http://foundationcenter.org/gainknowledge/research/pdf/fgge10.pdf.

去物质化与去货币化

今天一部智能手机中的应用软件价值超过 90 万美元

应用软件名称	2011 年的价格（美元）	原来适用的设备名称	最早出现的年份	当初的建议零售价格（美元）	以 2011 年美元币值计算的当初的建议零售价格（美元）
1 Video conferencing	免费	Compression Labs VC	1982	250 000	586 904
2 GPS	免费	TI NAVSTAR	1982	119 900	279 366

续前表

应用软件名称	2011年的价格（美元）	原来适用的设备名称	最早出现的年份	当初的建议零售价格（美元）	以2011年美元币值计算的当初的建议零售价格（美元）
3 Digital voice recorder	免费	SONY PCM	1978	2 500	8 687
4 Digital watch	免费	Seiko 35SQ Astron	1969	1 250	7 716
5 5 Mpixel camera	免费	Cabib RC-701	1986	3 000	6 201
6 Medical library	免费	e.g. CONSULTANT	1987	2 000	3 988
7 Video player	免费	Toshiba V-8000	1981	1 245	3 103
8 Video camera	免费	RCA CC010	1981	1 050	2 617
9 Music player	免费	Sony CDP-101 CD player	1982	900	2 113
10 Encyclopedia	免费	Compton's CD Encyclopedia	1989	750	1 370
11 Encyclopedia	免费	Atari 2600	1977	199	744
总计	免费				902 065 美元

今天，智能手机用户能够应用的那些工具软件，在几十年前价值几十万美元。

资料来源： (1) http://www.nefsis.com/Best-Video-Conferencing-Software/video-conferencing-history.html

(2) http://www.americanhistory.si.edu/collections/surveying/object.cfm?recordnumber=998407

(3) http://www.videointerchange.com/audio_history.htm

(4) http://www.shvoong.com/humanities/1714780-history-digital-watch

(5) http://www.digicamhistory.com/1986.html

(6) http://www.tnyurl.com/63ljueq

(7) http://www.mrbetamax.com/OtherGuys.htm

(8) http://www.cedmagic.com/museum/press/release-1981-02-12-1.html

(9) http://www.digicamhistory.com/1980_1983.html

(10) http://www.mba.tuck.dartmouth.edu/pdf/2000-2-0007.pdf

(11) http://www.thegameconsole.com/atari-2600/

 图表 76 iPad 2 的运算速度与 1985 年的超级计算机作对比

	超级计算机格雷 2 （1985 年）	iPad 2 （2011 年）	差异 （iPad 2/ 格雷 2）
重量	2 495 千克	610~613 克，已配备 Wi-Fi 和 3G	1/4 000
大小	高 1.1 米，直径 1.35 米，总体积 1.63 立方米	24 × 19 × 0.86 厘米，总体积 0.000 4 立方米	1/4 000
成本	1 750 万美元（1985 年币值）；3 620 万美元（2011 年币值）	699 美元（2011 年币值）；338 美元（1985 年币值）	1/51 775
处理能力（CPU）	244MHz	1GHz	处理速度增加了 4 倍
内存	2GB RAM	512MB DDR2	1/4
能耗（瓦）	150~200 千瓦	10 瓦	1/15 000

资 料 来 源： http://bits.blogs.nytimes.com/2011/05/09/the-ipad-in-your-hand-as-fast-as-a-supercomputer-of-yore; http://archive.computerhistory.org/resources/text/Cray/Cray.Cray2.1985.102646185.pdf; http://en.wikipedia.org/wiki/Cray-3; 2 GB; RAM; http://www.

cs.umass.edu/~weems/CmpSci635A/Lecture16/L16.16.html15,000; http://books.
google.com/books?id=LkrTkAa10McC&pg=PA61-IA8; Cray 2 Brochure; http://www.cray-
supercomputers.com/downloads/Cray2/Cray2_Brochure001.pdf.

iPhone（2007 年）与 Osborne Executive 电脑（1982 年）的对比

	Osborne Executive 电脑（1982 年）	iPhone（2007 年）	两者的差异
重量	12.9 千克	135 克	后者是前者的约 1/100
大小	23 × 52 × 33 厘米，总体积 39 470 立方厘米	11.5 × 6.1 × 1.16 厘米，总体积 81 立方厘米	后者是前者的 1/500
成本	2 495 美元（1982 年币值）；5 759 美元（2011 年币值）	599 美元或 399 美元（2007 年币值）；279 美元或 186 美元（1982 年币值）	后者是前者的 1/14~1/10（以不变美元币值计）
处理能力（CPU）	4.0MHz	620MHz	后者是前者的 155 倍
存储空间	最大 720KB	最大 8GB 闪存	后者是前者的 11 650 倍以上
内存	最大 384KB	128MB eDRAM	后者是前者的 341 倍以上
显示器	80 字符 ×24 行，单色显示	320 × 480，18-bit 彩色液晶显示	不可比
摄像头与视频	无	200 万像素摄像头	不可比

	Osborne Executive 电脑（1982 年）	iPhone（2007 年）	两者的差异
软件	装在软盘上	多任务	不可比
通信能力	调制解调器（速度为 0.3 KB/秒）	Wi-Fi（11MB/秒），蓝牙，GPS	后者是前者的 26 666 倍以上

资料来源 http://www.computermuseum.li/Testpage/OsborneExecSpecs.htm; http://en.wikipedia.org/wiki/Osborne_Executive; http://en.wikipedia.org/wiki/IPhone.

指数型增长曲线

 指数型增长曲线与线性增长曲线

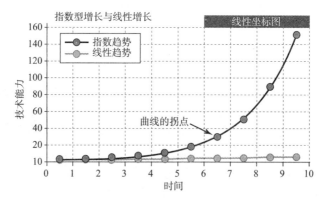

上图说明了指数型增长与线性增长的根本区别。在指数型增长的初期，即还没有触及增长曲线的拐点时，指数型增长和线性增长是难以区分的。

资料来源： Kurzweil, *The Singularity Is Near*.

 指数型增长曲线

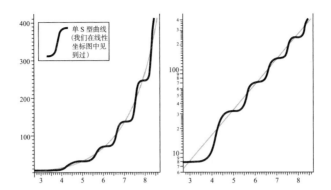

上面的左图的曲线描述了指数型增长过程，它由线性坐标图中的若干个 S 型曲线相互级联而成。右图所描述的也是同一个指数型增长过程，不过这条曲线是由对数坐标图中的若干个 S 型曲线相互级联而成的。

资料来源： Kurzweil, *The Singularity Is Near.*

图表80 CHART 加特纳技术成熟度曲线

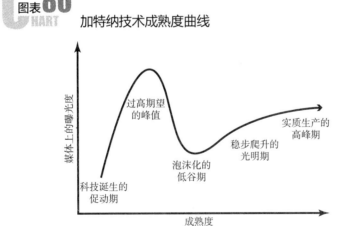

在一项技术的生命周期中，要经过一个从"炒作"到"成熟"的过程，它由如上图如示的 5 个阶段组成。在一项新技术出现的早期，人们往往高估该技术的潜力，过高的预期带来了狂热的炒作；接着，由于幻想破灭，会进入一个低谷期；最后，当新技术的价值得到体现，将进入一个稳定生产的成熟期。

资料来源： http://www.gartner.com/it/page.jsp?id=1124212.

附录 **2**
技术指数型增长的危险

THE FUTURE

IS BETTER THAN

YOU THINK

BUNDANCE

为什么说未来可能并不需要我们介入

关于技术指数型增长风险，人们已经有过许多论述了。发表在 2000 年 4 月的《连线》杂志上的一篇文章，可能是系统地探讨这个问题的最早论著之一。这篇文章现在已经成为名篇了，它的标题是《为什么未来不需要我们》，作者是比尔·乔伊，时任太阳微系统公司首席科学家。乔伊的看法是，21 世纪那些最强大的技术，包括机器人技术、纳米技术和基因工程技术等，都在威胁着人类的生存，因此，我们可以采取的行动方案只有一个：

> 原子物理学家的经验已经清楚地表明，科学家和技术天才必须承担起个人责任，因为有些东西增长得太快，因而带来危险；有些技术能够甩开人类独自发展，因而也会带来危险。就像原子物理学家已经做过的那样，我们确实能够制造出一些一旦出现就再也没有时间去根除的不可克服的问题。发明可能导致极其严重的后果，如果不想在面对这种后果时只会觉得惊讶与震撼，我们就必须从一开始就三思而后行……我们正在进入一个新世纪，但是，我们却没有计划、没有控制手段、没有刹车装置。
>
> 在我看来，唯一现实的选择就是放弃，即通过限制对某些知识的追求，来限制那些过于危险的技术的发展。

虽然我不同意乔伊在这篇文章中开出的药方（我将在下文中阐述反对的具体理由），但是他对"危险的技术"的评价是有一定道理的。指数型技术确实可能带来严重的风险。虽然这些风险并不是本书要讨论的重点，但是如果完全不涉及这个问题，那肯定会构成一个严重的疏忽。因此，我们接下来就简略地讨论一下这方面的问题。而且，在这里得提前对读者提出一个警告：鉴于这一问题的重要性，在这里进行的讨论显然是远远不够的。这只是一个宏观的概述，目的是让读者对主要的问题和挑战有所了解，并激发读者进一步阅读的兴趣。

事实上，读者要想象这些危险并不困难，因为好莱坞已经在这方面做了很多"重要的工作"。像《我，机器人》《终结者》《黑客帝国》等经典科幻电影都讲述了邪恶的智能机器人统治、压迫人类的故事。而《银翼杀手》《千钧一发》以及《侏罗纪公园》等科幻巨制则突出地放大了基因技术的缺陷。涉及纳米技术的电影则比较少，似乎只有 2008 年重拍的《地球停转之日》里面出现过纳米技术。不过，这部电影似乎只是相当精确地为我们重现了埃里克·德雷克斯勒所设想的"灰尘"带来的世界末日场景：能够自我复制的纳米机器人获得了自由，它们吞噬了挡在面前的所有东西。尽管好莱坞的电影通常只涉及皮毛，而且往往不太符合事实，但是在评估指数型技术的风险方面，这些电影却做得相当不错。简单地说吧，结论就是：错误的技术如果落入错误的人手中，肯定不会带来好的结果。

在奇点大学，每年我都会组织一些研讨会来讨论这个课题。在这些研讨会上，我们试图列出必须予以优先考虑的、在短期或中期内就可能出现的那些"末日景象"。在短期内，我们最担心的风险有三个，它们也是我们最关注的问题，因此也将成为在这里讨论的焦点。这三个风险是：恐怖分子利用所掌握的生物技术发动恐怖袭击；网络犯罪率的持续上升；机器人普及所导致的高失业率。下面，我们就分别来讨论这三个问题。

生物恐怖主义

在这本书前面的章节中，我已经描述过，参加国际基因工程机器设计大赛的高中生和大学生，如何利用基因工程技术操纵一些简单的生命形式，去做某种有用的或有趣的事情。例如，往届竞赛的获奖者们已经创造出了能够发出闪烁的绿色荧光、消耗泄漏的原油、生产预防溃疡的疫苗的各种生命形式。不过，这些只是我们今天取得的成就，明天将会完全不同。

"现在，在互联网上，已经出现了新一代'生物黑客'，他们能够利用基因工程技术做各种各样的惊人的事情，例如开办非常有潜力的公司。"奇点大学生物技术联合主席安德鲁·海塞尔（Andrew Hessel）这样说。这位当今方兴未艾的"DIY 生物"运动的倡导者已经清醒地认识到："与此同时，随着技术变得更容易利用、更便宜获得，生物恐怖袭击和生物黑客也将是不可避免的。"

更重要的是，生物物术已经足够便宜。任何一个买得起二手车的人，都买得起 DNA 测序和合成设备。这也许是一件好事。然而一个可怕的事实是，埃博拉病毒和 1918 型流感病毒（这种流感病毒当年曾经导致全世界 5 000 万人死亡）等非常"讨厌"，非常凶险的 DNA 序列都可以在互联网上找到。英国宇宙学家和天文学家马丁·里斯勋爵（Lord Martin Rees）认为，这种情况会导致极其严重的后果。在 2002 年，他甚至拿出了 1 000 美元，与《连线》杂志打了一个赌："到 2020 年，生物错误或生物恐怖主义会杀死 100 万人。"

毫无疑问，里斯和海塞尔当然有发出这种警报的权利。拉里·布里连特（Larry Brilliant）博士曾经领导世界卫生组织的小组成功地根除了天花，现在管理着杰夫·斯科尔创办的"紧急威胁基金"，这个基金关注的重点之一就是如何对抗流行病和生物恐怖主义。在最近一篇发表在《华尔街日报》上的文章中，布里连特总结了大家的各种担忧："与人类基因组测序相比，病毒基因工程要简单得多、便宜得多。生物恐怖主义者的武器非常便宜，而且根本不需要庞大的实验室或政府的支持。他们堪称穷人的大规模杀伤性武器。"

更要命的是，恐怖分子甚至完全无须真的制造出病毒就可以造成极大的危害。"在 2009 年前后，甲型 H1N1 流感爆发，媒体大肆炒作，普通市民惊慌失措，但是制药公司花费了数十亿美元研制出的甲型 H1N1 疫苗却最终无效，"

海塞尔说，"普遍蔓延的恐惧感，再加上生物制剂无效的传言，很可能在现实世界中导致严重的后果和破坏性的社会反应。"事实上，仅仅发出生物恐怖袭击的威胁就可能会造成严重损害，使经济、社会和民众心理大受影响。

对于这种威胁的一种本能的反应是，呼吁加强对技术和生物制剂的分配和流通的管制，但是，几乎没有证据可以证明这些措施能够产生预期的效果。而且，加强管制还会带来一系列的不良后果。第一个问题是，禁止任何事情，都往往会造成黑市交易，并促使许多人铤而走险、不惜以犯罪手段去开拓这种市场。1919年，美国政府宣布，制造、销售和运输烈酒都属非法，但是这一禁酒令的主要后果就是导致有组织犯罪飙升。禁酒令颁布后，关押在监狱里的罪犯暴增366%，所有惩教机构的总支出则猛增1 000%，甚至连酒后驾车案件也上升了88%。总而言之，正如小约翰·洛克菲勒所指出的（他曾经是禁令的狂热支持者）："酗酒现象普遍增加；非法的地下酒吧取代了正常的沙龙；不法犯罪分子大增，足以组成一支庞大的军队；而且就连许多最好的公民也公然无视这个禁酒令；民众对法律的敬意大大减弱；犯罪率则上升到了前所未有的高水平。"

就目前而言，除了用来提高运动成绩的兴奋剂之外，全世界并没有形成大规模的生物制品黑市。如果采取更严格的管制措施，那么这种情况很快就会改变。此外，管制也将导致人才流失，因为有兴趣在这些领域一展身手的部分研究人员将转到其他领域中去。在干细胞研究这个领域，就看到了这种现象。当然，我们之所以不赞成加强管制，还有重要的经济上的考虑。管制对小企业造成的危害最大，而小企业是经济健康运行的关键。生物技术行业是一个快速增长的市场领域，但是，如果规则太多、太繁琐，这个市场就会失去活力、停止增长，那样的话，我们将要蒙受的损失肯定不仅仅是钱包会瘪下去。

"要想防范这些天然和人工的生物所导致的威胁，我们所拥有的最大资源是一个开放的、广泛的技术市场，"合成生物学先驱罗伯·卡尔森在最近发表的一篇综述该领域的新进展的论文《合成生物学101》中写道："事实已经证明，管制并无助于加强安全，相反，它却能轻而易举地遏制技术创新的活力。我们要牢记，只有创新才是增进安全性的根本途径。在这个关键问题上千万不能出错：我们迫切需要新的技术去提供足够的生物防御能力。"

除了前面描述过的那种"不良预后"之外，其实还有很多"亮点"可以讨论。首先，病毒传播的最快速度是人类的旅行速度（从已经被感染的宿主到即将被感染的目标）。仿真结果表明，即使是局部区域的大流行，通常也需要好几个月才能达到高峰。而警告和有关的防治信息的传播速度则要快得多，因为信息可以通过 Twitter、Facebook 和美国有线电视新闻网进行传播。另外，现在已经有很多系统都在密切监视着，例如，谷歌的流感趋势监测涉及"感冒"、"咳嗽"、"流感"等关键词的搜索数据，完全有可能识别早期爆发。在不久的将来，芯片实验室技术将走向成熟，这个技术，不仅可以用于检验、测序，而且能够作为疾病流行的预警系统，它可以实时地将数据传送到疾病控制中心等有关组织。

"如果区域性的防治设施都已经到位，那么就可以在全世界的城市和农村快速生产和销售疫苗以及抗病毒药物，"海塞尔还说，"完全可以想象，在不久的未来，就像诺顿杀毒软件可以通过不定时发布更新程序来保护家里的电脑一样，我们也可以利用同样的方法防治传染病。"

事实上，这类工作早就已经起步了。2011 年 5 月，加州大学洛杉矶分校公共卫生学院建成了一个全美国最先进的、耗资 3 200 万美元的高速度、大容量的自动化实验室，它是抵御生物恐怖主义和传染病的一个利器。这个实验室是一个面向全球的生物实验室，可以非常快速地检测各种各样的致命性病原体。"举个例子，假设我们现在需要确定某种病毒的源头，"加州大学洛杉矶分校公共卫生学院院长琳达·罗森斯托克（Linda Rosenstock）说，"它是来自墨西哥呢，还是来自亚洲的某个地方？它会随时间怎样变化？我们应该怎样才能开发出一种疫苗来防治它？这些问题都将迎刃而解。是的，这个实验室的可能用途简直数之不尽。"

当然，这只是一个巨大的拼图中的一片。拉里·布里连特曾经设想过这样一个场景：在某个巨大的公共设施内（例如，在机场候机楼或音乐厅内），空气过滤器被连接到了各种生物监测系统上。这样一来，如果某个人在洋基球场的厕所打了一个喷嚏，系统就会自动分析他的病菌，并将其与已知和未知的病原体进行比对。拉里·布里连特的想法是可行的。2011 年 8 月，麻省理工学院林肯实验室的研究人员已经发明了一种新的生物传感器，它能够在不到 3 分钟的时间内检测出空气中的许多种病原体，例如炭疽病、鼠疫和天花。这是一个巨大的进步。

然而，尽管已经有了很大的进展，但是一个强大的、稳定的病原体监控系统的出现，可能还需要几年、甚至几十年的时间。在此之前，抗御生物袭击的另一个重要的防御措施可能是监测潜在目标的"电子粪便"，因为一个想成为恐怖分子的人，在试图获得相应的装备、物资和信息的过程中，肯定会留下很多东西。从这个角度来看，因加入社交媒体和进行网络搜索所导致的隐私权的损失可能也有好的一面：或许，这些信息将可以用来保护我们的自由和健康。

总而言之，任何一种新技术都蕴含着一种新风险。我们不得不生活在这类权衡中。汽车每年都要"杀害"大约 4 万美国人，同时每年还要将 5 亿吨二氧化碳排放到大气层中，但是，我们几乎从来不会想到去完全禁止汽车。我们开发出来的最强力有效的止痛药，既可以用来挽救生命，也可以用来结束生命。即使那些看上去十分简单的东西也是双刃剑，例如，精制糖在让我们吃到甜美的食物的同时，也可能会导致很多种致命的疾病。很多年前，在第一部《蜘蛛侠》中，著名漫画家斯坦·李（Stan Lee）就已经指出过："能力越大，责任也越大。"一点没错。无论如何，有一件事是可以肯定的：生物技术是一种非常强大的力量。

网络犯罪

马克·古德曼（Marc Goodman）是一位网络犯罪专家，他的简历读起来简直像是一篇间谍小说：他先后就职于洛杉矶警察署、国际刑警组织、联合国和美国国务院等官方机构，是网络犯罪研究所的首席网络犯罪学家、未来犯罪研究所的创始人，现在还是奇点大学政策、法律与伦理部的主任。古德曼认为，在打击网络犯罪的过程中，必须关注以下 4 个问题：

首先是个人的。"在许多国家，人们已经完全依赖于互联网了。"古德曼说，"针对银行的攻击可以摧毁所有交易记录，因此一个人的毕生积蓄瞬间就可能彻底消失。黑客如果侵入医院篡改血型数据，就可能导致很多人丧生。现在，连接到互联网的植入式医疗器械已经超过了 60 000 件。随着生物学和信息技术的融合，心脏起搏器、人工耳蜗、糖尿病泵等都有可能成为网络攻击的目标。"

同样令人震惊的是基础设施所受到的威胁。现在，许多基础设施都已经连接到了互联网，而且非常容易受到黑客的攻击（最近发生在伊朗的"震网"蠕虫病毒攻击事件就是一个极佳的例子）。桥梁、隧道、空中交通管制系统，还有能源管道，都可能因受到攻击而瘫痪或爆炸。我们非常依赖这些系统，但是，正如古德曼所指出的，用来运行和管理这些系统的技术却不再是最新的了，而且整个网络都充斥着安全威胁。

机器人则是下一个问题。在不太遥远的将来，机器人将会随处可见，而且它们全部都是连接到互联网的。机器人力量很大，速度很快，而且可能拥有武器（例如，今天已经出现了军用机器人）。但是，由于与互联网相连接，机器人很容易受到攻击。关键在于，机器人应及早安装防止此类事件发生的安全程序。

古德曼认为值得关注的最后一个问题是，在一定意义上，技术使我们与现实产生了隔膜。"我们相信计算机告诉我们的一切东西，"古德曼说，"我们通过电脑屏幕来阅读电子邮件；我们通过 Facebook 与朋友和家人交流；医生根据电脑告诉他们的来自医学实验室的结果来看病开药；警察开出交通罚单是根据摄像机拍下的车牌号；我们按照电脑给出的商品的总金额付钱；我们利用电子投票系统选举国家领袖。但是，这种以计算机为所有一切的中介的生活可能是有问题的：可被欺骗。要在电脑屏幕上伪造出什么东西来，其实非常容易。

我们离开实体世界越遥远、依赖数字世界越严重，我们辨别真伪的能力就会越弱。最终，那些坏人（罪犯、恐怖分子）将会利用这种信任去做很多坏事。"

但是不必灰心。古德曼说，尽管还没有发现一劳永逸的解决方案，但是，只要解决好以下几个方面的问题，我们还是可以大大降低所面临的风险的。首先是更好的技术和更大的责任。"现在允许开发者发布非常低劣的软件，这种做法简直疯狂，"古德曼说，"我们已经使消费者的日子非常难过，而犯罪分子的日子非常滋润了。在今天的世界里，我们的生活严重依赖于软件，因此，允许有关公司发布充满安全漏洞的产品，在今天的环境中是非常糟糕的一件事情。"

接下来的问题是，如何处理以往遗漏下来的安全问题。在当前，给旧代码"打补丁"的责任被留给了消费者，但是，许多人并不去弥补这些早就该补上的漏洞。古德曼解释说："在所有的黑客入侵行为中，95% 以上都是利用旧的安全漏洞进行的，同时，可以弥补这些漏洞的补丁也是现成的。因此，我们需要的软件是能够自动更新、自动弥补漏洞并阻止黑客入侵的软件。必须让软件自动实现这些功能，必须把责任落实到开发者身上，而不是消费者身上。"

古德曼还认为，现在是时候考虑通过某种涵盖了软件安全责任的全球性的产品责任法了。为了实现这一目标，2011 年 9 月 9 日，康涅狄格州民主党参议员理查德·布卢门撒尔（Richard Blumenthal）向参议院提出了《个人数据保护和违约责任法案》。根据这个法案，那些拥有 10 000 名以上客户的公司，如果疏于安全防范，美国司法部就可以处以 5 000 美元一天的罚款（最多罚款 2 000 万美元）。如果该法案获得通过，就可以确立一个标准，迫使企业定期测试自己的安全系统。不过，由谁来执行测试、如何进行测试，以及通过测试得到的数据由谁拥有，仍然都是有待解决的问题。

互联网使犯罪分子能够跨境进行违法犯罪活动，同样地，警方也能以国际互联网为基础，跨境打击犯罪。这也正是古德曼的最后一个建议。"互联网已经使全世界变成一个无国界的地球村，"古德曼说，"但是，从目前的情况来看，所有的执法机构却似乎仍然没有走出旧世界，仍然被困在各国的国境之内，这就使得执法机构很难对付网络犯罪。我并不认为我们能够轻而易举且一劳永逸地彻底击垮网络犯罪，但是，如果竞争条件如此不平等，那么我们很可能连走上战场只求一战的机会都无法拥有。"

古德曼很清楚，他的建议要想得到落实并不容易。"大家关注的主要是，一个从萨尔瓦多来的警察是不是可以在瑞士抓人。但是，如果建立了一个基于网络的警务体系（而且保证逮捕行动只能由本国执法人员执行），那么，你就可以回避掉这个问题。当然，除此之外，还有国际法方面的问题需要考虑，例如，宣传纳粹主义，在美国是一种言论自由，而在德国却是非法的。无论怎么说，我们确实生活在一个全球通过网络相连的世界里，这些问题早晚都要面对。难道不应该未雨绸缪，走到曲线的前面去吗？"

机器人、人工智能与失业问题

然而，确实有一些曲线是我们无法走到它们的前面去的。用不了多长时间，在很多行业，机器人就会取代蓝领劳动力。我可以肯定，能够完成类似于在仓库中清点存货、保持正常库存，在麦当劳餐厅取汉堡、上薯条这样工作的机器人，用不了10年就会走进我们的生活。然后，人类就将面对机器人的激烈竞争。这些机器人能够每星期7天、每天24小时工作，并且它们不会生病、不会犯错误，更不会罢工。它们不会在星期五晚上喝得酩酊大醉，因此星期六上午也可以上班；它们对致幻剂、兴奋剂也没有任何兴趣——这对制药行业可能是一个坏消息。当然，肯定还会有一些公司基于自己的原则或出于人道主义的原因继续雇用人类员工，但是很难想象这样的公司长期看来会有多大竞争力。那么，这数以百万计的蓝领工人的出路在哪里呢？

对于这个问题，任何人都没有一个完全确定的答案。但是，记住以下这一点应该是有益的：在人类历史上，就业状况因自动化设备的出现而改变，这并不是第一次。1862 年，90% 的劳动力是农民；到了 20 世纪 30 年代，农民在全部劳动力中所占的比例下降到了 21%；到了今天，更是进一步下降到了不足 2%。显然，无数农业工作职位被自动化设备取代了，那么这些工作怎样了？其实并没有出现什么非常特别的东西。旧的、低技能工作职位被取代后，新的、需要更高技能的工作职位出现了，流转出来的劳动力接受培训后填补了这些新的工作职位，这就是进步的方式。在这个世界里，专业化程度在不断加深，我们在不断地创造新的东西。虚拟世界《第二人生》（*Second Life*）的创始人菲利普·罗斯代尔（Philip Rosedale）说："人类历史已经一再证明，当原来的工作被外包或实现了自动化以后，人们总能找到新的、有更大价值的事情去做。工业革命、IT 行业的工作外包，最终都创造了更多、更有意思的、新的就业机会。"

杜克大学创业中心的研究主任维韦克·瓦德瓦（Vivek Wadhwa）也赞同这种看法。"可以自动化操作的那些工作职位总是面临危险。社会面临的挑战是，如何不断抬高阶梯，使之进入更高的层次。我们需要创造的是以下这种类型的就业机会：需要的是人的创造力，而非人的体力。我们很难想象未来的工作职位究竟是什么样子的，因为我们不知道未来什么技术将会出现，并改变整个世界。我很怀疑，在 20 年前，是否有人曾经预测到，像印度这样的一个国家，竟然也能从乞丐和耍蛇者的'乐土'，逐渐发展成为一个对发达国家的就业构成严重威胁的国家。现在，美国人已经不会再让浪费食物的孩子去想象所谓的'饥饿的印度人'了，而是警告他们，如果不好好学习数学和科学，印度人就会抢走他们的饭碗。"

除了接受培训并再就业的一些人之外，其他人或许可以直接提前退休。对此，奇点大学人工智能专家尼尔·雅各布斯坦解释说："指数型技术的发展，最终可能会允许人们即使不工作也可以保持很高的生活水准。对于如何利用自己的时间，人们将会有多种多样的选择，有通常与退休生活联系在一起的那些休闲活动，也有艺术创作和欣赏音乐，甚至还可以参与重建自然环境。他们的自尊也将因此而增强。多赚钱将不再是重点，多做贡献才会是重点，或者，至少要创造一个有意思的生活。"

乍看起来，这似乎是一个未来色彩过于浓厚的想法。其实不然，2011 年，在美国有线电视新闻网播出的一个专题节目中，媒体专家道格拉斯·洛西克夫（Douglas Rushkoff）指出，事实上，这种转变已经出现了：

> 我知道，大家都希望获得工资报酬，或者至少可以得到一些钱。我们想要食物、住所、衣服，还有其他许多东西，所有这一切都需要用钱去购买。但是，我们真正想要工作吗？
>
> 我们现在生活在这样一个经济体系中：生产力已经不再是目标了，而就业才是。这是因为，从最基本的水平上看，我们几乎拥有了所需要的所有一切。美国早就具备了足够大的生产能力：只要一部分人工作，就足以为全国人提供住所、食物、教育，甚至医疗保健了。
>
> 根据联合国粮农组织的统计，现在全世界生产出来的食物，已经足够保证世界上所有人每人每天都可以获得 2 720 千卡热量了。而且这还没有把美国人处置掉的数以千吨计的粮食和乳制品考虑在内（他们这样做的目的是为了将市场价格保持在高位）。与此同时，接管了大量止赎物业的美国各大银行也在忙于处置空置房屋，以便把这些空房子从它们的账册上注销掉。
>
> 因此，问题不在于我们没有足够的东西，而在于没有办法为所有人提供足够多的工作职位，以便让他们证明自己是应该得到这些东西的。

出现这个问题的部分原因在于，当今绝大多数关于金钱、市场以及其他事物的思想体系，都是建立在稀缺性模型基础之上的。事实上，关于何为经济学，最常用的定义之一就是："经济学是研究人们如何在稀缺条件下做出选择，以及这些选择会对社会造成什么结果的科学。"随着传统经济学（它认为，市场是均衡系统）逐渐被复杂经济学（它认为，市场是复杂的适应系统）取代，我们将会拥有一个非稀缺的评估框架。当然，谁也不能保证，这种新的思维方式真的会带来更多的就业机会或另一种截然不同的资源分配制度。

这是我们现在面临的情况。更重要的问题是，一旦强大的人工智能、无处不在的机器人、物联网都成为现实的话，情况又将如何？强大的人工智能意味着，计算机的"智慧"有可能会超过人类。这也就是说，即使是那些似乎专属于人类的创造性的工作职位，也可能面临被机器占据的危险。"请你仔细考虑一下我们创造出来的东西变得比人类更聪明这种可能性，"菲利普·罗斯代尔说，"许多人确实在担心，我们会不会被创造出来的机器奴役。我们很可能会被迫去做一些自己不喜欢的事情，但是现在似乎很难想象这些到底是什么事情。在富足的时代，我们将越来越多地采用更便宜的方法去创造、去改变周围的世界（例如虚拟现实或纳米技术）。但是，在这样的时代，我们真的还可以做些什么去帮助那些已经胜过了我们、把我们当成古老的祖先的机器吗？在我看来，最可能的结果是，即使将会面对已经融入生活且比人类还要聪明的机器，我们也还是可以立身于数字化的高智商机器之上，而且我们的生活相对来说也不一定会受大的影响。"

那么，留给人类的究竟是什么呢？在我看来，未来有两种可能。在第一种可能的未来世界里，社会将转向卢德分子（Luddite）坚持的方向。这也就是说，我们将会采纳比尔·乔伊的建议，遵循慢食运动（slow food movement）的理念，并开始回到阿米什人（Amish）的时代。但是，这个选项只适用于那些愿意放弃技术带来巨大好处的人。这种向往"过去的好日子"的想法，在疾病、愚昧以及错过无数次机会的冲击下，最终必定会被抛弃。

第二种可能的未来是，大多数人最终实现了与技术的融合，从而无论在身体上还是在认知上都不断地"更上一层楼"。初听之下，很多人可能会反对这种看法，但是事实上，这种转变过程已经持续了亿万年。例如，从根本上说，书写这种行为就是利用一定技术把记忆"外包"的行为。眼镜、隐形眼镜、各种人造假肢——从木腿到斯科特·萨米特（Scott Summit）的 3D 打印假肢、化妆品植入物、人工耳蜗、美军的"超级战士"计划等，类似的例子可以举出成千上万个，然而所有这些都只不过是延续了这种趋势。正如人工智能和机器人大师马文·明斯基在发表于《科学美国人》的一篇文章中所指出的那样："在过去，我们往往把自己看作是进化的最终产品，但是我们的进化其实并没有停止。事实上，我们现在仍然在不断进化，而且速度更快，只不过，并不是以人们熟悉的那种缓慢的达尔文式的方式在进化。现在是开始认真思考我们的'新崛起'的时候了！"

用不了多久，绝大多数人就会通过这种或那种途径变得更强，而这将彻底地改变经济格局。这种重新得到强化的自我，是联网的，同时在虚拟世界和物理世界这两个世界里工作和生活，必然为社会创造出更大的价值；而且创造的价值之大、创造价值的方式之新，我们今天可能根本无法想象。目前，通过为《第二人生》中的各种化身设计服装来谋生的人就已经超过了 4 000 人。我相信，很多人都拥有自己数字"化身"的日子已经不太远了。因此，尽管 4 000 人听起来似乎并不算一个很大的市场，但是，如果参加国际会议和商务会议的都是我们的化身，那么情况又将会如何？我们会愿意花多少钱去购买虚拟服装及相应的饰物呢？

势不可当

考虑到在前面几节中讨论过的那些风险，比尔·乔伊的建议"限制那些过于危险的技术的发展"听起来似乎是一个不错的建议。但是，昨天的工具并不是为了解决明天的问题而设计的。考虑到这些问题的重要性和技术不断向前发展的趋势，强行限制想象力很可能是一个最糟糕的方案。如果我们真想解决未来的生存问题，就必须利用未来的工具去解决未来的问题。

再者，即使给技术发展装上了一个刹车板，它也不可能真的发挥作用。小布什政府曾经颁布禁令，禁止美国科学家研究人类胚胎干细胞，但是，美国的禁令反而促进了其他国家和地区对人类胚胎干细胞的研究。因此，试图在某个地方限制技术发展，只会促使另一个地方的技术兴起。近日，在就上述禁令的影响接受记者采访时，加州大学（旧金山）教授苏珊·费舍尔（Susan Fisher）表示："科学就像是水流，它会找到自己的路。现在，它已经在美国以外的其他地方找到了自己的发展道路了。"小布什的法令造成的唯一后果是，最初兴起于美国的这种技术"外包"给了瑞典、以色列、芬兰、韩国和英国等其他国家。白宫通过这个禁令得到了什么？什么都没有得到，除了削弱美国在科学上的领先地位之外。

我们还可以从心理的角度来讨论一下技术"势不可当"的原因。简单地说吧，你怎么可能压制自己的希望呢？自从人类学会了钻木取火，技术就是人们对未来的梦想的浓缩。如果说 15 万年的进化过程只留给了我们一样东西，那么必定是对未来的梦想。只要是人，就必然渴望自己和家人能够过上更好的生活，这是人之为人的基本欲望。技术的作用，就在于使梦想成真。创新精神已经进入了我们的骨髓、融入了我们的血液，我们不可能把它割弃，就像不能摆脱本能而生存一样。在《理性乐观派》一书的结尾，马特·里德利总结道："要扑灭创新的火焰是极其困难的，因为在一个网络化的世界里，创新是一种自下而上的进化现象。只要人类的交换和专业化能够在某个地方继续扩展、不断深化，那么，不管领导者是助它一臂之力还是倒行逆施、加以阻碍，创新都将会继续进化，而其结果则必然是繁荣得以蔓延、技术得到进步、贫困得以减少、疾病得到控制，同时生育率下降、幸福感增加，而且暴力将萎缩、自由将成长、知识将勃兴，从而环境改善、绿野扩大。"

当然，总会有一些人会比较悲观（如同"阿米什人"一样），但是，绝大多数人都很愿意就此起程，奔向未来。而且，现在读者应该很清楚了吧，这无疑将会是一个春风得意马蹄疾的旅程。

译者后记

　　《富足》一书的两位作者对未来充满了理性的乐观，但是，这本书却是以探讨人们为何对未来悲观开始的。他们在书中大量引用了丹尼尔·卡尼曼的研究成果，说明这种悲观态度完全是由认知偏差所导致的。全书的要旨，也是极力说服读者不必悲观。

　　本书的翻译历经寒暑。夏季，杭州 40 度以上的高温天，竟然持续了一个多月；冬季，杭州的 PM2.5 指标，竟然一再爆表。美丽如天堂的杭州，生活环境变得如此之恶劣，这在前几年我是怎么也想象不到的，这让我从本书两位作者那里感染到的乐观情绪冷却了许多。环境的恶化速度想来也是呈指数型的吧？

　　因此赶快再重读一遍全书，争取让自己重新乐观起来！必须的。

　　顺便提一下，根据报道，书中多次提到的阿坎基因组学 X 大奖已经被 X 大奖基金会宣布取消了。这也是有史以来第一个被取消的 X 大奖。本书作者之一、X 大奖基金会主席兼首席执行官彼得·戴曼迪斯表示，这是因为如今每个基因组的测序费用已经下降为不到 5 000 美元，并且能在几天内完成。这或许是现代科技发展比原先最乐观的人的设想还要快的最新一个例子。作为译者的我，是不是又可以变得更乐观一些呢？

初稿译完后，我的妻子傅瑞蓉进行了初校。其实在翻译过程中，她已经给了我非常大的帮助。我还要感谢我的儿子贾岚晴，他带给我很多的快乐，我却没有太多时间陪他。幸运的是，他在学校里每天都很开心，每天都在进步。

感谢汪丁丁教授、叶航教授和罗卫东教授的教诲。感谢何永勤、虞伟华、余仲望、鲍玮玮、傅晓燕等好友的帮助。感谢岳父傅美峰、岳母蒋仁娟对我儿子的悉心照顾。

承蒙湛庐文化简学老师的信任，邀我翻译此书。在这里，我一并表示诚挚的谢意。

译者水平所限，书中定有不足之处，敬请读者批评指正！

贾拥民于杭州

未来，属于终身学习者

我这辈子遇到的聪明人（来自各行各业的聪明人）没有不每天阅读的——没有，一个都没有。巴菲特读书之多，我读书之多，可能会让你感到吃惊。孩子们都笑话我。他们觉得我是一本长了两条腿的书。

——查理·芒格

互联网改变了信息连接的方式；指数型技术在迅速颠覆着现有的商业世界；人工智能已经开始抢占人类的工作岗位……

未来，到底需要什么样的人才？

改变命运唯一的策略是你要变成终身学习者。未来世界将不再需要单一的技能型人才，而是需要具备完善的知识结构、极强逻辑思考力和高感知力的复合型人才。优秀的人往往通过阅读建立足够强大的抽象思维能力，获得异于众人的思考和整合能力。未来，将属于终身学习者！而阅读必定和终身学习形影不离。

很多人读书，追求的是干货，寻求的是立刻行之有效的解决方案。其实这是一种留在舒适区的阅读方法。在这个充满不确定性的年代，答案不会简单地出现在书里，因为生活根本就没有标准确切的答案，你也不能期望过去的经验能解决未来的问题。

湛庐阅读APP：与最聪明的人共同进化

有人常常把成本支出的焦点放在书价上，把读完一本书当作阅读的终结。其实不然。

时间是读者付出的最大阅读成本
怎么读是读者面临的最大阅读障碍
"读书破万卷"不仅仅在"万"，更重要的是在"破"！

现在，我们构建了全新的"湛庐阅读"APP。它将成为你"破万卷"的新居所。在这里：

- 不用考虑读什么，你可以便捷找到纸书、有声书和各种声音产品；
- 你可以学会怎么读，你将发现集泛读、通读、精读于一体的阅读解决方案；
- 你会与作者、译者、专家、推荐人和阅读教练相遇，他们是优质思想的发源地；
- 你会与优秀的读者和终身学习者为伍，他们对阅读和学习有着持久的热情和源源不绝的内驱力。

从单一到复合，从知道到精通，从理解到创造，湛庐希望建立一个"与最聪明的人共同进化"的社区，成为人类先进思想交汇的聚集地，与你共同迎接未来。

与此同时，我们希望能够重新定义你的学习场景，让你随时随地收获有内容、有价值的思想，通过阅读实现终身学习。这是我们的使命和价值。

湛庐阅读APP玩转指南

湛庐阅读APP结构图:

12+图书订阅服务
纸质书
有声书
电子书 — **读什么** — **湛庐阅读APP**

优秀的读者和终身学习者 — **与谁共读**

怎么读 — 泛读:一书一课 / 通读:通识课 / 精读:精读班

跟谁读 — 作者、译者、专家、推荐人和阅读教练

三步玩转湛庐阅读APP:

读一读 ▾
湛庐纸书一站买,
全年好书打包订

听一听 ▾
泛读、通读、精读,
选取适合你的阅读方式

书城

扫一扫 ▾
买书、听书、讲书、
拆书服务,一键获取

扫一扫

APP获取方式:
安卓用户前往各大应用市场、苹果用户前往APP Store
直接下载"湛庐阅读"APP,与最聪明的人共同进化!

使用APP扫一扫功能，
遇见书里书外更大的世界！

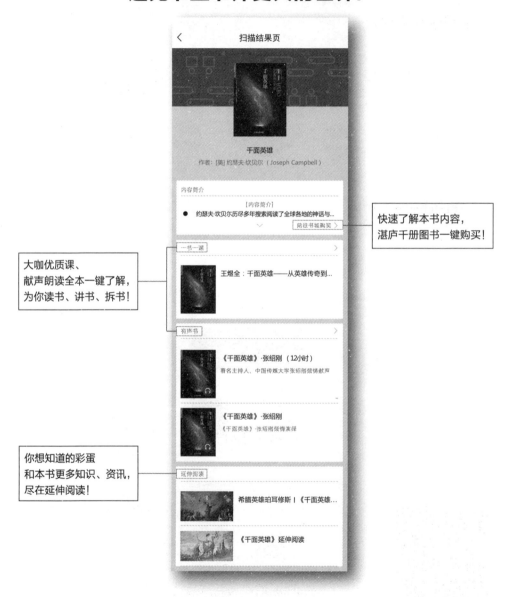

大咖优质课、
献声朗读全本一键了解，
为你读书、讲书、拆书！

快速了解本书内容，
湛庐千册图书一键购买！

你想知道的彩蛋
和本书更多知识、资讯，
尽在延伸阅读！

湛庐CHEERS

湛庐文化获奖书目

《爱哭鬼小隼》
　国家图书馆"第九届文津奖"十本获奖图书之一
《新京报》2013年度童书
《中国教育报》2013年度教师推荐的10大童书
　新阅读研究所"2013年度最佳童书"

《群体性孤独》
　国家图书馆"第十届文津奖"十本获奖图书之一
　2014"腾讯网•唢书局"TMT十大最佳图书

《用心教养》
　国家新闻出版广电总局2014年度"大众喜爱的50种图书"生活与科普类TOP6

《正能量》
《新智囊》2012年经管类十大图书,京东2012好书榜年度新书

《正义之心》
《第一财经周刊》2014年度商业图书TOP10

《神话的力量》
《心理月刊》2011年度最佳图书奖

《当音乐停止之后》
《中欧商业评论》2014年度经管好书榜•经济金融类

《富足》
《哈佛商业评论》2015年最值得读的八本好书
　2014"腾讯网•唢书局"TMT十大最佳图书

《稀缺》
《第一财经周刊》2014年度商业图书TOP10
《中欧商业评论》2014年度经管好书榜•企业管理类

《大爆炸式创新》
《中欧商业评论》2014年度经管好书榜•企业管理类

《技术的本质》
　2014"腾讯网•唢书局"TMT十大最佳图书

《社交网络改变世界》
　新华网、中国出版传媒2013年度中国影响力图书

《孵化Twitter》
　2013年11月亚马逊(美国)月度最佳图书
《第一财经周刊》2014年度商业图书TOP10

《谁是谷歌想要的人才?》
《出版商务周报》2013年度风云图书•励志类上榜书籍

《卡普新生儿安抚法》(最快乐的宝宝1·0~1岁)
　2013新浪"养育有道"年度论坛养育类图书推荐奖

《指数型组织》

◎ 奇点大学创始执行理事、奇点大学全球大使萨利姆·伊斯梅尔重磅新书！

◎ 海尔集团董事局主席张瑞敏、清华大学教授陈劲、北京大学新闻与传播学院教授胡泳、奇点大学执行主席，X大奖创始人彼得·戴曼迪斯、谷歌公司工程总监，奇点大学校长雷·库兹韦尔、德勤领先创新中心联合董事长约翰·哈格尔三世联袂推荐。

使用"湛庐阅读"APP，
"扫一扫"获取本书更多精彩内容
ISBN 978-7-213-06921-5
9 787213 069215

《创业无畏》

◎《创业无畏》与《从0到1》双双进入美国权威网络媒体 Business Insider 2015年最佳商业畅销新书榜单。

◎ 美国前总统克林顿、张瑞敏、张亚勤、高红冰、网大为、李开复、徐小平、毛大庆、陈劲联袂推荐。

使用"湛庐阅读"APP，
"扫一扫"获取本书更多精彩内容
ISBN 978-7-213-06780-8
9 787213 067808

《工匠精神》

◎《自然》杂志、《快公司》杂志联合创始人艾伦·韦伯，《MAKE》杂志总编辑马克·弗劳恩费尔德，著名制片人、数字行业国际大奖威比奖（Webby Awards）设立者蒂法妮·施莱恩，美国2012年度创业人物、Adafruit Industries创始人莉默·弗雷德联名推荐，清华大学技术创新研究中心主任陈劲领衔翻译。

◎ 随着工业化进程的不断推进，工匠精神经历了衰微，又再次在新时代工匠的身上焕发生机。这本书让人们见识到工匠精神的荣耀回归，它告诉我们，社会的不断发展，依靠的正是这些极其富有工匠精神的工匠本身。

使用"湛庐阅读"APP，
"扫一扫"获取本书更多精彩内容
ISBN 978-7-213-06392-3
9 787213 063923

《共享经济》

◎ 共享经济鼻祖，汽车共享公司Zipcar、无线网络连接公司Veniam、点对点汽车租赁公司Buzzcar以及拼车网站GoLoco的联合创始人罗宾·蔡斯最新力作。

◎ 共享经济时代扛鼎之作。作者罗宾·蔡斯将自己创办共享经济企业的经历与自己多年来对这种新经济形式的研究结合在一起，提炼出人人共享模式的三大基础，以及这一模式创造的三大奇迹。既可以帮助读者更好地了解这一模式，也可以帮助读者发现并抓住其中的机会。

使用"湛庐阅读"APP，
"扫一扫"获取本书更多精彩内容
ISBN 978-7-213-06785-3
9 787213 067853

图书在版编目（CIP）数据

富足（经典版）/（美）戴曼迪斯，科特勒著；贾拥民译.—杭
州：浙江人民出版社，2016.11
　ISBN 978-7-213-07655-8

　Ⅰ.①富…　Ⅱ.①戴…　②科…　③贾…　Ⅲ.①科学技术—
技术发展—概况—世界　Ⅵ.①N11

　中国版本图书馆 CIP 数据核字（2016）第 248296 号

上架指导：趋势 / 经济 / 计算机与互联网

浙江省版权局
著作权合同登记章
图字：11-2014-67 号

富足（经典版）

[美] 彼得·戴曼迪斯　　史蒂芬·科特勒　　著
贾拥民　译

出版发行： 浙江人民出版社（杭州体育场路347号　邮编　310006）
　　　　　　市场部电话：（0571）85061682　85176516
集团网址： 浙江出版联合集团　http://www.zjcb.com
责任编辑： 蔡玲平　陈　源
责任校对： 张谷年　姚建国
印　　刷： 北京鹏润伟业印刷有限公司
开　　本： 720 mm × 965 mm　1/16　　　　**印　　张：** 26.25
字　　数： 353 千　　　　　　　　　　　**插　　页：** 4
版　　次： 2016 年 11 月第 1 版　　　　　**印　　次：** 2018 年 12 月第 4 次印刷
书　　号： ISBN 978-7-213-07655-8
定　　价： 79.90 元

如发现印装质量问题，影响阅读，请与市场部联系调换。